燕辽造山带中生代构造格架新认识

——由复向斜相叠加所形成的背形

林晓辉 于 华 周小希 郑锦娜 编著

科学出版社

北 京

内 容 简 介

本书从地层分布特征及构造运动产生的最基本构造形态是褶皱和断裂出发，并从地质发展史的角度，论述了燕辽造山带从晚古生代开始，原内蒙古地轴和燕山沉降带就处于统一环境下向下弯曲，深部发育了断裂而成为了岩浆侵入的通道。三叠纪形成了一个东西向向斜及其配套东西向纵断裂、南北向横张断裂和北西、北东向共轭断裂。早中侏罗世形成了由三个背斜和两个向斜组成的复向斜，并发育裂隙盆地及其充填物和内蒙古地轴。晚侏罗世，受北东向构造的影响而形成了具 Ramsay 褶皱第一类干涉样式的第二种干涉图型的区域构造格局。白垩纪开始，该构造格局遭到破坏。新生代，燕辽造山带从华北平原中分裂出来并拼贴到兴蒙造山带上。同时，本书还利用背斜或向斜的断裂排列特征来解释燕辽造山带断裂的出露状态、对冲现象、力学性质及其与岩浆活动的关系。

本书对从事与燕山、辽西地区有关的科学研究、教学和生产人员都有参考价值。

图书在版编目（CIP）数据

燕辽造山带中生代构造格架新认识：由复向斜相叠加所形成的背形 /
林晓辉等著. —北京：科学出版社，2017.6

ISBN 978-7-03-053482-8

Ⅰ. ①燕… Ⅱ. ①林… Ⅲ. ①造山带-中生带-构造格架-研究-中国
Ⅳ. ①P544

中国版本图书馆 CIP 数据核字（2017）第 137940 号

责任编辑：张井飞　韩　鹏　李　静 / 责任校对：王晓茜
责任印制：张　伟 / 封面设计：耕者设计工作室

科学出版社 出版
北京东黄城根北街 16 号
邮政编码：100717
http://www.sciencep.com

北京厚诚则铭印刷科技有限公司 印刷
科学出版社发行　各地新华书店经销

*

2017 年 6 月第　一　版　　开本：720×1000　1/16
2018 年 4 月第二次印刷　　印张：11　插页：1
字数：262 000
定价：**88.00 元**
（如有印装质量问题，我社负责调换）

前　言

　　燕辽造山带是一个典型的陆内构造带，其地层发育齐全，岩浆活动强烈，地质构造十分复杂，其构造格局历来是地质学家们讨论的热点，并相继提出了许多有意义的认识，但至今还未取得一致的认识。本书提出了一个关于构造格架的新认识，对区域地质研究和找矿具有重要的理论意义。

　　笔者从构造运动必定造成某些地层特征，形成最基本的构造形态是褶皱和断裂出发，将燕辽造山带中的地层出露状态与褶皱、断裂结合起来考虑其构造格架，并从地质历史发展的角度来论述燕辽造山带的发生和发展过程。

　　本书第 1 章简要介绍了燕辽造山带的基底及从中新元古代—早古生代的盖层构造。

　　第 2 章论述了从晚古生代开始，古亚洲洋开始向南俯冲在华北克拉通之下，燕辽造山带处于南北向的构造应力场下，从稳定的克拉通发展成为了安第斯型活动大陆边缘，开始向下弯曲，深部出现了断裂，并成为了岩浆侵入的通道。值得一提的是燕山沉降带和内蒙古地轴处于相同的构造背景下，它们具有统一的构造岩浆环境，而不是两个不同的构造单元。康保–围场–喀喇沁断裂为板块俯冲带南部缝合线断裂。因此，海西运动是燕辽造山带中生代构造运动的序幕。

　　第 3 章论述了从早三叠世—晚三叠世发生的印支运动第一幕，在纵弯褶皱作用下，燕辽造山带缓慢向下凹陷，前期的陆间盆地发展成为一个宽缓的东西向向斜构造盆地，相应地发育了东西向纵断裂、南北向横断裂、北东向和北西向共轭断裂等配套断裂。燕山地区沉积了刘家沟组–二马营组–杏石口组一个较完整的向斜构造层，其沉积特征反映了向斜盆地被充填直至消亡的过程。

　　第 4 章论述了从早侏罗世到中侏罗世的印支运动第二幕，燕辽向斜被进一步褶皱成为了由三个背斜和两个向斜等五个次级褶皱相间排列的东西向复向斜及其配套、伴生构造。而且，复向斜的轴部纵断裂被裂开而发展成为了轴部纵断裂裂隙盆地，在燕山地区发育了南大岭组和下花园组作为其裂隙充填物，在辽西地区则发育了兴隆沟组和北票组作为裂隙充填物。北翼沉积盖层被剥蚀而成为了内蒙古地轴。至中侏罗世末期，复向斜被夷平。

　　第 5 章论述了晚侏罗世的燕山运动第一幕，原南北向的构造应力场被转变为北西–南东向的太平洋构造应力场，导致复向斜辽西段以围场–平泉–秦皇岛断裂为轴面，向北东向发生了逆时针扭转，而进入了背形构造阶段。原向斜南翼处于相对上升状态而成为了背形的外弧，原向斜北翼处于相对下降状态而成为背形的内弧，秦皇岛隆起成为了背形转折端，承德—凌源一带成为了背形的核部，围场–平泉–秦皇岛断裂带成为了背形轴面断裂。燕山地区的东西向复向斜叠加了三个北东向向斜而发育成为了 Ramsay 第一类褶皱干涉样式的第二种褶皱类型的区域构造格局，土城子组的盆地基底差异性特征反映了短轴背斜和短轴向斜所造成的基底差异。辽西地区的复向斜则保持较为完整的形态而成为了盆岭构造。

第 6 章论述了白垩纪的燕山运动第二幕，燕辽造山带的背形构造被叠加了一个北北东向向斜，原有的构造形迹被改造、破坏并发育了不同方向的高角度正断层及其所控制的断陷盆地及变质核杂岩构造等，使该区构造现象进一步复杂化。

第 7 章论述了喜马拉雅运动期间，燕辽造山带在构造性质上基本上继承了燕山运动的构造特征，即进一步遭到破坏。最终，燕辽造山带与华北平原分离，并拼贴到兴蒙造山带上。

本书利用背斜与向斜的内弧和外弧处于不同力学环境，以及由于后期差异升降运动的影响，造成了一个向斜或背斜在某些地段出露外弧，在某些地段出露内弧，来解释同一条断裂在有的地段表现为压性、有的地段则表现为张性的构造现象。而且，笔者利用背斜两翼的配套断裂向核部对冲，向斜两翼的配套断裂向外对冲这一构造现象来解释燕辽造山带中的断裂对冲现象。并强调后期差异升降运动的影响又造成了燕辽造山带的断裂表现出不同的逆冲推覆方向。

再有，燕辽造山带"反序"沉积特征及沉积中心迁移特征，应代表着向斜、复向斜和背形三期褶皱构造分别形成三期褶皱山脉。并且，随着这三期山脉被剥蚀夷平，构成山脉的地层从新到老逐次被剥蚀，并被搬运至邻近的沉积盆地中沉积下来，因而其沉积顺序与剥蚀时顺序正相反，由此便呈现为"反序"特征。而燕辽造山带上的三期磨拉石建造：杏石口组磨拉石建造代表着向斜被填平、中侏罗世髫髻山组磨拉石建造代表着复向斜逐渐被填平和晚侏罗世土城子组磨拉石建造代表背形被填平。

本书将燕辽造山带中生代岩浆活动与断裂构造联系起来考虑，认为一般处于地壳深部的向斜纵张断裂所张开的部位成为了岩浆侵入的通道而发育岩浆岩，而处于地表的背斜轴部纵张断裂张开所形成的盆地则发育了火山岩。而且，向斜轴部纵张断裂影响到地壳相对较深处，因而侵入了基性、超基性岩。向斜翼部的纵张断裂由于影响到地壳较浅部位，则以酸性侵入岩为主。一些褶皱的配套断裂如共轭断裂和横断裂也发育岩浆活动。而且，随着断裂向深处发展，岩浆活动还从壳幔型向幔源型发展。因此，燕辽造山带的岩浆岩呈现底侵作用特征。

本书还从燕辽造山带经历了两大不同方向的应力场出发，将印支运动定义为属于南北向构造应力场的陆间造山阶段，形成东西向构造线的构造运动；而燕山运动则是太平洋构造应力场下的陆内造山阶段，形成北东向、北北东向构造线的构造运动。

作　者

2017 年 6 月

目　　录

绪　　论

　　燕辽造山带位于华北克拉通北部，包括燕山山脉和辽西山脉的广大地区。燕山山脉西以太行山山前断裂为界，南以燕山山前的廿里长山隐伏断裂带接固安-昌黎隐伏断裂为界，北至化德、赤峰一线。地势由西北向东南呈阶梯式降低，至渤海形成狭长的滨海平原。大致呈东西向，其东西延伸达 700 km，一般海拔在 400～1 000 m。主峰为雾灵山，海拔 2 116 m。辽西地区由北北东向展布的医巫闾山、细河谷地、松岭—黑山、牤牛河—大凌河上淳谷地、大青山与努鲁儿虎山间狭长低地、努鲁儿虎山相间排列组成。地势为自北西向南东呈阶梯状降低。

　　燕辽造山带北侧是索伦缝合带，西侧与阴山构造带相邻，是一个典型的陆内构造带。其地层发育齐全，岩浆活动强烈，地质构造十分复杂，因而成为了中国现代地质学的摇篮，其地质调查和研究的历史已近百年。叶良辅等于 1920 年在北京西山完成了我国首次区域地质调查，并著有《北京西山地质志》一书。1927年翁文灏以燕山为标准地区提出了"燕山运动"，不仅对中国地质学的发展产生了深远的影响，也是世界地学界认知程度最高的名词[1,2]。1930 年李四光发表了《中国地质学》，1945 年黄汲清发表了《中国主要地质构造单位》，均包括了对本区地质构造的阐述。此外，王恒升、王竹泉、朱森、计荣森、谢家荣、杨杰、陈凯等著名地质学家也在该区开展过地质调查与研究。新中国成立后，北京地质学院、长春地质学院、北京大学地质系、北京地质局、中国地质科学院地质力学研究所、中国科学院等单位开展了大量的地质调查与研究。燕山地区还是我国最早一批完成 1∶20 万区域地质调查报告的地区。20 世纪 80 年代以后，又开展新的一轮 1∶5 万区域地质调查。进入 21 世纪以来，又开展了 1∶25 万区域地质调查修测、修编工作。

　　辽西地区的地质工作有翁文灏 1928 年、谭锡畴 1931 年、王恒升、侯德封 1931 年等对辽西地区煤田和构造进行了观察研究，赵宗溥 1957 年研究了辽西中生代地层及构造运动，1960 年后辽宁区调队对辽西开展了 1∶20 万区域地质调查。

　　以往认为燕辽造山带在吕梁运动形成古老陆壳基底之后，一直处于相对稳定的构造发展阶段。中生代以来，它经历了多期次的地壳运动或构造运动，发生了大面积火山-岩浆活动及强烈的构造变形和陆内造山作用，形成了总体上呈东西向，略向南东突出的弧形构造带。燕辽造山带中既有塑性-韧性变形（褶皱、韧性剪切带与固态塑性流变构造），又有韧脆性-脆性变形（各类断裂和节理）；既有压性–压扭性构造变形（褶皱、逆冲、推覆构造与片理化带），又有张性–张扭性构造变形（同沉积断裂、张性–张扭性断裂等）；既有挤压构造，又有伸展构造（变质核杂岩、裂谷作用等）；既有线性展布构造带，也有弧形–环状构造系统（山字形构造、弧型断裂带、环状构造等）；既有东西向构造褶皱逆冲带，又有北东向逆冲推覆系统等挤压构造，而且包括了北东、北北东向的伸展构造–大型高角度正断层系控制的裂谷、裂陷槽、断陷盆地、盆岭构造、箕状构造、变质核杂岩、高原玄武岩流、中酸性火山岩系、中酸性侵入岩等。同时，燕辽造山带构造变形还发育于地壳不同深度，既有地壳中深层次的构造变形（紧密褶皱、韧性剪切变形、国态塑性流变构造、深层滑脱等），也有地壳中浅层次与地壳表层构造变形（宽缓而简单的褶皱、脆性–韧有性断裂、不层滑脱等），既有不同时期、不同深度构造变形的叠加与复合，也有同一时期同一构造带在不同区段、不同深度所呈现的构造变形形式的多样性。此外，燕辽造山带构造变形还呈现连续性与突变性的交替，伸展与挤压作用的相更迭，多次形成反转构造等构造现象。不同时期、不同方向、不同成因、不同力学性质、不同形成深度与不同形态的构造变形叠加在一起，造成了燕辽造山带构造变形的复杂性。

关于燕辽造山带的构造格局，以往李四光[3]从地质力学的观点认为燕辽造山带是由一系列具成生联系的褶皱和断裂组成的弧形构造，并称之为"燕辽联合弧"。黄汲清把燕辽造山带划分为内蒙古地轴和燕辽沉降带。崔盛芹等[4]则将内蒙古地轴和燕辽沉降带当作是一个整体来研究其古构造形迹。宋鸿林等认为燕辽造山带是纬向构造被北北东向太行山构造带所叠加。于福生等[5]认为燕辽造山带是近东西向的大型冲断–褶皱带。郭华等[6]认为燕辽造山带发育有宽缓褶皱和大型薄皮构造的底界滑动拆离面。总的来说，大多数人认为燕辽造山带的构造格局是东西向和北北东向两组构造叠加的产物[7~11]。

近年来，随着板块构造的兴起，大家又从板块构造的角度来研究本区。但因本区距亚洲大陆岩石圈与太平洋岩石圈的边界至少1 500 km以上[12~17]，沟弧盆系统的造山作用很难解释本区的各种构造类型。于是，大家先后提出了板内造山带、陆内造山带、断裂造山带等不同的造山带名称，以示与陆缘造山带的区别。随着研究的深入，燕山陆内造山带的基本事实已被多数学者认同，并认为燕辽造山带是地球上最瞩目的构造带，与西南非洲的Damara、澳大利亚的Alice Spring造山带和北美洲的Laramian造山带，被公认为全球陆内造山带的典型[18~20]。

同时，大家又发现了中生代以来燕辽造山带发生了明显的由挤压到伸展的构造体制转折，这一构造体制的转换又导致华北克拉通被破坏[21~23]及大规模的岩石圈被减薄[24]，由于华北岩石圈深部构造的演化过程[21、25~27]又导致了在浅部引起了构造地质响应，形成了大型断陷盆地的发育[28~30]、大规模伸展穹隆和变质核杂岩、大型走滑构造[31]、大规模陆内旋转等[32]，而出现了不同的认识。例如，有认为华北克拉通构造体制转折始于150～140 Ma，终于110～100 Ma，峰期是120～110 Ma[33、34]。关于华北克拉通破坏起始时间和高峰期有三叠纪[35、36]、晚三叠世[37～39]、中侏罗世[23]、侏罗纪[25、40、41]、晚侏罗世—早白垩世[33、42]、早白垩世[43]、中生代[21]等不同认识，关于岩石圈的减薄时间[25、44～48]有三叠纪或更早[22、23、49～51]、晚侏罗世[23、28、52～55]及早白垩世[43、56、57]等观点，关于华北克拉通减薄破坏的动力学机制则有拆沉作用[27、28、58～62]和岩石圈拉张等[40、58、63～68]，也有人认为是印藏碰撞、蒙古—鄂霍次克洋的闭合、西太平洋板块或Izanagi板块俯冲带回退或斜向俯冲过程而造成的大陆一侧的扩张或三种因素共同作用的结果等[69、70]。所以，Davis等称燕辽造山带为"谜"一样的造山带[19]。

但是，Davis、郑亚东及其合作者[71～73]指出了：基于对燕辽造山带若干主要构造形迹的观察和研究，国内现有地质图件在显示燕山地区主要构造特征方面是不成功的。而且，中生代盆地是否为"远距离"的推覆体及最基本的造山带的几何样式尚未建立，从而制约着对该区中生代构造作用方式和地球动力学背景的深入探讨，影响着对该地区地质演化和资源环境效应的认识。还有，以往关于燕辽造山带构造格局的认识，一般是将其划分为燕山沉降带和内蒙古地轴两个大的一级构造单元，再进一步分为各级不同的构造形迹来认识，它导致了人们不可能从总体上来认识燕辽造山带。因此，查清燕辽造山带陆内造山过程，完善构造体制转变中的地质记录，阐明古构造体制转换的大地构造背景和深部地质作用，为区域地质调查和找矿提供理论就成为一项必要的工作。

笔者注意到，燕辽造山带经历了多期次构造的影响，各期次的构造运动也为我们保留了相当丰富的原始构造形迹，它为我们透露出燕辽造山带的构造信息，使我们能够正确认识它。笔者认为，不管燕辽造山带处于什么样的大地构造环境，经历过多少期次的构造运动，所有的构造运动都将先是形成最为基本的构造形态，再在最基本的构造形态之上发展演化为复杂的构造形态。而最基本的构造形态不外乎是褶皱和断裂。褶皱和断裂虽然破坏了地层的分布状态，但从地层的分布状态出发又可以解读出褶皱和断裂等构造。从这一认识出发，笔者认为燕辽造山带的地层分布，特别是变质岩基底的分布应反映一定构造现象。据此，笔者将燕辽造山带中的地层出露状态与褶皱、断裂结合起来考虑其构造格架，而发现燕辽造山带的基底岩系常常构成了背斜的核部，而沉积岩盖层又构成为向斜盆地。尽管这些背斜和向斜由于后期构造的影响而遭到破坏，但这并不影响对其认识。而断裂则应是褶皱构造上的配套构造。并且，因为一个褶皱构造上有纵断裂、横断裂和共轭断裂。不同期次、不同方向的褶皱构造上各自发育着配套断裂相叠加的结果便造成了复杂的断裂构造形态。再有，以往也认识到燕辽造山带存在着盆山系统，但这些盆山系统是如何形成的？它们在构造上具有什么样的联系？是什么挤压作用或伸展作用造成了一些单元上升成为山，一些单元又下降成为盆，而且相间排列？即使由于挤压作用或伸展作用造成了上述构造现象，但上述构造现象构成了一个什么样的区域构造格局？笔者从燕辽造山带最基本的构造形态是背斜和向斜出发而认识到盆岭构造中的盆地常常是向斜，山脉则常常是背斜。

再有，以往都认识到燕辽造山带上存在着构造叠加现象，一般认为燕辽造山带是在东西向构造的基础上叠加了北东向构造，再次又叠加了北北东向构造，使燕辽造山带在地质图呈现为一个弧形构造带。因为一个弧形构造必定可以分为内弧和外弧，那么，它便可能是背斜或向斜。但如果我们不能确定内弧或外弧地层的相对新老关系，那么，它便只是一个背形或向形。再有，东西向、北东向和北北东向构造叠加的结果是否会形成一个具有成生联系的构造格架？这一构造格架是一个什么样的构造样式？笔者注意到，上述构造现象叠加的结果造成了燕辽造山带中的背斜和向斜相间排列构成了具有 Ramsay 第一类褶皱干涉样式的第二种类型构造形式的盆岭构造样式。当从上述新的角度重新认识燕辽造山带时，笔者认为，燕辽造山带的构造形迹可以被归结为燕辽向斜、燕辽复向斜及秦皇岛背形三个大型构造。在这三个大型构造单元之下又各自发育了次级构造，在次级构造下又出现各自的配套断裂和次级褶皱，一级套一级，致使燕辽造山带成为复杂的构造格局。

近年来，对于该区构造变形序列的讨论，一般根据断裂的性质来划分。例如，Davis 等[71,72]将侏罗纪—白垩纪变形划分为：①大于 180 Ma 的向南逆冲推覆作用；②中侏罗纪—晚侏罗纪早期的伸展断层作用；③晚侏罗纪—早白垩纪早期的向北逆冲作用；④早白垩世晚期的挤压作用；⑤中白垩世伸展变形；⑥晚白垩纪左旋走滑作用。汪洋等将其划分为五个期次，认为东西向构造形成最早，北北东向构造形成最晚，北东向介于两者之间。换句话说，不同方向的构造形成于不同时期，也就意味着不同方向的构造只有时间上联系，而没有成生上的联系。也有从燕辽造山带中新生代地层系统中发育 5 个区域性的角度不整合界面来考虑，认为燕辽造山带中生代自老至新发育：上三叠统与中三叠统之间的角度不整合，即杏石口组或老虎沟组之下的不整合界面；中侏罗统与下侏罗统之间的角度不整合，即九龙山组或海房沟组之下的不整合界面；下白垩统与上侏罗统之间的角度不整合，即东岭台组或义县组之下的不整合界面；古近系与白垩系之间的角度不整合；新近系与古近系之间的角度不整合。5 个区域性不整合界面表明该区中新生代经历过 5 次挤压事件。这 5 次事件将该区的地质构造分隔成下中三叠统、上三叠统—下侏罗统、中上侏罗统、白垩系、古近系、新近系—第四系等 6 个构造层。也有研究者将燕山地区中生代盆地充填序列划分为四个阶段，即晚三叠世杏石口组、早侏罗世南大岭组至中侏罗世九龙山组、晚侏罗世髫髻山组至土城子组、早白垩世张家口组至晚白垩世南天门组，并认为这四个阶段反映了岩石圈从挠曲（T₃）、挠曲并伴随弱的裂陷（J₁₊₂）、构造转换（J₃）到裂陷（K）为主的区域构造演化[74]。笔者认为，上述五个构造不整合面中有三个不整合面属于中生代的构造不整合面，它对应着燕辽造山带在中生代发育着的三期磨拉石建造，即晚三叠世杏石口组、中侏罗世末期髫髻山组和晚侏罗世土城子组。而且，燕辽造山带表现为东西向构造最先发育，其次叠加了北东向构造，再次又叠加了北北东向构造。因此，燕辽造山带中生代应存在着三期主要的构造运动。上述三个构造不整合面应代表着向斜构造、复向斜构造和背形构造，而三期磨拉石建造分别是向斜消亡、复向斜消亡和背形消亡的产物。

再有，燕辽造山带侏罗系还存在着"反序"沉积特征及沉积中心迁移特征，即下部沉积物来自于较年轻地层，而上部沉积物来自于较古老地层。如上述三期磨拉石建造中，都以火山岩开始，继而厚层粗碎屑岩或砾岩结束，便反映出"反序"沉积特征。以往对这一现象一直未能很好地作出构造及沉积上的解释。笔者认为，上述沉积特征应是向斜、复向斜和背形三期褶皱构造分别形成三期褶皱山脉。并且，随着这三期山脉被剥蚀夷平，构成山脉的地层从新到老逐次被剥蚀，并被搬运至邻近的沉积盆地中沉积下来，因而其沉积顺序与剥蚀时顺序正相反，由此便呈现为"反序"特征。

由于本书将燕山沉降带和内蒙古地轴作为一个整体来考虑，内蒙古地轴是燕辽向斜的北翼，燕山沉降带是燕辽向斜的南翼。那么，内蒙古地轴南缘断裂便不是西伯利亚板块和华北克拉通这两大板块之间的缝合线。本书吸收了最新研究成果，将康保-围场-叨尔登-凌源-中三家-西官营子断裂作为这两大板块俯冲带缝合线断裂，并将内蒙古地轴南缘断裂重新定义为燕辽向斜的轴部纵断裂，并将其上发育的断陷盆地定义为轴部纵断裂裂隙盆地。该裂隙盆地在燕山地区发育了南大岭组和下花园组作为其裂隙充填物，在辽西地区则发育了兴隆沟组和北票组作为裂隙充填物。并认为这一裂隙充填物非常典型而罕见，它不同于以往只见于露头尺度的裂隙充填物，即使广西凌云地区的早二叠世茅口阶"灰岩脉"也不能与之相提并论。

关于燕辽造山带的断裂构造一直也是研究重点，并提出了许多不同的认识。燕辽造山带的断裂构造中，最为明显的断裂有东西向、北东向、北北东向三组，此外，还有南北向、北西向二组较为重要。以前一般认为，东西向最早形成，北东向次之，北北东向最晚。如果真的是这样的话，似乎燕辽造山带的构造运动只形成断裂，而褶皱成为了断裂的伴生构造。本书中，笔者将这一认识倒转过来，将断裂当作是褶皱的配套断裂。而且，燕辽造山带中的断裂逆冲推覆方向有些自北而南，有些自南而北。例如，密云-喜峰口断裂带，北京西山南部的逆冲推覆构造，北京昌平十三陵及怀柔汤河口一带逆冲推覆构造，河北宣化下花园一带逆冲推覆构造，以及兴隆一带的逆冲推覆构造等这些断裂，有认为是由北向南的逆冲构造带，有认为是由南向北的逆冲构造带[75~83]。承德至凌源一带的各种推覆构造也出现了几种不同的认识，一是认为逆冲推覆总体上自北向南，另一是认为主要自南向北推覆[72]。而且，燕辽造山带的断裂构造还存在着这样一种情况，即同一条断裂在有的地段表现为压性，有的地段则表现为张性，如在辽西地区就可见到同一断裂的不同段落，有的表现为强烈的挤压，有的表现为张扭性。这些断裂是否有成生上的联系？笔者将燕辽造山带的所有构造形迹都当作是褶皱的配套构造来考虑，那么，燕辽造山带的断裂构造便是向斜的配套断裂、复向斜的配套断裂，背形的叠加断裂及叠加的北北东向断裂。并认为东西向、北东向和北北东向三组断裂与褶皱有关，一般是向斜的纵断裂。同时，本书引进了背斜与向斜的内弧和外弧处于不同力学环境来解释燕辽造山带同一条断裂既具压性，也具张性的力学特征。因为燕辽复向斜和秦皇岛背形属于两个不同方向的应力场，由这两个应力场所产生的断裂相互叠加、改造，以及后期差异升降运动的影响，造成了一个向斜或背斜在某些地段出露外弧，在某些地段出露内弧，地表便出露了断裂的不同构造部分。而向斜或背斜的外弧或内弧具有不同的力学性质，由此同一条断裂在有的地段表现为压性、有的地段则表现为张性，而且，在不同地段又造成了逆冲推覆方向不同。笔者还利用背斜两翼的配套断裂向核部对冲，向斜两翼的配套断裂向外对冲，这一构造现象来解释燕辽造山带中的断裂对冲现象。并强调后期差异升降运动的影响又造成了燕辽造山带的断裂表现出不同的逆冲推覆方向。

　　再有，以往认为燕辽地区中生代岩浆活动与断裂构造有关，并将燕山地区岩浆活动从北往南分为北东东向岩浆岩带、北东向岩浆岩带和北北东向岩浆岩带，三个岩浆带的主成岩期从北东东带到北北东带越来越年轻。其中，北东东带主成岩期发生于海西末期（240~250 Ma）。北东带属于燕山陆内造山带主体，似由北北东向、东西向造山作用联合形成，并且往往逐渐转化为北北东带。同时认为燕山旋回的岩浆活动有如下特点，即不同旋回的火山岩和不同时期的侵入岩都组成相应的火山喷发带和侵入岩带，火山岩一般产于压性和压扭性环境，晚期也可沿张扭性构造喷发。而侵入岩则一般产于火山活动后期的减压构造环境，如火山盆地边缘隆起部位，或沿火山带内部的大断裂强烈活动部位。当从新的构造格架来思考燕辽造山带时，上述三个岩浆带恰好对应于向斜到复向斜、背形和北北东向叠加期这三褶皱构造期。其岩浆活动则表现出，一般处于地壳深部的向斜轴部纵张断裂所张开的部位成为了岩浆侵入的通道而发育岩浆岩，而处于地表的背斜轴部纵张断裂张开所形成的盆地则发育了火山岩。当然，一些褶皱的配套断裂如共轭断裂和横断裂也发育岩浆活动。再有，燕辽造山带中的岩浆活动既有碱性、酸性，也有基性、超基性等，错综复杂的分布特征，一直成为争论的对象。特别是碱性岩的广泛分布，并被认为与伸展构造有关。如果从新的构造格架来考虑，在背斜和向斜的外弧上的纵断裂一般呈张性，它便应发育碱性岩。本书还认为壳幔型岩浆与幔源岩浆现断裂影响的深度有关，即随着断裂向深处发展，岩浆活动便从壳幔型向幔源型发展。总的来说，正是燕辽造山带中的向斜、复向斜和背形相互叠加的结果造成了错综复杂的岩浆活动分布特征。

再有，因为，燕辽造山带缺乏中生界海相地层，各个陆相沉积盆地又互不相连，且有不同的地质发展史，所以，有关燕山运动的幕次划分至今尚不统一。而近年来又发现了印支运动也对本区产生了重要的影响。因此，研究印支运动与燕山运动对本区的影响就具有重要的意义。从上述认识出发，笔者又认为可以重新认识印支运动与燕山运动的幕次划分。本书将印支运动定义为形成东西向构造线的构造运动，燕山运动是形成北东向、北北东向构造线的构造运动。相应地，这两大构造阶段对应于两大构造应力场，陆间造山阶段属于南北向的构造应力场，陆内造山阶段则是太平洋构造应力场。

本书还从地质历史发展的角度来论述燕辽造山带的发生和发展过程。笔者认为，燕辽造山带在海西运动期间中朝古陆与西伯利亚古陆开始接触时就已开始出现向斜的雏形。印支运动为向斜阶段和复向斜阶段的构造运动。从中三叠世—晚三叠世发生了印支运动第一幕，在纵弯褶皱作用下形成一个东西向的大型向斜构造及其配套的断裂构造及次级构造，至晚三叠世末期向斜构造被沉积填平。此后，燕辽造山带的构造格局就建立在这一向斜之上。印支运动第二幕从早侏罗世到中侏罗世，它是印支运动第一幕的继续。早侏罗世燕辽向斜轴部向上反转成为一个次级背斜，向斜被进一步褶皱成为了由三个背斜和两个向斜等五个次级褶皱相间排列的东西向复向斜及其配套、伴生构造。中侏罗世末期复向斜逐渐被填平。燕山运动是背形阶段的构造运动。燕山运动第一幕发生在晚侏罗世，这时构造应力场转变为太平洋应力场，燕辽复向斜受到太平洋板块向东亚大陆俯冲形成的向西北方向挤压的影响，其辽西段被扭转成为了北东向构造而形成了一个背形构造。燕山地区和辽西地区开始走上了不同的地质构造历程。具体表现为燕山地区原东西向复向斜被叠加了北东向褶皱而成为了短轴状的背斜和向斜，而显示为一个具有 Ramsay 第一类褶皱干涉样式的第二种褶皱类型的区域构造格局；辽西地区则被扭转为北东向构造而较完整地保留了原复向斜的盆岭构造系统。燕山运动第二幕发生在白垩纪，燕辽造山带进一步被叠加了北北东向构造，既破坏了背形构造，也形成了一些新的构造，如在短轴状背斜的基础上形成了变质核杂岩。新生代的喜马拉雅构造运动似乎是白垩纪构造运动的继续，它与燕山运动第二幕处于同一构造应力场，其构造形迹也具有成生上的联系。主要表现为进一步破坏了背形构造，并使燕辽造山带从华北克拉通分裂出来，并拼贴到西伯利亚古陆之上。

总的来说，燕辽造山带可以说是一本内容丰富的构造学教科书，如向斜及其配套东西向纵断裂、南北向追踪横张断裂和北西、北东组成的棋盘格式共轭断裂等。复向斜阶段新生的大型的隙裂盆地及其充填物、推覆形成了内蒙古地轴等。背形阶段，由于北东向构造叠加的结果，形成了具 Ramsay 褶皱第一类干涉样式的第二种干涉图型的短轴状褶皱及盆岭构造系统。背斜或向斜纵断裂放射状排列特征，以及向向核部或背斜两翼的对冲现象。而且，同一条断裂在不同地段具有不同的力学性质，则与由于后期升降构造运动的影响有些地段出露褶皱的内弧，有些地段则出露褶皱的外弧有关。由于围场–平泉–秦皇岛断裂的影响，造成了辽西地区的纵断裂向原向斜轴部位移，而燕山地区纵断裂则向两翼位移。由于燕山地区原向斜北翼处于下降状态，每两条纵断裂之间的间距也向北逐渐变宽。其所展现的构造形态与教科书上所描述的断层地表出露形态相一致。此外，沿着轴部纵断裂侵入超基性–基性岩向两翼逐渐过渡为中性或酸性岩的侵入特征，也与教科书上的理论相一致。基于以上的认识，笔者认为加强对其研究，将很有意义，希望能够得到大家的关注。

参 考 文 献

[1] Cui S Q, Li Jk, Zhao Y. On the Yanshanian movement of the peri-Pacific tectonic belt on China and its adjacent areas. Scientific papers for the 27th IGC. Geological Publishing House, China, 1985, 221-234.

[2] Wong W H. Crustal movement and igneous activies in eastern China since Mesozoic time. Bull Geol Soc China, 1927, 6 (1): 9-37.

[3] 李四光. 地质力学概论. 北京：科学出版社，1973, 1-344.

[4] 崔盛芹，杨振升，周南硕，等. 燕辽及邻区的古构造体系研究. 地质学报，1977, 2: 67-77.

[5] 于福生，漆家福，王春英. 华北东部印支期构造变形研究. 中国矿业大学学报，2002, 31 (4): 402-406.

[6] 郭华，刘红旭，王润红. 燕山板内造山带中生代构造演化特征. 铀矿地质，2003, 19 (2): 65-80.

[7] 李四光. 东亚一些构造型式及其对大陆地壳运动问题的意义——地质力学方法. 北京：科学出版社，1976, 53-113.

[8] 任纪舜，陈廷愚，牛宝贵，等. 中国东部及邻区大陆岩石圈的构造演化与成矿. 北京：地质出版社，1990, 90-103.

[9] 葛肖虹. 华北板内造山带的形成史. 地质论评，1989, 35 (3): 254-261.

[10] 宋鸿林. 燕山式板内造山带基本特征与动力学探讨. 地学前缘，1999, 6 (4): 307-316.

[11] 王伟峰，陆诗阔，孙月平. 辽西地区构造演化与盆地成因类型研究. 地质力学学报，1997, 3 (3): 81-89.

[12] Condie K C. Plate tectonics and crustal evolution, second edition. Pergamon Press, 1982, 188-215.

[13] Davis G A, Qian X L, Zheng Y D. The Huaorou (Shuiyu) ductile shear zone, Yunmengshan Mts., Beijing—30th IGC field trip guide T209. Geological Publishing House, China, 1996.

[14] Davis G A, Qian X L, Yu Y, et al. Mesozoic deformation and plutonism in the Yunmeng Shan: a metamorphic Core Complex. North of Beijing, China. In: Yin A, Harrison M. The Tectonic Evolution of Asia. Cambridge: Cambridge University Press, 1996, 253-280.

[15] Dewey J F, Bird J M. Moutain belts and the new global tectonics. Jour Geophy Res, 1970, 75, 2625-2647.

[16] Dewey J F, Horsfield B. Plate tectpnics, orogeny and continental growth. Nature, 1970, 225, 521-525.

[17] Dewey J F, Burke K. Tibetan, Variscan, and Precambrian reactivation: products of the continental collision. Jour Geol, 1973, 81, 683-692.

[18] Chen A. Geometric and kinematic evolution of basement-cored structures: intraplate orogensis within the Yanshan Orogen, Northern China. Tectonphysics, 1998, 292: 17-42.

[19] Davis G A, Wang C, Zheng Y, et al, The enigmatic Yanshan fold-and-thrust belt of northern China: New views on its intraplate contractional styles. Geology, 1998, 26: 43-46.

[20] Enkin R J, Yang Z, Chen Y, et al. Paleomagnetic constraints on the geodynamics history of main Chinese blocks from the Permain to the Present, a review. Geophy Res, 1997, 97 (B): 13955-13988.

[21] Menzies M A, Xu Y G. Geodynamics of the Yanliao orogenic belt. In: Flower M, Chung S L, Lo C H. Mantle Dynamics and Plate Interaction in East Asia. Am Geophys Union Geodyn Ser, 1998, 27: 155-165.

[22] Xu Y G. Thermo-tectonic destruction of the Archean lithospheric keel beneath Eastern China: Evidence, timing and mechanism. Phys Chem Earth (A), 2001, 26: 747-757.

[23] Gao S, Kidhnick R L, Yuan H L, et al. Recycling lower continental crust in the Yanliao orogenic belt. Nature, 2004, 432: 892-897.

[24] 吕古贤, 邓军, 郭涛, 等. 玲珑-焦家式金矿构造变形岩相形迹大比例尺填图与构造成矿研究. 地球学报, 1998, 19 (2): 177-187.

[25] Chen L, Zheng TV, Xu W W. A thinned lithospheric image of the Tanlu Fault Zone, Eastern China: Constructed from wave equation based receiver function migration. Journal of Geophysical Research, 2006, 111 (B9): B09312.

[26] Griffin W L, Zhang A D, O'reilly S Y, et al. Phanerozoic evolution of the lithosphere beneath the Sino-Korean Craton. In: Flower M F J, Chung S L, Lo C H, et al. Mantle Dynamics and Plate Interactions in East Asia, Geodynamics Series. Washington: American Geophysical Union, 1988, 27: 107-126.

[27] Gao S, Rudnick R L, Carlsonet R W, et al. Re-Os evidence for replacement of ancient mantle lithosphere beneath the Yanliao orogenic belt. Earth and Planetary Science Letters, 2002, 198 (3-4): 307-322.

[28] 翟明国, 朱日祥, 刘建明, 等. 华北东部中生代构造体制转折的关键时限. 中国科学 (D 辑), 2003, 33 (10): 913-920.

[29] 李思田. 断陷盆地分析与煤聚积规律. 北京：地质出版社，1994.

[30] Liu J L, Davis G, Lin Z Y, et al. The Liaonan metamorphic core complex, southeastern Liaoning Province, North China: A likely contributor to Cretaceous rotation of eastern Liaoning, Korea and contiguous areas. Tectonophysics, 2005, 407 (1-2): 65-80.

[31] Xu J W, Zhu G, Tong W X, et al. Formation and evolution of the Tancheng-Lujiang wrench fault system: A major shear system to the northwest Pacific Ocean. Tectonophysics, 1987, 134 (4): 273-310.

[32] Lin W, Chen Y, Faure M, et al. Tectonic implications of new Late Cretaceous paleomagnetic constraints from eastern Liaoning Peninsula, NE China. Journal of Geophysical Research, 2003, 108 (B6): 2313, doi: 10. 1029/2002JB002169.

[33] 翟明国，孟庆任，刘建明，等. 华北东部中生代构造体制转折峰期的主要地质效应和形成动力学探讨. 地学前缘，2004，11 (3): 285-297.

[34] 王涛，郑亚东，张进江，等. 华北克拉通中生代伸展构造研究的几个问题及其在岩石圈减薄研究中的意义. 地质通报，2007，26 (9): 1154-1166.

[35] Wu F Y, Yang J H, Zhang Y B, et al. Emplacement ages of the Mesozoic granites in southeastern part of the western Liaoning Province. Acta Petrologica Sinica, 2006, 22 (2): 315-325 (in Chinese with English abstract).

[36] 韩宝福，加加美宽雄，李惠民. 河北平泉光头山碱性花岗岩的 Nd-Sr 同位素特征及其对华北早中生代壳幔相互作用的意义. 岩石学报，2004，20 (6): 1375-1388.

[37] 杨进辉，吴福元. 华北东部三叠纪岩浆作用与克拉通破坏. 中国科学（D 辑），2009，39 (7): 910- 921.

[38] Yang J H, O'Reilly S, Wallker R, et al. Diachronous decratonization of the Sino-Korean Craton: Geochemistry of mantle xenoliths from North Korea. Geology, 2010, 38 (9): 799-802.

[39] Zhang S H, Zhao Y, Liu X C, et al. Late Paleozoic to Early Mesozoic mafic-ultramafic complexes from the northern North China block: Constraints on the composition and evolution of the lithospheric mantle. Lithos, 2009, 110: 229-246.

[40] Zhang H F. Transformation of lithospheric mantle through peridoite-melt reaction: A case of Sino-Korean craton. Earth and Planetary Science Letters, 2005, 237 (3-4): 768-780.

[41] Zhai M G, Fan Q C, Zhang H F, et al. Lower crustal processes leading to Mesozoic lithospheric thinning beneath eastern North China: Underplating, replacement and delamination. Lithos, 2007, 96 (1- 2): 36-54.

[42] 吴福元，葛文春，孙德有，等. 中国东部岩石圈减薄研究中的几个问题. 地学前缘，2003，10 (3): 51-60.

[43] Wu F Y, Lin J Q, Wilde S A, et al. Nature and significance of the Early Cretaceous giant igneous event in eastern China. Earth Planet Sci Lett, 2005, 233: 103-119.

[44] Wu F Y, Walker R J, Yang Y H, et al. The chemical-temporal evolution of lithospheric mantle underlying the Yanliao orogenic belt. Geochimica et Cosmochimica Acta, 2006, 70 (19): 5013-5034.

［45］Yang J H, Chung S L, Wilde S A, et al. Petrogenesis of post-orogenic syenite in the Sulu Orogenic Belt, East China: Geochronological, geochemical and Nd-Sr isotopic evidence. *Chemical Geology*, 2005, 214 (1-2): 99-125.

［46］Zhang H F, Sun M, Zhou X H, et al. Geochemical constraints on the origin of Mesozoic alkaline intrusive complexes from the Yanliao orogenic belt and tectonic implications. Lithos, 2005, 81 (1-4): 297-317.

［47］Zheng J P, Griffin W L, O'Reilly Sy, et al. Mineral chemistry of peridotites from Paleozoic, Mesozoic and Cenozoic lithosphere: Constraints on mantle evolution beneath eastern China. Journal of Petrology, 2006, 47 (11): 2233-2256.

［48］Zhu R X, Yang J H, Wu F Y. Timing of destruction of the Yanliao orogenic belt. lithos, 2012, 149: 51-60.

［49］徐义刚. 华北岩石圈减薄的时空不均一特征. 高校地质学报, 2004, 10: 324-331.

［50］徐义刚, 李洪颜, 庞崇进, 等. 论华北克拉通破坏的时限. 科学通报, 2009, 54: 1974-1989.

［51］许文良, 杨承海, 杨德彬, 等. 华北克拉通东部中生代高 Mg 闪长岩—对岩石圈减薄机制的制约. 地学前缘, 2006, 13: 120-129.

［52］Zhang X H, Mao Q, Zhang H F, et al. A Jurassic peraluminous leucogranite from Yiwulüshan, Liaoxi, The Yanliao orogenic belt: Age, origin and tectonic significance. Geol Mag, 2008, 145: 305-320.

［53］Jiang Y H, Jiang S Y, Ling H F, et al. Petrogenesis and tectonic implications of Late Jurassic shoshoitic lamprophyre dikes from the Liaodong Peninsula, NE China. Miner Petrol, 2010, 100: 127-151.

［54］Zhang B L, Zhu G, Jiang D Z, et al. Evolution of the Yiwulushan metamorphic core complex from distributed to localized deformation and·its tectonics implications. Tectonics, 2012, 31: TC4018, doi: 10. 1029/2012TC003104.

［55］姜耀辉, 蒋少涌, 赵葵东, 等. 辽东半岛煌斑岩 SHRIMP 锆石 U-Pb 年龄及其对中国东部岩石圈减薄开始时间的制约. 科学通报, 2005, 50: 2161-2168.

［56］吴福元, 徐义刚, 高山, 等. 华北岩石圈减薄与克拉通研究的主要学术争论. 岩石学报, 2008, 24: 1 145-1174.

［57］路凤香, 郑建平, 邵济安, 等. 华北东部中生代晚期—新生代软流圈上涌与岩石圈减薄. 地学前缘, 2006, 13: 86-92.

［58］邓晋福, 赵海玲, 莫宣学. 中国大陆根-柱构造: 大陆动力学的钥匙. 北京: 地质出版社. 1996.

［59］邓晋福, 苏尚国, 赵海玲, 等. 华北地区燕山期岩石圈减薄的深部过程. 地学前缘, 1996, 10 (3): 41-50.

［60］Gao S, Luo T C, Zhang B R, et al. Chemical composition of the continental crust as revealed by studies in East China. Geochimica et Cosmochimica Acta, 1998, 62 (11): 1959-1975.

［61］吴福元, 孙德有. 中国东部中生代岩浆作用与岩石圈减薄. 长春科技大学学报, 1999, 29 (4): 313-318.

[62] 吴福元, 孙德有, 张广良, 等. 论燕山运动的深部地球动力学本质. 高校地质学报, 2000, 6 (3): 379-388.

[63] 陈斌, 翟明国, 邵济安. 太行山北段中生代岩基的成因和意义: 主要和微量元素地球化学证据. 中国科学 (D 辑), 2002, 32 (11): 896-907.

[64] 邓晋福, 苏尚国, 赵国春, 等. 华北燕辽造山带结构要素组合. 高校地质学报, 2004, 10 (3): 315-323.

[65] 吴福元, 杨进辉, 柳小明. 辽东半岛中生代花岗质岩浆作用的年代学格架. 高校地质学报, 2005, 11 (3): 305-317.

[66] 路凤香, 郑建平, 李伍平, 等. 中国东部显生宙地幔演化的主要样式:" 蘑菇云" 模型. 地学前缘, 2002, 7 (1): 97-117.

[67] Zhang H F, Sun M. Geochemistry of Mesozoic basalts and mafic dikes, in southeastern the Yanliao orogenic belt, and tectonic implications. International Geological Review, 2002, 44 (4): 370-382.

[68] Zhang H F, Sun M, Zhou X H, et al. Secular evolution of the lithosphere beneath the eastern The Yanliao orogenic belt: Evidence from Mesozoic basalts and high-Mg andestites. Geochimica et Cosmochimica Acta, 2003, 67 (22): 4373-4387.

[69] Daivs G A, Darby B J, Zheng Y D, et al. Geometric and temporal evolution of an extensional detachment fault, Hohhot metamorphic core complex, Inner Monglia, China. Geology, 2002, 30 (11): 1003-1006.

[70] Ren J Y, Tamaki K, Li S T, et al. Late Mesozoic and Cenozoic rifting and its dynamic setting in eastern China and adjacent areas. Tectonophysics, 2002, 344 (3-4): 175-205.

[71] Davis G A, Zheng Y, Wang C, et al. Geometry and geochronology of Yanshan Belt tectonics. 见: 北京大学地质学系. 北京大学国际地质科学学术研讨会论文集. 北京: 地震出版社. 1998b, 275-292.

[72] Davis G A, Zheng Y, Wang C, et al. Mesozoic tectonic evolution of theYanshan fold and thrust belt, with emphasis on Hebei and Liaoning provinces, northern China. In: Hendrix M S, Davis G A. Paleozoic and Mesozoic Tectonic Evolution of Central and Eastern Asia: From Continental Assembly to Intracontinental Deformation. Boulder, Corolado, Geological Society of America Memoir. 2001, 194, 171-197.

[73] Davis G A, 郑亚东, 王琮, 等. 中生代燕山褶皱冲断带的构造演化——以河北省和辽宁省为重点的研究. 北京地质, 2002, 14 (4): 1-40.

[74] 李忠, 刘少峰, 张金芳, 等. 燕山典型盆地充填序列及迁移特征: 对中生代构造转折的响应. 中国科学, 2003, 33 (10): 931-940.

[75] 王瑜. 内蒙古-燕山地区晚古生代晚期—中生代的造山作用过程. 北京: 地质出版社, 1996.

[76] 1 : 25 万承德幅地质大调查报告, 2002.

[77] 郭华, 吴正文, 刘红旭, 等. 燕山板内造山带逆冲推覆构造格局. 现代地质, 2002, 16 (4): 339-346.

[78] 雷世和, 吴新国. 北京十三陵地区的地质构造及其演变特征. 河北地质学院学报, 1986,

9 (2)：147-159.

[79] Zheng Y, Wang Y, Liu R, et al. Sliding- thrusting tectonics caused by thermal uplift in the Yumeng Mountains Bejing, China. Jour Struct Geol, 1988, 10：135-144.

[80] 叶俊林，向树元. 河北赤城岩浆岩区逆冲推覆构造特征及其形成机制. 地球科学-中国地质大学学报，1989，12 (5)：519-527.

[81] 孙建初，王曰伦. 下花园地区地质构造. 地质专报，1930，15：1-30.

[82] 何镜宇. 河北省宣化鸡鸣山断层及其时代问题. 北京地质学院学报，1957，(2)：75-82.

[83] 孙殿卿，崔鸣铎. 河北兴隆煤田地区构造体系的划分及其复合现象. 地质力学论丛，1965，(2)：1-30.

第1章 区域地质简介

燕辽造山带具有太古代—古元古代变质基底（1 850 Ma 之前），中新元古代—古生代（1 850~250 Ma）基本属于稳定的地台型沉积阶段，其构造活动相对平静，以区域性升降运动为主，而造就了燕山东西向构造带的雏形。其中蓟县运动使地壳隆起，造成 800~600 Ma 的地层缺失。加里东运动以后，全区又缺失上奥陶—下石炭世沉积。

1.1 基 底

燕辽造山带出露中国最古老的结晶基底，已发现其最大年龄大于 38 亿年[1]。主要由三大套变质岩系组成，即中下太古界迁西群及建平群小塔子沟组；新太古界单塔子群、红旗营子群和双山子群及建平群大营子组，古元古界朱杖子群和建平群瓦子峪组。其基底构造经历了四次大的构造旋回，即古中太古代迁西旋回（≥3 000 Ma）、中新太古代阜平旋回（2 500~3 000 Ma）、古元古代或新太古代五台旋回（2 200~≥2 500 Ma）及古元古代晚期吕梁旋回（1 800~2 200 Ma）。

根据现有资料，约 3 500 Ma 前，燕山地区出现了初始陆核，开始了陆壳和洋壳的分异，并出现了海底火山喷发，形成了以火山岩建造为主的迁西群。迁西群主要由各种麻粒岩、片麻岩、斜长角闪岩和磁铁石英岩组成，以含各种辉石为特色，下亚群为麻粒岩相，上亚群为麻粒岩相-高角闪岩相。原岩为一套以基性火山岩为主，中上部以中酸性火山岩为主，并夹有沉积碎屑岩和含铁硅质岩，形变特征以花岗岩-片麻岩穹窿为主，蕴藏重要的沉积变质铁矿。但基本未见碳酸盐岩。在空间上，该群沿北纬 40°~41°呈东西向狭长带状分布。关于迁西群的年龄，在迁安地区获得斜长角闪岩 3 500 Ma 左右的 Sm-Nd 等时线年龄，黄柏峪铬云母石英岩中的碎屑锆石 U-Pb 年龄为 3 550~3 850 Ma[1]。约在 2 900 Ma±100 Ma 左右，发生了一次构造-热事件，即迁西运动，造成迁西群普遍遭受以麻粒岩相-高角闪岩相为主的深成，以及中心型混合岩化作用，伴有紫苏花岗岩与基性-超基性岩浆侵入作用，形成了铁镁质陆核。

辽西地区约在 3 000 Ma 之前，建平—阜新地区出现了一些呈东西向展布的原始古陆核，主要分布于建平、阜新、义县、北镇、锦县、兴城、绥中等地。围绕古陆核沉积了以海底火山喷发堆积的基性熔岩夹超基性岩，间夹酸性火山碎屑岩及含硅白云岩建造，同时伴有呈层状或似层状侵入的橄榄岩、辉石岩和角闪岩，称为建平群小塔子沟组，主要岩性为黑云斜长片麻岩、角闪斜长片麻岩、黑云角闪斜长片麻岩、含紫苏石榴斜辉斜长麻粒岩、含二辉角闪斜长麻粒岩、含紫苏黑云斜辉角闪斜长麻粒岩、含斜辉紫苏斜长麻粒岩，夹斜长角闪岩、角闪斜长辉石岩、磁铁石英岩、黑云斜长变粒岩等岩石。相当于迁西群或密云群。约距今2 800 Ma 前后的鞍山运动一幕，一般认为与迁西运动相当，使建平群小塔子沟组发生了强烈变质和混合岩化作用，其变质相达麻粒岩相。

燕山地区的新太古界单塔子群（相当于阜平群）出露于康保、崇礼、丰宁、密云、承德和迁西一带，呈东西向分布。主要由变粒岩、浅粒岩、斜长角闪岩和磁铁石英岩组成。混合岩化分布不均匀，西部弱、东部较强烈，分带明显。钾质交代作用十分明显，多受构造控制。其沉积中心在唐山、滦县一带，沿前期陆核的南、北两侧分布。卢龙、滦南一带的单塔子群为低角闪岩相，司家营附近为高角闪岩相。崇礼、康保一带出露单塔子群的原岩以碎屑岩和大理岩为主，承德和隆化一带出露单塔子群的原岩为基性、中酸性火山岩-黏土质砂岩-含铁硅质岩、陆源碎屑成分较多，蕴含丰富的沉积变质铁矿。具有 Rb-Sr 等时线 2 620 Ma 年龄。

辽西地区新太古界称建平群大营子组，主要分布于建平化石里沟、大营子，阜新上押京、大巴、大家屯，义县大榆树堡，北镇大市堡子，锦县双羊店等地，此外，兴隆、绥中也有零星分布。本组整合覆于小塔子沟组之上，以黑云母质岩石为其主要特征，岩性为黑云斜长片麻岩，角闪黑云斜长片麻岩、浅粒岩、夹斜长角闪岩、角闪斜长片麻岩、角闪变粒岩、大理岩及磁铁石英岩。厚 1 378 ~ 7 131 m。原岩主要为中酸性火山熔岩和火山碎屑岩，夹基性火山岩（拉斑玄武岩）、碎屑岩及碳酸盐岩。其混合岩化作用也十分强烈，以区域性原地型大面积分布为特点，致使太古代早期地层呈孤立的残留体出现。

约在 2 900 Ma~2 500 Ma 的阜平运动，使单塔子群发生了强烈的变质作用和混合岩化作用，而前期的迁西群发生了退变质作用[2]。燕辽造山带初步固结，地壳垂向增厚，范围增生扩大，形成较大规模的硅铝质早期陆壳。拗陷带全面褶皱回返，出现较明显的区域性角度不整合，发育塑性流变褶曲，早期平卧紧密褶皱，晚期穹状褶皱和隆起。发育韧性剪切变形，典型的卵形构造及大面积透入性片理、片麻理。并发生了大量基性岩脉群及大量钾质花岗岩侵入，及大范围的角闪岩相变质作用及面型混合岩化作用，形成山海关-绥中混合花岗岩等规模较大的中酸性侵入体。在冀东迁西—迁安一带形成典型的卵形构造[3]。在辽西地区，一般称为鞍山运动，形成了绥中混合花岗岩（2 400±50 Ma）。

新太古界双山子群（相当于五台群）主要分布于迁西和承德一带，密云也有少量分布。岩性主要为变粒岩、片岩、中基性火山熔岩夹磁铁石英岩，局部见大理岩。原岩为中基性和中性、中酸性火山岩、凝灰岩、黏土质砂岩，含铁硅质岩和碳酸盐岩。变质相在丰宁—隆化以南为低角闪岩相，在冀东地区的青龙河盆地为高绿片岩相到低角闪岩相。其混合岩化作用在横向上变化很大，受构造控制明显。该群明显受断裂控制，分别沿丰宁-隆化深断裂及大庙-娘娘庙深断裂呈东西向分布，和沿青龙-滦县大断裂呈北北东向分布。在变质基性火山岩中获得 $2\,217 \pm 43$ Ma 和 $2\,228 \pm 136$ Ma 的 Rb-Sr 年龄，在其斜长角闪岩中获得 $2\,450$ Ma 的 U-Pb 一致线年龄。也有的研究者主张将双山子群划为古元古界。

在赤城、崇礼、隆化、围场等地还出露新太古界红旗营子群。红旗营子群遭受区域性低角闪岩相的变质、变形作用，反映了本区在高角闪岩相区域变质作用的基础之上，叠加了后期低角闪岩相变质作用，并使之产生了退变质作用。红旗营子群一名系原河北区测队在 1959 年进行 $1:100$ 万张家口幅区域地质调查时提出。1980 年 $1:20$ 万康保幅、太仆寺旗幅区域地质调查时将其划分为三个岩组，并认为可与内蒙古地区的乌拉山群下部层位对比，形成时代为太古代。河北省、北京市、天津市区域地质志认为红旗营子群可以与冀东单塔子群对比，并通称单塔子群，属新太古界下部层位。河北区调队胡学文等在进行专题研究时将区内红旗营子群划分为大同营组和庙子沟组，并认为可与冀东双山子群对比，其时代归属古元古代。但在侵入红旗营子群的兰城子基性岩墙（变质辉长岩脉）中采用 Sm-Nd 等时线法测得年龄值为 $2\,413 \pm 51$ Ma，此年龄代表了红旗营子群形成时代的上限。因此，将红旗营子群形成时代置于新太古代较妥。

辽西地区建平群瓦子峪组分布于义县瓦子峪、阜新半截塔、杨家店、颜家沟等地，整合于大营子组之上。其岩石组合自下而上可分为三个岩性段：一段为片岩夹浅粒岩、二云斜长片麻岩、黑云变粒岩；二段为方解大理岩、千枚岩，夹黑云石英片岩、钠长阳起片岩；三段为绢云石英片岩、千枚岩，夹角闪片岩、石墨片岩。总厚 $1\,379 \sim 1\,737$ m。原岩为黏土岩、细碎屑岩，夹白云质灰岩。

大约 $2\,500$ Ma 前后，本区出现一次规模巨大的构造运动，即五台运动，结束了新太古代的演化，华北陆块的雏形已基本形成。辽西地区的鞍山运动使其发生了褶皱变质及遭受混合岩化作用，岩石变质程度为低角闪岩相-高绿片岩相。地层褶皱变形复杂，同斜倒转乃至扇形褶皱发育，褶皱叠加样式复杂多变，面理置换显著。在山海关台拱、北镇凸起一带，出露混合岩、混合花岗岩，与建平群大营子组、瓦子峪组关系密切，它们之间的界线多呈渐变关系，显示原地-半原地混合岩化特征。其混合岩化作用形成了许多卵圆形穹窿构造，如绥中卵形穹窿和医巫闾山卵形穹窿等。

古元古代构造体系已发生明显的分异，构造应力场由原来以挤压为主，变为以拉张为主。燕山地区基本处于隆起状态，在克拉通之上出现不同性质的活动带和刚性地块并存的构造格局，并出现了陆壳内裂陷槽型火山-沉积岩系。伴有相当强烈的中酸性和中基性火山活动，发育一套钙碱性岩系，晚期有规模很大的中酸性岩侵位。同构造花岗岩和大量后造山花岗岩及古元古代至中元古代的基性岩墙群侵入，标志着后克拉通前期原地台破裂、焊接和边缘增生。康保一带海水向北退却，沉积了古元古代化德群。冀东的青龙河一带由于青龙河断裂的继承活动，在双山子群褶皱之上沉积了呈带状分布的朱杖子群（青龙河群）。朱杖子群发育绿片岩相-低角闪岩相区域变质作用，构造上表现为北北东向同斜紧闭倒转褶皱，韧性剪切带与广泛分布的透入性片理-劈理化带，伴有强烈的中酸性-基性岩浆侵入活动。其下部以变质砾岩为主，夹变粒岩、片岩，中上部为黑云变粒岩和二云片岩，顶部为角闪磁铁石英岩。原岩为一套韵律发育的砾岩、泥砂质岩和含铁硅质岩，夹少量中酸性火山碎屑岩、凝灰岩。属低绿片岩相变质，未遭受混合岩化作用。总厚度约 9 500 m，与下伏双山子群为不整合接触。朱杖子群底部变质砾岩胶结物年龄为 1 779 ~ 1 622 Ma，其 Rb-Sr 等时线年龄为 2 060 ± 300 Ma。

约 1 800 ~ 1 900 Ma，本区发生了吕梁运动[4]，形成了遍布全区的角度不整合、广泛的岩浆活动、区域变质作用和局部的混合岩化作用，使本区基底固结，形成了较为稳定的克拉通。在冀东朱杖子—双山子地区见朱杖子群与上覆地层表现为角度不整合。

1.2　盖　　层

自中元古代起，克拉通地壳再次破裂，燕山地区和辽西地区成为一个统一的、呈近东西向展布的拗拉槽，开始了近万米巨厚滨浅海相碎屑岩-碳酸盐岩-泥质岩建造，夹有多层海底中基性火山岩的盖层沉积。

燕山地区长城系主要出露于张家口—平泉以南的燕山南麓，自下而上由富铁碎屑岩过渡到富镁碳酸盐岩，属河流相、滨海沙滩相、岸边砂泥相、滨海潮浦相或潟湖相沉积。底部常州沟组为河流相砾岩、砂砾岩和滨海沙滩相白色石英岩状砂岩组成。中部串岭沟组为一套浅海相潮间带含铁砂岩到黑色碳质页岩夹含砂白云岩沉积，与上、下地层连续沉积。团山子组以碳酸盐岩为主，其次为碎屑岩及少量黏土岩，与下伏串岭沟组连续沉积。属滨海潮浦蒸发相。大红峪组以碎屑岩为主，下部夹富钾页岩，上部为泥晶白云岩，并夹有火山岩的地层。与下伏团山子组整合接触，局部假整合接触。顶部高于庄组为一套稳定的碳酸盐岩地层，与下伏大红峪组为整合接触。长城纪末发生了杨庄上升，地壳抬升成陆。

辽西地区常州沟组沉积以凌源霭神庙—朝阳为海盆中心，初期沉积了以河流相的类磨拉石建造，中后期沉积以潮坪及陆屑滩坝相的石英砂岩、粉砂岩。串岭沟—团山子期的海盆基本同常州沟期，沉积了细碎屑岩及碳酸盐岩。团山子期末的兴城运动，使辽西地区上升成陆，遭受剥蚀，致使兴城小盖州、月亮山一带缺失串岭沟组和团山子组。大红峪组分布范围较广，除凌源、建平、朝阳、葫芦岛、义县、兴城外，医巫闾山以东的北镇、新民等地也有零星出露。凌源一带大红峪组平行不整合于团山子组之上，在葫芦岛、兴城、北镇等地则直接超覆在常州沟组及太古界建平群或混合花岗岩之上。高于庄期海侵略有扩大，与大红峪组整合接触，主要沉积了碳酸盐岩。

蓟县纪时，又继承了长城纪晚期的沉陷，开始海侵。燕山地区蓟县系杨庄组沉积了以红色夹白色含砂泥质白云岩的碳酸盐岩建造，少量碎屑岩和黏土岩，属潟湖相，含有大量石膏、岩盐和矾类矿物。雾迷山组分布与杨庄组基本一致，以滨海-浅海相叠层石白云岩为主，并由各种叠层石白云岩与非叠层石英白云岩构成沉积韵律，富含有机白云岩和硅白云岩。洪水庄组以黑色、墨绿色和绿色伊利石页岩为主，含有黄铁矿和黄铁矿结核。铁岭组主要由含盆屑、含锰白云岩，紫色、翠绿色页岩、含海绿石叠层石灰岩及白云质灰岩组成，由高镁碳酸盐沉积转化为钙镁碳酸盐沉积，灰岩开始大量出现，有机质含量也有所增加。铁岭末期，发生了芹峪上升，结束了蓟县系沉积。之后，开始了青白口系沉积。

辽西地区杨庄组分布于凌源、建昌、朝阳、喀左、义县、北镇等地，在阜新大巴—新立屯一带也有零星出露，沉积了粉紫、粉色的叠层石白云岩或乳白、淡紫色含叠层石碳酸盐岩，底部含砂，甚至出现角砾岩。与下伏高于庄组平行不整合接触。雾迷山组沉积了巨厚的燧石条带白云岩及白云岩，形成潮坪及浅海相叠层石藻礁碳酸盐岩被。洪水庄组沉积范围较前缩小，仅分布于凌源、建昌、喀左、建平、朝阳等地。为还原环境的潟湖相，沉积了灰黑色页岩夹粉砂岩及碳酸盐岩。铁岭组分布范围与洪水庄组相同，与洪水庄组整合接触。铁岭组地壳振荡频繁，沉积了潮坪-浅海相的碳酸盐岩夹砂岩及页岩，并有含锰菱铁矿层。

燕山地区青白口系下马岭组沉积了灰、灰绿色、紫红色、灰黑色粉砂质页岩或片状砂岩，上部夹饼状含叠加层石较丰富的泥灰岩透镜体，下部夹大量板层状和复杂形态的细砂岩透镜体，底部在局部地区形成铁矿和黄铁矿。长龙山组由含砾长石砂岩、石英砂岩、海绿石砂岩及杂色页岩组成，底部为河流相砂砾岩，向上为滨海沙滩相石英状砂岩、浅海砂堤相含海绿石砂岩和浅海陆棚砂页岩。井儿峪组主要由一套红色、灰绿色、蛋青色、灰褐色薄层含泥白云质泥晶灰岩组成，为一套浅海陆棚盐泥相沉积，底部见一层不厚的含海绿石砂岩或细砾岩。与下伏长龙山组为整合接触。

辽西地区青白口系下马岭组沉积范围再度缩小，仅在凌源、喀左有分布，与下伏铁岭组为平行不整合接触。为半封闭海湾的潟湖相沉积，岩性主要为灰黑、灰绿色页岩、粉砂质页岩，夹少量粉砂岩。景儿峪组分布范围扩大，在凌源、喀左与下马岭组为平行不整合接触，在东部葫芦岛、建昌一带则直接超覆在蓟县系雾迷山组之上。

　　此后，燕辽造山带于 850 ~ 570 Ma，大约经历 280 Ma 没有接受沉积，处于平缓上升和剥蚀的准平原化状态[5]。进入古生代，燕辽造山带北部为内蒙古古陆，中部及南部属华北海的一部分，而华北海为一个半封闭的内陆浅海沉积盆地，在这一阶段沉积了一套稳定的地台型浅海碳酸盐岩沉积，总体上处于相对稳定的大陆状态。三叶虫类、头足类及腕足类等海洋生物繁盛。寒武纪府君山初期，开始沉积了灰、深灰色厚层、巨厚层灰岩、白云质灰岩、白云岩和沥青质灰岩，底部普遍发育砂砾岩层或角砾岩层，假整合或超覆在青白口系之上。馒头组为紫红色砖红色页岩、泥质白云岩、白云质灰岩等，底部常发育有砂砾岩层，与下伏府君山组超覆接触。顶部以一层中厚层泥质灰岩或含藻白云岩与毛庄组分界。毛庄组以紫色夹少量灰绿色页岩为主，夹灰色灰岩、泥质灰岩、白云质灰岩，以及少量粉砂页岩，顶部常以一层含藻灰岩或泥质灰岩为标志与徐庄组为界。底部以紫色页岩或粉砂岩与馒头组整合接触。徐庄组沉积了一套紫色、暗紫色为主的页岩、粉砂岩和碳酸盐岩。底部一般以粉砂岩或页岩与毛庄组整合接触，顶部常以紫褐色泥质粉砂岩或灰色钙质页岩与张夏组分界。张夏组以鲕状灰岩为主，其次为泥质条带灰岩、泥白云岩灰岩及灰岩，夹少量页岩。底部常以鲕状灰岩夹紫色页岩或泥质粉砂岩与徐庄组整合接触，顶部常以鲕状灰岩、泥质条带灰岩与崮山组整合接触。崮山组为泥质条带灰岩、灰岩、泥质灰岩，夹竹叶状灰岩、鲕状灰岩及页岩。底部常以紫色竹叶状灰岩或泥质条带灰岩、粉砂岩灰岩与张夏组整合接触，顶部常以紫色竹叶状灰岩或泥质条带灰岩、灰岩与长山组整合接触。长山组以竹叶状灰岩为主，其次为泥质条带灰岩、泥质灰岩、灰岩及页岩。底部以紫红色中厚层含铁竹叶状灰岩或含海绿石生物介壳灰岩与崮山组整合接触。顶部常以薄层灰岩竹叶状灰岩与凤山组整合接触。凤山组主要为灰色中厚、薄层泥质条纹灰岩夹薄层灰岩、竹叶状灰岩及黄色灰岩。顶部常以薄层泥质条带灰岩、中厚层竹叶状灰岩夹黄绿色页岩与冶里组整合接触，底部常以薄层泥纹灰岩与长山组整合接触。

　　辽西地区寒武纪主要分布于凌源、朝阳、喀左、建昌、葫芦岛等地，与华北克拉通地层单位相同，厚度为 350 ~ 845 m。

　　燕山地区奥陶纪冶里组主要为灰色厚层灰岩、泥质条带灰岩、白云质灰岩、薄层灰岩，夹竹叶状灰岩及页岩。顶部常以厚层泥质条带灰岩与亮甲山组整合接触，底部常以厚层灰岩、薄层泥质条纹灰岩夹竹叶状灰岩与凤山组整合接触。亮甲山组以富含燧石结核、条带的灰岩及白云岩为特征，与上覆马家沟组整合接触或假整合接触，与下伏冶里组整合接触。马家沟初期沉积了以角砾状灰岩为特征的碳酸盐岩，夹石膏层，晚期以灰岩为主。与下伏亮甲山组假整合或整合接触，与上伏磁县组整合接触。磁县组主要为薄层状泥白云岩灰岩、泥灰岩、白云质灰岩、白云岩和角砾状灰岩为主的碳酸盐岩，夹石膏层。后期沉积了厚层灰岩。与下伏马家沟组、上覆峰峰组均为整合接触。

辽西地区奥陶系主要分布于凌源汤沟梁、土墙子、朝阳董家店、石灰窑子、喀左中三家、葫芦岛富隆山、杨家杖子等地，与燕山地区属于同一地层单位。厚度为 534 ~ 418 m。

1.3　岩浆活动

燕辽造山带在太古代—早古生代，一直处于南北向应力场作用下，形成东西向构造带。其岩浆侵入活动也是沿着东西向深部断裂侵入。在太古代时，沿迁西群的构造隆起部位从西起怀安向东经密云、遵化、迁西到青龙一带，以及承德、平泉等地，出露数以千计的、大多成群出现的小型纯橄岩–斜方辉橄岩–辉石岩组成的超基性岩群。其中比较著名的有遵化毛家厂、阎王台、承德五道河等岩体、岩群。主要岩石类型有强蛇纹石化辉橄岩、辉长岩、蛇纹岩及透闪岩等。这些超基性岩体是与围岩同生的层状岩体，一起经历了极其复杂、强烈的褶皱和变质作用的改造。在变质过程中原来的基性围岩重结晶为片麻岩、麻粒岩，而惰性的、耐高温的超镁镁质岩则保留下来，成为超基性岩体。在平泉西坝乡韩家营一带新太古代单塔子群白庙组底部含砾变粒岩中可见此期超基性岩砾石，说明其形成时代应在单塔子群之前。与迁西群有关的还有两处辉石正长岩，即平泉西坝和大庙岩体，它们侵入于迁西群中，并与围岩遭受同程度的麻粒岩相变质作用，并被角闪岩相的单塔子群所覆盖。而辽西地区，太古代超基性岩发育于凌源神仙沟，建平沙海、丰台沟，北票小巴沟、松太沟、沙金沟等一带。

沿丰宁–隆化断裂带南侧分布的五台期岩体，为闪长岩、花岗岩组合，很像大陆边缘环境下的产物。在冀东迁安、松汀一带发育五台期紫苏花岗岩，是构造期后的侵入体，测得 Rb-Sr 等时线年龄为 2 624±53 Ma，被认为是原地深熔作用的产物[6]。山海关隆起及马兰峪复背斜轴部已获得柳各庄石英闪长岩的成岩年龄为 2 460±34 Ma，也被认为五台运动的产物[7]。

双山子群花岗岩主要分布在西起尚义，向东经崇礼、丰宁、承德、隆化直到平泉，构成一条近东西向的构造岩浆带。在东卯、喇叭沟门、大光顶、九神庙等地见闪长岩、辉长岩侵入，东营盘、韩麻营等地见石英正长岩，红花梁、八道河、上店子、都山等地见片麻状花岗岩，上述多数岩体沿双山子群出露的构造部位产出，但在侵入时间上似乎比双山子群稍后。此外，在抚宁、青龙一带的柳各庄还侵入了闪长岩和三合店花岗岩，已遭受低–中级变质作用，与双山子群呈侵入接触关系，其上被长城系覆盖。同时在朱杖子群底部砾岩中见有上述闪长岩和花岗岩的砾石。

吕梁运动的岩浆活动也沿丰宁–隆化断裂带两侧发育，如两间房、大光顶、王营等岩体,已获得年龄值为 1 800 ~ 1 500 Ma 年。山海关隆起内还发育大面积花岗岩(也有认为是混合岩化片麻岩或混合花岗岩)。

长城纪时,燕山地区主要发育超钾质岩系的火山喷发和岩浆侵入活动,如大红峪组超钾质岩系及承德大庙、头沟斜长岩,密云沙厂环斑花岗岩和平泉光头山碱性花岗岩等,主要沿尚义-平泉断裂及密云-喜峰口断裂呈东西向或近东西向分布。大庙、头沟斜长岩位于承德市以北的大庙到头沟一带,沿大庙-娘娘庙深断裂带呈北东断续延伸45 km,南北宽约10 km。大庙岩体向下延伸很深,接触面陡立。同太古代变质岩系及古太古代侵入体呈侵入接触,其上被下侏罗统覆盖。尽管经历了多次构造作用,但其岩体本身的构造变形只限于断裂、片理化等。头沟以东,岩体很可能呈岩床或岩盘状,而其厚度由西向东变薄以至尖灭。因此,岩体与围岩一起褶皱呈向斜状。光头山碱性花岗岩出露于平泉光头山一带,面积约20 km²,呈近南北向,侵入于太古代斑状混合岩、混合花岗岩中,与大庙头沟斜长岩处于同一个东西向构造带上,相距也不太远,同样具有造山期花岗岩性质。密云沙厂环斑花岗岩位于密云县东部沙厂一带,出露面积约20 km²。该岩体与太古代迁西群片麻岩呈明显的侵入关系,其南北两侧有中新元古界出露。岩体沿北东向断裂侵入,斜切围岩片理。辽西地区沿着建昌、朝阳一带发育基性、中酸性小岩株,规模为 1 ~ 5 km²,主要岩性有辉长岩、辉绿岩、闪长岩、石英二长岩、石英正长岩等。

蓟县纪时,雾迷山组白云岩和下马岭组碎屑岩内发育了辉绿岩岩墙床群。锆石及斜锆石 LA-ICP-Ms Pb-Pb 定年确定辉绿岩床的侵位时代为 1 345±12 Ma 及 1 353±14 Ma,属于元古代中期[8]。据此表明这些辉绿岩岩墙床群可与全球中元古代基性岩墙床群对比。同时代表着华北克拉通可能于中元古代中期1.35 Ga以后,青白口系的沉积之前从哥伦比亚超大陆裂解出来[9]。

早古生代,燕辽造山带自东向西都发育泥盆纪岩浆岩,岩性主要为碱性岩(正长岩及二长岩),其次为基性-超基性岩、二长闪长岩、碱性花岗岩及流纹岩,出露面积较少[10]。一般沿东西向断裂展布。沿康保-围场-赤峰断裂发现了一系列年龄在410 ~ 380 Ma 的深源碱性岩和基性-超基性岩[11~18],如沿着凌源-中三家-西官营子北缘断裂发育的赤峰车户沟正长花岗斑岩(376±3 Ma)[19]、赤峰红山公园钾长花岗岩(387±4 Ma)[13]等。在赤峰东部莲花山、敖汉旗朝吐沟等地还发育一些晚泥盆世流纹斑岩及流纹质熔结凝灰岩,其形成时代为(364±2 Ma)[20]。再如,沿着尚义-赤城-大庙-娘娘庙断裂发育了水泉沟偏碱性杂岩体(Rb-Sr 等时线,390±14 Ma)[21]、承德大庙孤山二长闪长岩(390±5 Ma)[22]。这些岩体通常表现出不同程度的变形,全岩 Sr-Nd 及锆石 Hf 同位素分析结果显示[23,24],大多数花岗岩具有较低的$^{87}Sr/^{86}Sr$ 初始值(0.705 ~ 0.710)及低的 $\varepsilon_{Nd}(t)$值(−17.1 ~ −9.3)与 $\varepsilon_{Hf}(t)$值(−38.3 ~ 7.4),而基性岩具有相对低的^{87}Sr/^{86}Sr 初始值（0.705~0.706）及 ε_{Nd} (t) 值 (-10.9~9.3) 与 ε_{Hf} (t) 值 (-17.0~-9.1)，表明该期花岗质岩石主要来源于古老下地壳的重熔，基性岩来源于富集岩石圈地幔的局部熔融，而闪长岩则可能是幔源岩浆与壳源岩浆混合的产物，部分岩体显示出典型的同构造岩体特征。在岩石组合、地球化学及空间分布等方面均显示为活动陆缘弧岩浆特征，其形成可能与古亚洲洋板块向华北克拉通俯冲有关[25、26]。

参 考 文 献

[1] 刘敦一. 华北陆台前寒武纪重大地质事件. 北京：地质出版社，1991.

[2] 高凡，高励. 燕山早期前寒武纪岩石退变质作用. 北京：地质出版社，1990.

[3] 贺高品，卢良兆，叶慧文，等. 冀东和内蒙古南部早前寒武纪变质作用演化. 吉林：吉林大学出版社，1991.

[4] Lee J S. Geology of China. Thomas and Co. , 1939.

[5] Cui S Q, Wu G G, Wu Z H, et al. Structural features and stratigraphy of the Ming Tombs-Badaling area, Beijing- 30th IGC field trip guide T218. Geological Publishing House, China, 1996.

[6] 王凯怡，白益民，杨瑞英，等. 迁安紫苏花岗岩的稀土元素地球化学. 地质科学，1984，(3)：98-108.

[7] 饶玉学. 燕山东段地区与花岗岩有关的几个问题探讨. 矿产与地质，2002，(06)：7-11.

[8] Zhang S H, Zhao Y, Yang Z Y, et al. The 1.35 Ga diabase sills from the northern North China Graton: implications for breakup of the Colubia (Nuna) supercontinent. Earth and Planetary Science Letters, 2009, 288: 588-600.

[9] 赵越，陈斌，张拴宏，等. 华北克拉通北缘及邻区前燕山期主要地质事件. 中国地质，2010, 37 (4)：900-915.

[10] 张拴宏，赵越，刘建民，等. 华北地块北缘晚古生代—早中生代岩浆活动期次、特征及构造背景. 岩石矿物学杂志，2010, 29 (6)：824-842.

[11] 周晓东. 吉林省中东部地区下石炭统—下三叠统地层序列及构造演化. 长春：吉林大学博士学位论文，2009.

[12] Zheng S H, Zhao Y, Liu X C, et al. late Paleozoic to Early Mesozoic mafic- ultramafic complexes from the northern North China Block: Constraints on the composition and evolution of the lithospheric mantle. Lithos, 2009, 110: 129-146.

[13] Shi Y K, Liu D Y, Miao L C, et al. Devonian A- type granitic magmatism on the northern margin of the Yanliao orogenic belt: SHRIMP U- Pb zircon dating and Hf- isotopes of the Hongshan granite at Chifeng, Inner Mongolia, China. Gondwana Research, 2010, 17: 632-641.

[14] 李之彤，余昌涛，程德琳，等. 辽宁省凌源县河坎子碱性杂岩体地质特征. 中国地质科学院沈阳地质矿产研究所所刊，1986, 14: 43-61.

[15] 牟保磊，阎国翰. 燕辽三叠纪碱性偏碱性杂岩体地球化学特征及意义. 地质学报，1992,

66 (2): 108-121.

[16] 谭冬娟, 林景仟, 单玄龙. 赛马/柏林川碱性火山/侵入杂岩体岩浆成因. 地质论评, 1999, 45, (增刊): 474-482.

[17] 阎国翰, 牟保磊, 许保良, 等. 燕辽/阴山三叠纪碱性侵入岩年代学和 Sr、Nd、Pb 同位素特征及意义. 中国科学 (D 辑), 2000, 30 (4): 383-387.

[18] 韩宝福, 加加美宽雄, 李惠民. 河北平泉光头山碱性花岗岩体的时代、Nd-Sr 同位素特征及其对华北早中生代壳幔相互作用的意义. 岩石学报, 2004, 20 (6): 1375-1388.

[19] Liu J M, Zhao Y, Sun Y L, et al. Recognition of the latest Permian to Early Triassic Cu-Mo mineralization on the northern margin of the North China block and its geological significance. Gondwane Research, 2010, 17: 125-134.

[20] 张拴宏, 赵越, 刘建民, 等. 内蒙古赤峰地区晚泥盆世火山岩的发现及其地质意义. 岩石学报, 2010, 26 (待刊).

[21] 罗镇宽, 苗来成, 关康, 等. 河北张家口水泉沟岩体 SHRIMP 年代学研究及其意义. 地球化学, 2001, 30 (1): 116-122.

[22] Zhang S H, Zhao Y, Song B, et al. Petrogenesis of the Middle Devontian Gushan diorite pluton on the northern margin of the North China block and its tectonic implications. Geological Magazine, 2007, 144: 553-568.

[23] Liu S W, Tian W, Lu Y J, et al. Geochemistry, Nd isotopic characteristics of metamorphic compexes in northern Hebei: Implications for crustal secretion. Acta Geologica Sinica, 2006, 80 (6): 807-818.

[24] 罗红玲, 吴泰然, 李毅. 乌拉特中旗克布岩体的地球化学特征及 SHRIMP 定年: 早二叠世华北克拉通底侵作用的证据. 岩石学报, 2007, 23 (4): 755-766.

[25] Zhang S H, Zhao Y, Song B, et al. Zircon SHRIMP U-Pb and in-situ Lu-Hf isotope analyses of a tuff from western Beijing: Evidence for missing Late Paleozoic arc volcano eruptions at the northern margin of the North China block. Gondwana Research, 2007, 12 (1-2): 157-165.

[26] 王惠初, 赵凤清, 李惠民, 等. 冀北闪长质岩石的锆石 SHRIMP U-Pb 年龄: 晚古生代岩浆弧的地质记录. 岩石学报, 2007, 23 (3): 597-604.

第 2 章　构造的序幕

晚古生代开始，古亚洲洋开始向南俯冲在华北克拉通之下，燕辽造山带处于南北向的构造应力场下，使得燕辽造山带从海相环境转变为陆相环境。同时，燕辽造山带还开始向下弯曲，深部出现了断裂，并成为了岩浆侵入的通道，其岩浆活动从北向南发展则意味着燕辽造山带从北向南开始了构造岩浆活动。因此，本书认为海西运动为燕辽造山带中生代陆内构造运动作出了地质环境上的准备，它是燕辽造山带中生代构造运动的序幕。

2.1　地　　层

中石炭世晚期，海水由北东向南西方向浸侵，主要沉积了一套海陆交互相含煤陆屑建造，称为本溪组。唐山开平盆地本溪组称为唐山组，以泥岩为主，夹粉砂及细砂岩，假整合于中奥陶统磁县组之上。自下而上夹三层薄至中厚层海相灰岩，底部为铁铝质泥岩和山西式铁矿。厚 50 ~ 87 m。秦皇岛柳江盆地的石岭组与唐山组相似，以深灰色粉砂岩及泥岩为主，中部夹细砂岩，隐形顶部灰岩外，向下 15 m 及 30 m 处分别夹两层泥灰岩。泥灰岩富含海相动物化石及黄铁矿结核，由北向南泥质成分增高。至上庄陀、黑山窑一带相变为钙质粉砂岩。厚 55 ~ 70 m。兴隆、平泉地区称马圈子组，下部为灰、紫红色铝土质泥岩及粉砂岩，局部夹砂砾岩及薄层煤，底部为砾岩。分选差，圆度好，其上为不稳定的铝土质泥岩，其下为一层铁质泥岩，假整合于中奥陶统灰岩之上。中部为灰白色粗砂岩，含褐铁及钙质结核，间夹深灰色泥岩及粉砂岩，局部夹煤线。上部为灰色铝土质泥岩、页岩及粉砂岩，含二层不稳定煤层。顶部为一层灰白、或灰黄色中粗粒砂岩与上石炭统太原组分界。一般厚 20 ~ 200 m，至窑顶沟仅 10 m。含植物化石及极少量的海相动物化石。北京地区称清水涧组，以页岩为主，局部夹砂岩，含砾和 1 ~ 2 层不可采煤层。中上部夹有 1 ~ 4 层钙质页岩或泥灰岩，顶部以含铁质结核深灰色页岩与太原组分界。底部一般见砾岩和鸡窝状铁矿。局部可见硬质耐火黏土、铁矾土和铝土矿层。海相夹层产腕足类化石。厚 40 ~ 85 m。

辽西地区石炭系分布零星，仅在葫芦岛沙锅屯—三家子、虹螺岘、缸窑沟，朝阳石炭窑子，喀左札树沟、公营子、南窑，凌源龙凤沟、老虎沟、五道岭等地分布。本溪组为灰黑色页岩、灰色铝土页岩，夹灰白色薄层细粒石英砂岩及煤层，局部夹砾岩扁豆体，具底砾岩。与下伏中奥陶统马家沟组平行不整合接触，在南票一带则超覆于中、上寒武统及下奥陶统不同层位之上。厚 2.7 ～ 24 m。

晚石炭世沉积了太原组，其分布范围与本溪组相同，两者为连续沉积，二者的岩性相近，所含化石性质也基本相似，同属海陆交互相含煤地层，因而石炭系有二分之说。太原组是石炭纪的主要含煤地层，为灰黑色河流沼泽相含煤组合，含煤 3 ～ 15 层，灰岩 0 ～ 8 层。北京地区的太原组原称为下杨家屯煤系，已发生变质作用。以深灰、灰黑色粉砂岩为主，夹细砂岩及少量中粒砂岩、粗砂岩。上部夹砾岩透镜体，中下部夹有泥灰岩 1 ～ 2 层。本组含 1 ～ 3 层可采煤层，煤层底板一般为黏土岩。以"小白煤"顶界冲刷面为顶界，底部以一层硬砂质砂岩与下伏本溪组分界。总厚 38 ～ 176 m。产动植物化石。唐山开平地区的太原组下部原称开平组，上部原称赵各庄组。开平组以浅灰、深灰色细砂岩及粉砂岩为主，夹深灰色泥岩和三层不纯的薄层灰岩。含动植物化石。总厚 48 ～ 83 m。赵各庄组为这一地区主要含煤组之一，与开平组连续沉积。上部以深灰色泥岩及粉砂岩为主，间夹灰色砂岩。下部为浅灰色中粗粒砂岩，含石英及燧石砾，局部地段相变为深灰色泥岩及粉砂岩。含煤 3 ～ 4 层及植物化石。总厚 55 ～ 90 m。秦皇岛柳江盆地的太原组下部原称云山组，上部原称半壁店组。云山组为一套浅、灰白色中细粒石英砂岩，底部为厚层含砾粗砂岩。厚约 26 m。产植物化石。半壁店组以灰黑色碳质页岩、粉砂岩为主，夹灰、黄绿色砂岩、石英砂岩。含黄铁矿结核。含煤 3 ～ 4 层及动植物化石。总厚 23 ～ 60 m。兴隆、平泉地区的太原组原称张家庄组，该组上部为黑色泥岩及灰色粉砂岩，含 2 层煤。顶部为一层泥岩，含黄铁矿结核，产腕足类。中部为灰尘白色中粗粒砂岩及深灰色粉砂岩，含 2 ～ 3 层煤。产腕足类。下部以砾岩为主，间夹灰色中粗粒砂岩、砂砾岩及少量粉砂岩。产动植物化石。总厚 20 ～ 120 m。张家庄组岩性及厚度变化较大，以兴隆发育较好，平泉松树台及宽城等地明显变薄。并以黑色页岩或深灰色粉砂岩为主。平泉山湾子一带为灰黄、灰白色中粗粒砂岩夹粉砂岩。下部为细砂岩及粉砂岩，底部为砾岩。之后，海平面下降，局部地表暴露，形成了局部平行不整合。

辽西地区太原组主要岩性为砂岩与页岩互层，夹泥灰岩和煤层，与下伏本溪组为整合或平行不整合接触，厚 25.3 ～ 42.1 m。其岩性、岩相变化较大。以凌源老虎沟和葫芦岛西大沟发育较全，表现为三个旋回。而朝阳石灰窑子和葫芦岛沙锅屯只有底部一个旋回。

燕辽造山带二叠系出现沉积分异。燕山地区地槽型二叠系见于围场、康保一带，二叠系下统三面井组属滨浅海相碎屑岩夹碳酸盐岩沉积，含丰富的蜓科和腕足化石。上部以灰绿、灰黄色长石细砂岩和含砾硬砂岩为主，夹安山玢岩、粉砂质板岩和砂质灰岩透镜体。下部为灰色生物灰岩、硅质生物灰岩和灰黄色砂砾岩。厚大于 353 m。富含籏科、腕足、珊瑚和苔藓虫化石。不整合于加里东旋回石英闪长岩之上。围场一带称于家北沟组，属海陆交互相沉积，缺少化石依据，沉积物由浅海碎屑岩及少量碳酸盐岩、中性火山熔岩、火山碎屑岩和陆相碎屑岩组成，岩性复杂，均遭受有不同程度的变质作用。

辽西地区地槽型二叠系分布于建平的大哈拉海沟、魏家沟、平顶山、白池浪营子一带，早二叠世自下而上为青凤山组、班布加拉嘎组、黄岗梁组。青凤山组下部为紫红色含砾长石石英砂岩及含砾石英粗砂岩、砾岩；中部为灰绿、灰黑色复矿砂岩与板岩互层，夹灰岩薄层；上部为灰黑色板岩与灰绿色砂岩、硬砂岩互层，夹薄层灰岩。在魏家沟本组下部含 *Calamites* sp. , *Nuropteris* sp. , *Sphenobaiera* sp. 等化石。班布加拉嘎组以火山岩为主，夹有大量的砂岩、板岩和少量灰岩（或大理岩）。火山岩中基性、中性、酸性均有发育，厚度和延伸变化较大。黄岗梁组上部为粉砂岩、板岩互层，夹灰岩，含 *Sqoamularia* sp. , *Dictyoclostus* sp. , *Marginifera*? sp. , *Schizodus* sp. , *Naticopsis*? sp. , *Auculopecten* sp. ；下部为粗砂岩（有时含砾）和板岩互层，含 *Dictyocloslus* sp. , *Lepidoendron* sp. , *Calamites* sp. 。

地台型二叠系与石炭系分布相同，属内陆盆地沉积，以河湖、沼泽和含煤碎屑岩和内陆红色、杂色碎屑岩为主。但沉积厚度变化较大，最大沉积厚度位于唐山、天津和南宫一带，厚达 1 740 m，最薄仅 50 m。与下伏石炭系太原组无明显不整合现象，与上伏三叠系刘家沟组为连续沉积。下二叠统称为山西组，以陆相沉积为主，偶夹海相沉积。为白色中细粒砂岩、深灰色粉砂岩、夹灰黑色砂质泥岩和煤层，含二层铝土矿。一般厚 50～130 m。北京地区的山西组称上、中杨家屯煤系，上部以灰色粉砂岩和灰绿色砂岩互层为主，偶夹砾岩透镜体底部常见一层灰白色砾岩层。下部主要为深灰色粉砂岩、灰色细砂岩夹黏土岩、灰色硬质砂岩夹砾岩层，砂岩中含钙质结核。底部为灰色砾岩。此外，北京西山二叠系双泉组也有零星火山岩分布，主要为凝灰质板岩、凝灰质粉砂岩。在杨家屯附近到双泉寺一带出现火山集块岩和凝灰质砾岩。唐山开平盆地的山西组称大苗庄组，为开平煤田主要含煤层段之一，与下伏赵各庄组为连续沉积。上部为灰色粉砂岩及细砂岩，夹浅灰色中粒砂岩及深灰色泥岩。中下部以浅灰、深灰色粉砂岩为主，夹深灰色泥岩和灰色中细粒砂岩。秦皇岛柳江盆地的山西组称欢喜岭组，以深灰色粉砂岩为主，中下部夹灰色中粗粒砂岩。含 2～3 层可采煤层。底部以石英砂岩或含砾粗砂岩与太原组连续沉积。平泉、兴隆地区的山西组称荒山组，上部为灰绿色板状砂岩，具钙质结核。顶部夹 7～12 m 厚煤层，其顶板为黑色页岩。中部为灰白色中粗粒石英砂岩，下部为灰色粉砂岩，局部与砂岩互层夹不稳定薄煤层。

辽西地区山西组下部为含砾粗砂岩或砾岩，上部为灰绿、灰色页岩夹炭质页岩及煤线，顶部夹砂岩。在南票沙锅屯南山，山西组底砾岩覆于太原组炭质页岩之上，两者之间有一凹凸不平的侵蚀面；在朝阳厂石灰窑子，山西组底部长石石英砂岩覆于受侵蚀的太原组黄色页岩之上。

　　早二叠世晚期沉积了陆相下石盒子组，其岩性为黄绿、黄褐色及杂色中细粒砂岩、页岩及砂质页岩，并夹有碳质页岩和鲕状铝土岩，局部可见煤线。底部以黄灰色厚层中粒长石石英砂岩与山西组分界，顶部与上石盒子组连续沉积，可见铝土矿层。厚 200 m 左右。北京地区的下石盒子组称红庙岭组，主要为肉红色、砖红色石英砂岩，夹粉红色、暗紫色细砂岩和叶腊石化页岩，底部为肉红色、灰白色粗粒石英砂岩，含砾，有时相变为砂砾岩或砾岩。与下伏地层连续沉积。厚 20～179 m。唐山开平盆地的下石盒子组称唐家庄组，与大苗庄组为连续沉积。以灰白色中粗粒砂岩为主，间夹细砂岩、粉砂岩和泥岩，含不稳定煤线。底部为一层中粗粒砂岩，顶部为铝质泥岩。厚 150～200 m。秦皇岛柳江盆地的下石盒子组称小王庄组，主要为浅灰、灰黄、深灰色石英粗砂岩、粉砂岩夹细砂岩、黏土岩及不稳定亮煤一层，顶部为一层紫红色铝土质泥岩，具鲕状结构，局部含铁质较高。底部为浅灰、灰黄色厚层细砾岩，含砾石英粗砂岩，石英粗砂岩与山西组连续沉积。厚 30～90 m。平泉、兴隆地区的下石盒子组称茂山组，上部为黄绿、在黄色中粗粒含砾砂岩，间夹泥岩和不稳定薄煤层。下部以灰黄、黄绿色粉砂岩和砂岩为主，与泥岩互层。厚 70～230 m。

　　辽西地区下石盒子组主要岩性为砂岩与紫红色页岩互层，整合或平行不整合于山西组之上。

　　晚二叠世上石盒子组下部为紫红、紫灰色黏土页岩与杂色页岩互层，中部为黄色砂岩、黄绿色页岩及绛紫色页岩互层，上部为红紫、灰绿、杂色岩层，僻掌状或扇形叶化石。以较厚的黄色砂岩与下石盒子连续沉积，顶部以一层燧石层与石千峰组分界。北京地区称为双泉组，其上部为灰绿、棕色凝灰质砂岩板岩、粉砂岩和细砂岩，局部夹中粗粒砂岩。下部为灰绿、紫色板岩及粉砂岩互层，常含凝灰质。近底部常见一层暗紫色叶腊石化页岩，其下以一层石英砂岩或含砾粗砂岩与红庙岭组整合接触。其上被晚三叠世杏石口组覆盖。含植物化石。厚 30～218 m。唐山开平盆地称为古冶组，其上部为黄绿、青灰色粉砂岩及泥岩与暗紫红色中–粗粒石英砂岩互层，下部为黄白、灰白色中–粗粒石英砂岩为主，夹紫红色泥岩及粉砂岩。底部以含砾石英砂岩与唐家庄组连续沉积。含植物化石。厚 267～417 m。秦皇岛柳江盆地称为柳江村组，以黄白、灰绿色厚层石英粗砂岩、含砾石英粗砂岩为主，夹灰紫、暗紫色粉砂岩、细砂岩和铝土质泥岩。底部以一层粗粒砂岩与小王庄组连续沉积。岩性较稳定，厚 0～172 m，变化较大。平泉—兴隆的上石盒子组仅在平泉山湾子一带，上部为灰绿、灰绿色粉砂质页岩和泥岩，下部为暗紫红色薄层细粉砂岩及泥岩、间夹含砾粗砂岩，底部为黄褐色含砾粗砂岩或砾岩。厚 0～79 m。

　　辽西地区下石盒子组按其岩性的不同分为葫芦岛型和朝阳型。葫芦岛型分布于葫芦岛暖池塘、沙锅屯、锦县缸窑沟一带，其下部为灰白、灰黄色含砾石英砂岩和含砾长石砂岩，上部为紫红色含砾长石石英砂岩夹紫红色薄层细砂岩，顶部局部夹砾岩。朝阳型分布于朝阳石灰窑子、喀左铁杖子、杨村沟、南窑和凌源老虎沟一带，岩性为凝灰质砂岩与凝灰质粉砂岩或页岩互层，表现为两个沉积旋回，每个旋回的底部都有砾岩。

石千峰组为一套纯陆相红色沉积地层，属干燥气候环境下产物。石千峰组下部产石炭—二叠纪扁体鱼（Plalysamus），顶部产晚二叠世锯齿龙（Parciasauride），时代属晚二叠世。北京西山的双泉组，其下部相当于上石盒子组，其上部有可能与石千峰组相当，或是更高，但缺乏化石依据。唐山开平盆地的洼里组可能与石千峰组相当，为一套紫红色碎屑沉积地层，厚大于 800 m。大致可分划分为三个岩性带，上带为暗紫带黄白色中、细粒砂岩，分选性好，局部夹黑色细条带赤铁矿。厚大于 500 m。中带局部夹薄层泥岩、粉砂岩，泥岩中含云母碎片，细砂岩中偶夹约 10 cm 厚的燧石薄层。厚 90 ~ 110 m。下带以紫红色粉砂岩为主，间夹中、细粒砂岩及泥岩，最底部为一层砾岩或砂砾岩。与古冶组连续沉积。厚 110 ~ 140 m。秦皇岛柳江盆地称黑山窑组，为一套紫、灰绿色砂岩，粗砂岩夹紫灰色粉砂岩或砂质页岩。局部相变为砂页岩互层，夹数层硅质岩及少量中厚层石英砂岩。底部为不稳定细砾岩或粗砂岩。与柳江组为连续沉积，与上覆侏罗系呈不整合接触。厚 0 ~ 187 m。平泉、兴隆地区相当于石千峰组为一大套灰白色、灰紫红色中厚、厚层中细粒钙质长石砂岩与砖红色粉砂质泥岩互层，是夹砾岩及黄绿色不规则粉砂岩团块。厚约 120 m。

辽西地区石千峰组平行不整合于上石盒子组之上，主要岩性为紫红、紫灰色长石石英砂岩、粉砂岩夹砾岩，底部为中粗砾岩。

2.2　构　　造

燕辽造山带毗邻中亚造山带（或称北亚造山区）东段（兴蒙造山带），该带是全球最主要的显生宙增生型造山带之一，在古生代—早中生代期间经历了复杂的构造演化历史[1~7]。因而，关于华北克拉通北缘的构造背景及其与兴蒙造山带及古亚洲洋构造演化的关系一直存在有较大争议[2,5,8]。据华北克拉通区域地层资料，燕辽造山带自晚奥陶世至早石炭世，一直处于上升状态，经历了长期风化剥蚀，沉积缺失，一直到中石炭世才重新下降接受沉积。中石炭世与中奥陶世地层呈平行不整合接触，其间缺失晚奥陶世至早石炭世地层，表明加里东运动在华北克拉通只表现为整体上升，而没有发生剧烈的构造变动[9,10]。早古生代末期，随着西伯利亚地台开始与华北克拉通发生了接触[11]，古亚洲洋向南俯冲在华北克拉通之下，沿着白云鄂博北部经白乃庙、图林凯、解放营子向东到达吉林南部地区，发育了岛弧岩浆活动和火山岩喷发，形成了白乃庙岛弧岩浆带[12~16]。志留纪末期，白乃庙岛弧与华北克拉通北缘发生弧陆碰撞[7]，并增生拼贴在华北克拉通北缘之上[17]。内蒙古中部西别河组地层与下覆奥陶纪—志留纪岛弧火山沉积岩系之间的不整合[13,18]可能与这一弧陆碰撞过程有关。位于不整合面之上的西别河组为一套磨拉石或类磨拉石沉积，其沉积时代为晚志留世或晚志留世末期—早泥盆世早期[13,19,20,21]。泥盆纪期间，华北克拉通北缘进入弧陆碰撞后伸展阶段，燕辽造山带从稳定的克拉通发展成为了安第斯型活动大陆边缘[22~33]，燕辽造山带开始受到了南北向构造应力场的影响。

晚古生代开始，燕辽造山带受到了海西运动的影响。胡玲等[34]对尚义黄土窑地区糜棱岩的$^{40}Ar/^{39}Ar$测得其低温糜棱岩年龄约263 Ma，代表晚石炭世有一次明显的低温退变质作用，说明尚义-赤城断裂在晚古生代期间发生了一次构造运动；在康保一带还见强烈的褶皱变形、韧性剪切作用、变质作用和岩浆作用等[35]；上述这些都表明海西运动的存在。石炭纪末—二叠纪期间，华北克拉通北部沉积盆地已经由克拉通盆地转变为具有弧后性质的前陆盆地[32]，海相沉积层逐渐从燕辽造山带退出。在中石炭世之前，燕辽造山带大致以平泉、古北口、涞源一线为界，其北为靠近古陆边缘地带，其含煤建造中不夹海相灰岩；越向南则海相夹层增多。中石炭世—早二叠世的含煤建造厚度较薄、分布广、层位齐全，表明其沉降幅度和速度很少，岩相稳定、构造活动的差异性不大，具有典型的地台型构造活动特征，说明基本上还处于海相沉积环境。早—中二叠世时，近东西向的古特提斯海洋被关闭，华北克拉通与西伯利亚板块联结成为欧亚大陆[36~38]，燕辽造山带进入了滨海沼泽环境。从下石盒子期开始，结束了海相盖层的发育，完全变为内陆河湖相和沼泽相沉积。晚二叠世，燕辽造山带完全进入了陆间沉积环境，沉积了一套以红色为主的河湖相陆屑建造，只是在局部地区出现过短期海侵影响。在北京西山、唐山开平、秦皇岛柳江、兴隆鹰手营子、宽城缸窑沟、平泉山湾子及葫芦岛沙锅屯—三家子、虹螺岘、缸窑沟，朝阳石灰窑子，喀左杨树沟、公营子、南窑、凌源龙凤沟、老虎沟、五道岭等地出现孤立的拗陷盆地，沉积了一套以红色为主的河湖相陆屑建造为主的上石盒子组和石千峰组。其以粗碎屑岩为主的边缘沉积带，清楚地表明其古陆的存在。从砾岩的层数少、厚度薄、砾石成分单一和圆度好来看，古陆的高度不大，地形比较简单，可能趋于准平原化阶段。但其所夹的砾岩层数和含量也开始增加，近古陆边缘还发育火山岩、凝灰岩夹层，厚度可达千米以上，表明其地壳的沉降幅度和速度明显增大，地壳活动的强度和差异性也增大。在辽西地区，还可见太原组、山西组、上石盒子组沉积中心不断变化，岩相变化、地层尖灭超覆明显等现象。此后，燕辽造山带进入了陆相沉积环境。

值得注意的是，关于西伯利亚板块和华北克拉通之间的缝合线，以往有认为这两大板块沿着西拉木伦—长春—延吉缝合带闭合[1,24,39~47]，或沿着索伦克

(Solonker) 缝合带闭合[22,35,48]，还有人认为康保-围场-喀喇沁断裂是板块俯冲带南部缝合线断裂[13]。从上述两种不同认识都不是以尚义-赤城-大庙-娘娘庙-佛爷洞-老爷洞-朝阳-北票-旧庙断裂为缝合线，据此也就意味着燕山沉降带和内蒙古地轴在晚古生代时处于相同的构造背景下，而不是两个不同的构造单元。后面的论述也将使我们充分地认识到这两大构造单元具有相同的发展历程。据林少泽等[49]在喀喇沁南部变质基底内的构造与年代学研究显示，该区在中二叠世发生了强烈的挤压变形，这一变形带内同构造变形岩脉 LA-ICP-MS 锆石定年反映变形发生在 271~260 Ma 期间（中二叠世），与索伦克缝合带闭合同时，属于兴蒙造山带碰撞造山时的华北克拉通北缘前陆变形。因此，喀喇沁就位于两大板块的缝合线上。由于燕辽造山带在上述缝合线之南，但它位于西伯利亚板块和华北克拉通之间。那么，燕辽造山带应属于西伯利亚板块和华北克拉通之间的陆间造山带。

2.3　岩浆活动

随着古亚洲洋向华北克拉通的俯冲，华北克拉通北缘与白乃庙岛弧之间形成了泥盆纪和石炭纪裂陷槽[7,50~52]，燕辽造山带发育了俯冲作用有关的岩浆活动。而且，这一岩浆活动呈现出从北向南逐渐发育的趋势，应表明燕辽造山带逐渐发展成为一个统一的构造环境，为燕辽造山带中生代构造活动提供了统一的构造应力场。前面叙述了泥盆纪的岩浆岩岩石组合及地球化学特征显示出与弧陆碰撞后伸展背景有关的岩浆活动特征。而早石炭世晚期—中二叠世的岩浆岩平行于华北克拉通北缘边界的东西向带状分布在原内蒙古隆起上，构造上属于安第斯型活动大陆边缘背景。二叠纪末—三叠纪的岩浆岩分布范围到达燕山构造带最南端的蓟县盘山及太行山北段的河北涿鹿矾山地区[45]，其岩石组合、岩浆演化、矿物组成、地球化学及同位素组成等方面均显示后碰撞/后造山岩浆作用的特征。

而且，晚古生代的岩浆活动首先发育于地壳深部的太古宙—古元古代结晶基底岩系内的东西向断裂构造中，沿东西向断裂带侵入了大量的片麻状闪长岩、花岗闪长岩侵入体，以钙碱性-高钾钙碱性、准铝质或弱过铝质及 SiO_2 含量变化大为特征，其侵位时代主要开始于 320 Ma，结束于 270~260 Ma。其花岗岩以 I 型花岗岩为主，主要发育成为三条花岗岩带[45]。北带西起康保到围场，向西至喀喇沁地区均出露，往往呈较大的岩基产出。主要侵入了早石炭世晚期—早二叠世的南沟门岩体（285 Ma[53]）、喇嘛洞岩体（327 Ma[54]）和美林岩体（U-Pb 锆石 269 Ma[55]），晚二叠世—三叠纪又侵入了规模较大的锅底山岩体（254 Ma[55]，253 Ma[53]）和四十家子岩体（252 Ma[53]）。另外，该带还存在着较多的辉绿岩脉，具有基性岩墙群的特征。区内获得的 3 个辉绿岩脉的锆石 U-Pb 年龄为

251～236 Ma。中带沿尚义-赤城-大庙-娘娘庙断裂出露，形成一条由西到东规模宏伟的花岗岩带，多侵入于太古界单塔子群，被上侏罗统张家口组覆盖。岩体与围岩之间由于物质成分接近，界线常表现为渐变过渡关系。南带见于燕辽造山带南缘，多侵入于太古界单塔子群和双山子群中，与围岩之间侵入关系清楚。其上被侏罗—白垩系不同层位所覆盖。在辽西地区，锦西花岗岩位于兴城—北镇北东向岩带南端，山海关台拱东北，呈北东向伸展。长 25 km，宽约 3 km，面积为 75 km^2 左右。岩体侵入太古代混合花岗岩和中元古界长城系大红峪组和高于庄组，下白垩统义县组不整合覆盖于其上，并被侏罗纪花岗岩侵入。同位素年龄值为 312 Ma（U-Pb，锆石）[56]。

早二叠世早期，康保一带处于活动板块边缘俯冲消减作用带。该带发育东五福堂系列花岗岩呈北东东向的带状分布，以零星的露头组成不规则带状分布，据此似乎暗示着康保-围场深断裂带可能已经开始活动，但总体还处于南北向挤压构造环境下。

早二叠世末期，又侵入了满德堂花岗岩系列。这一系列表现为一种减压构造环境向拉张环境的过渡环境，是板块碰撞之后侵位的花岗岩。该系列岩体规模很大，但其形状并不规则，与围岩的接触界线呈锯齿状，而且岩体内缺乏像东五福堂序列那样的定向组构，其围岩也未发生变形。这些特征说明，尽管侵位时每次脉动的岩浆量较大，但构造环境提供了可以较宽松地容纳岩浆的空间。这一岩浆活动特征也许反映了西伯利亚地台与华北克拉通相互碰撞活动的结束，而开始了向下弯曲。由于向下弯曲，其处于深处的下部地层处于拉张状态，因而为满德堂花岗岩的侵入提供了较大的空间。

从上述岩浆岩带沿东西向断裂分布和燕辽造山带还未发生明显的构造运动似乎可以推测，当时燕辽造山带受到西伯利亚地台与华北克拉通联结的影响，已开始出现向下弯曲。在地层向下弯曲同时，地壳深部的基底岩系由于属于脆性地层而破裂张开成为了岩浆活动的通道，岩浆活动便沿着东西向深部断裂侵入。因为这些断裂位于地壳深部，因而发育了超基性岩和碱性岩。后来，随着构造的发展，这些东西向断裂又发展成为了现有燕辽造山带的东西向断裂，并继续成为了岩浆活动的通道。后期岩浆侵入与前期岩浆侵入相互叠加的结果，燕辽造山带的许多岩浆岩体便呈现出多期侵入的特点。再有，后面一章将论述了尚义-赤城-大庙-娘娘庙-佛爷洞-老爷洞-朝阳-北票-旧庙断裂是向斜轴部纵断裂，它有可能最先张开并深切到地壳较深部，所以其岩浆活动也较早，在海西末期即已开始活动。沿着丰宁-隆化断裂的酸性岩浆侵位活动（U-Pb 年龄 274.8 Ma），系同造山的深熔岩浆侵位，也表明于晚古生代时已开始了褶皱构造作用。以前有研究者认为从这时起拉开了华北克拉通破坏的序幕[57,58]，燕辽造山带的构造运动是从深部开始的，从上述的构造、岩浆活动正映证了这一点。

参 考 文 献

[1] Wang Q, Liu X Y. Paleoplate tectonics between Cathaysia and Angaraland in Inner Mongolia of China. Tectonics, 1986, 5: 1 073-1 088.

[2] 王荃, 刘雪亚, 李锦铁. 中国华夏与安加拉古陆间的板块构造. 北京: 北京大学出版社, 1991, 50-60.

[3] Hsu K J, Wang Q, Hao J. Geologic evolution of the Neomonides: A working hypothesis. Eclogae Geologicae Helveti-ae, 1991, 84: 1-31.

[4] Sengor A M C, Natal'in B A, Burtman V S. Evolution of the Altaid tectonic collage and Paleozoic crustal growth in Eurasia. Nature, 1993, 364: 299-307.

[5] Xiao W J, Windley B F, Hao J, et al. Accretion leading to collision and the Permian Solonker suture, Inner Mongolia, China: Termination of the central Asian orogenic belt. Tectonics, 2003, 22 (6): 1069, doi: 10. 1029/2002TC001484.

[6] Windley B F, Alexeiev D, Xiao W J, et al. Tectonic models for accretion of the Central Asian Orogenic Belt. Journal of the Geological Society London, 2007, 164: 31-48.

[7] 李锦铁, 张进, 杨天南, 等. 北亚造山区南部及其毗邻地区地壳构造分区与构造演化. 吉林大学学报 (地球科学版), 2009, 39 (4): 584-605.

[8] 徐备, 陈斌. 内蒙古北部华北板块与西伯利亚板块之间中古生代造山带的结构及演化. 中国科学 (D 辑), 1997, 27 (3): 227-232.

[9] Grabau A W. The Sinian System. Bull Geol Soc China, 1922, 1: 1-4.

[10] Sun D Q, Cui S Q. On major tectonic movement of China. Scientific papers on geology for international exchange, 1, for the 26th IGC. Geological Pnblishing House, China. 1980, 15-26.

[11] 葛肖虹. 华北板块造山带的形成史. 地质论评, 1989, 35 (3): 254-261.

[12] 刘敦一, 简平, 张旗, 等. 内蒙古图林凯蛇绿岩中埃达克岩 SHRIMP 测年: 早古生代洋壳消减的证据. 地质学报, 2003, 77 (3): 317-327.

[13] 许立权, 邓晋福, 陈志勇, 等. 内蒙古达茂旗北部奥陶纪埃达克岩类的识别及其意义. 现代地质, 2003, 17 (4): 428-434.

[14] 贾和义, 宝音乌力吉, 张玉清. 内蒙古达茂旗乌德缝合带特征及大地构造意义. 成都理工大学学报 (自然科学版), 2003, 30 (1): 30-34.

[15] Jiang N, Liu Y, Zhou W, et al. Derivation of Mesozoic adakiticmagmas from ancient lower crust in the North China craton. Geochimica et Cosmochimica Acta, 2007, 71: 2 591-2 608.

[16] 张维, 简平. 内蒙古达茂旗北部早古生代花岗岩类 SHRIMP U-Pb 年代学. 地质学报, 2008, 82 (6): 778-787.

[17] Lu S N, Zhao G C, Wang H C, et al. Precombrian metamorphic basement and sedimentary cover of the Yanliao orogenic belt: A review. Precambrian Research, 2008, 160: 77-93.

[18] 内蒙古自治治区地质矿产局. 内蒙古区域地质志, 地质出版社, 1991.

[19] 苏养正. 内蒙古草原地层区的古生代地层. 吉林地质, 1996, 15 (3~4): 42-54.

[20] 王平. 内蒙古达茂旗巴特敖包地区的西别河剖面与西别河组. 吉林大学学报 (地球科学版), 2005, 35 (4): 409-414.

[21] Chen X G, Boucot A J. Late Silurian brachiopods from Darhan Mumingan Joint Banner, Inner-Mongolia. Geobios, 2007, 40 (1): 61-74.

[22] Zhang S H, Zhao Y, Song B, et al. Contrasting Late Carboniferous and Late Permian-Middle Triassic intrusive belts from the northern margin of the North China block: Geochronology, petrogenesis and tectonic implications. Geological Society of America Bullein. 2009, 120 (1-2): 181-200.

[23] Yin A, Niu S Y. Phanerozoic palinspastic reconstruction of Chna and its neighboring regions. In: Yin A, Harrison T M. The Tectonic Evolution of Asia. Cambridge: Cambridge University Press. 1996, 442-485.

[24] Xiao W J, Windley B F, Hao J, et al. Accretion leading to clooision and Permian Solonker suture, Inner Mongolia, China: Termination of the central Asian orogenic belt. Tectonics, 2003, 22 (6): 1069.

[25] Zhang S H, Zhao Y, Song B. Hornblende thermobaromertry of the Carboniferous granitoide from the Inner Mongolia paleo-uplift: Implications for the geotectonic evolution of the northern margin of North China block. Mineralogy and Petrology, 2006, 87 (1-2): 123-141.

[26] Zhang S H, Zhao Y, Kroner A, et al. Early Permian plutons from the northern North China block: Constraints on continental are evolution and convergent margin magmatism related to the central Asian orogenic belt. International Journal of Early Sciences, 2009, 98 (6): 1 441-1 467.

[27] Zhang S H, Zhao Y, Song B, et al. Zircon SHRIMP U-Pb and in situ LuHf isotope analyses of a tuff from western Beijing: Evidence for missing Late Paleozoic arc volcano eruptions at the northern margin of the North China block. Gondwana Research, 2007a, 12 (1-2): 157-165.

[28] Zhang S H, Zhao Y, Song B, et al. Petrogenesis of the Middle Devonian Gushan diorite pluton on the northern marginof the North China block and its tectonic implications. Geol Mag. , 2007b, 144 (3): 1-16.

[29] Zhang S H, Zhao Y, Song B, et al. Carboniferous granitic plutons from the northern margin of the North China black: Implications for a Late Paleozoic active continental margin. Journal of the Geological Society London, 2007c, 164 (2): 451-463.

[30] Zhang S H, Zhao Y. Mid-crustal emplacement and deformation of plutons in an Andean-style continental arc along the northern margin of the North China Block and tectonic implications. Tectonophysics, 2013, 608 (0): 176-195.

[31] Liu J M, Zhao Y, Sun Y L, et al. Recognition of the latest Permian to Early Triassic Cu-Mo mineralization on the northern margin of the North China block and its geological significance. Gondwana Research, 2010, 17: 125-134.

[32] 孟祥化, 葛铭. 中国华北克拉通二叠纪前陆盆地的发现及其证据. 地质科技情报, 2001, 20: 8-14.

[33] 张拴宏, 赵越, 宋彪, 等. 冀北隆化早前寒武纪高级变质区内的晚古生代片麻状花岗闪长岩-锆石 SHRIMP U-Pb 年龄及其构造意义. 岩石学报, 2004, 20 (3): 621-626.

[34] 胡玲, 宋鸿林, 颜丹平, 等. 尚义—赤城断裂带中糜棱岩^{40}Ar/^{39}Ar 年龄记录及其地质意

义. 中国科学 (D辑), 2002, 32 (11): 908-913.

[35] 李锦轶, 高立明, 孙桂华, 等. 内蒙古东部双井子中三叠世同碰撞壳源花岗岩的确定及其对西伯利亚与中朝古板块碰撞时限的约束. 岩石学报, 2007, 22 (3): 565-582.

[36] 宋鸿林, 葛梦春. 从构造特征论北京西山的印支运动. 地质论评, 1984, 30 (1): 77-79.

[37] 董国义. 辽宁印支运动新观察. 中国区域地质, 1983, (7): 11-19.

[38] 王根厚, 张长厚, 王果胜, 等. 辽西地区中生代构造格局及其形成演化. 现代地质, 2001, 15 (1): 1-7.

[39] Li J Y. Permian geodynamic setting of northeast China and adjacent regions: Closeure of the Paoleo-Asian ocean and subduction of the Paleo-pacific plate. Journal of Asian Earth Sciences, 2006, 26 (3/4): 207-224.

[40] Wu F Y, Sun D Y, Ge W C, et al. Geochronology of the Phanerozoic granitoids in northeastern China. Journal of Asian Earth Sciences, 2011, 30: 1-30.

[41] Cao H H, Xu W L, Pei F P, et al. Permian tectonic evolution in southwestern Khanka Massif: evidence from zircon U-Pb chronology, Hf isotope and geochemistry of gabbro and diorite. Acta Geologica Sinica, 2011, 85 (6): 1 390-1 402.

[42] Xu W L, Li W Q, Pei F P, et al. Triassic volcanism in eastern Heilongjiang and Jilin provinces, NE China: Chronology, geochemistry, and tectonic implications. Journal of Asian Earth Sciences, 2009, 34: 392-402.

[43] 彭玉鲸, 苏养正. 吉中地区地质构造特征. 沈阳: 沈阳地质矿产所, 1995.

[44] Wu F Y, Zhao G C, Sun D Y, et al. The Hulan Group: its role in the evolution of the Central Asian Orogenic Belt of NE China. Journal of Asian Earth Sciences, 2007, 30: 542-556.

[45] 张拴宏, 赵越, 刘建民, 等. 华北克拉通北缘晚古生代—早中生代岩浆活动期次、特征及构造背景. 岩石矿物学杂志, 2010, 29 (6): 824-842.

[46] 赵越, 陈斌, 张拴宏, 等. 华北克拉通北缘及邻区燕山期主要地质事件. 中国地质, 2010, 37 (4): 900-915.

[47] Chen B, Jahn B M, Wilde S, et al. Two contrasting Paleozoic magmatic belts in northern Inner Mongolia, China: Petrogenesis and tectonic implication. Tectonophysics, 2000, 328: 157-182.

[48] Jian P, Liu D Y, Kroner A, et al. Evolution of a Permian intraoceanic arc-trench system in the Solonker suture zone, central Asian orogenic belt, China and Mongolia. Lithos, 2010, 118 (1-2): 169-190.

[49] 林少泽, 朱光, 严乐佳, 等. 燕山构造带晚古生代挤压变形事件的构造与年代学证据. 科学通报, 2013, 58: 3597-3609.

[50] 赵春荆, 彭玉鲸, 党增欣, 等: 吉黑东部构造格架及地壳演化. 沈阳: 辽宁大学出版社, 1999, 1-186.

[51] 王友勤, 苏养正. 东北区区域地层发育与地壳演化. 吉林地质, 1999, 15 (3/4): 118-132.

[52] 周晓东. 吉林省中东部地区下石炭统—下三叠统地层序列及构造演化. 长春: 吉林大学博士学位论文, 2009.

[53] 王彦斌, 韩娟, 李建波, 等. 内蒙赤峰楼子店拆离断层带下盘变形花岗质岩石的时代、成因及其地质意义. 岩石矿物学杂志, 2010, 29 (6): 763-778.

[54] 贾文. 赤峰市喇嘛洞混合花岗岩的发现. 内蒙古地质, 1999, (1): 29-33.

[55] Davis G A, Wang C, Zheng Y D, et al. The enigmatic Yanshan fold and thrust belt northern China: New view on its intraplate contractional styles. Geology, 1998, 26: 43-46.

[56] 辽宁省地质矿产局. 辽宁区域地质志. 北京: 地质出版社, 1989.

[57] 徐义刚, 李洪颜, 庞崇进, 等. 论华北克拉通破坏的时限. 科学通报, 2009, 54: 1974-1989.

[58] 李洪颜, 徐义刚, 黄小龙, 等. 华北克拉通北缘晚古生代活化: 山西宁武—静乐盆地上石炭统太原组碎屑锆石 U-Pb 测年及 Hf 同位素证据. 科学通报, 2009, 54: 632-640.

第3章 向斜阶段

早三叠世时发生了印支运动，燕辽造山带在挤压作用下，地层缓慢向下凹陷，前期的陆间盆地进一步发展成为了一个宽缓的东西向向斜构造盆地。该向斜的北部是西伯利亚古陆，南部是华北古陆。这一构造环境意味着燕辽向斜处于一个较为封闭的陆间盆地沉积环境。燕山地区从刘家沟组—二马营组—杏石口组沉积了一个较完整的向斜构造层，其沉积特征反映了向斜盆地被充填直至消亡的过程。

3.1 地　　层

燕山地区下三叠统划分为刘家沟组和和尚沟组。下部刘家沟组岩性为灰白、粉红和浅砖红色厚层含砾中-粗粒砂岩，偶夹砖红色粉砂白云岩泥岩、蓝灰色粉砂白云岩页岩及不稳定砾岩，含少量的钙白云岩结核和团块。局部为暗紫色和浅紫红色细砂岩、砂岩及少量粉砂岩、夹砾岩。厚 80 ~ 540 m。刘家沟组化石资料不多，曾在其底部发现个别的 *Neocalamies*，未定种。刘家沟组在下板城至平泉杨树岭一线以底砾岩不整合或假整合于石千峰组之上，或超覆于中上元古界及更老地层之上。与上覆和尚沟组整合接触。上部和尚沟组主要由砖红色泥钙质粉砂岩、粉砂质泥岩与紫红色粉砂岩、砂岩互层组成，夹少量灰紫色薄-中厚层含砾砂岩与砖红、蓝灰色粉砂质泥岩互层，或为紫和紫红色细砂岩、粉砂岩夹页岩。和尚沟组产 *Pleurameia siernbergi* 等肋木植物群，厚 146 ~ 234 m。时代为早三叠世晚期。因此，刘家沟组应为早三叠世早期。

辽西地区下三叠统红砬组岩性下部为红色砂岩夹灰绿色和灰白色粉砂岩、砾岩，上部为红色交错层砂岩夹薄层红色泥质粉砂岩，偶夹石膏条带，属潮湿温暖气候环境的小型内陆盆地。厚 40 ~ 520 m。与下伏上二叠统石千峰组为平行不整合接触，其上被中三叠统后富隆山组以平行不整合覆盖。可与刘家沟组、和尚沟组对比。

中三叠世，燕山地区沉积了二马营组，岩性为紫红、灰紫和黄灰色中粗粒砂岩、粉砂岩及少量粉砂质泥岩、页岩，夹不稳定砾岩。整合于和尚沟组之上，厚 106 ~ 713 m。本区二马营组未发现化石，但山西二马营组产以 *Sinokanemeyeria pearsoni* 为代表的中国肯氏兽动物群，时代为中三叠世早期或早—中期。再有，冀北下板城西龙通附近侵入二马营组的闪长玢岩脉和辉绿岩脉的 K-Ar 年龄值为

229 Ma，属晚三叠世早期。据此，二马营组应为中三叠世早期。

辽西地区沉积了后富隆山组岩性为黄绿、黄灰色砾岩，粉砂岩及黑灰色粉砂质泥岩夹灰白色凝灰岩组成。粒度较粗，厚度较小，一般厚数米至 63 m。与下伏红砬组为平行不整合接触，上部被中侏罗统海房沟组以角度不整合覆盖。可与二马营组对比。

燕山地区上三叠统杏石口组，为一套湖沼相暗色复陆屑建造。其下部为黄褐色复成分砾岩、燧石角砾岩、凝灰角砾岩。中部为黄色和黄褐色砂岩、灰绿色凝灰质砂岩。上部为黑色页岩、碳质页岩、泥岩和粉砂岩，局部夹薄煤层或煤线，滚圆度好，分选变差，为河流边缘滩沉积。以底砾岩不整合或假整合于中三叠统二马营之上，超覆于中新元古界及更老地层之上。最厚处在下板城一带，达 610 m。杏石口组源自杨杰 1936 年"杏石口亚统"，原意指北京西山双泉组之上、窑坡组之下的玄武岩及其下的含化石沉积层。德日进 1943 年将玄武岩之下的沉积层称为"宝珠洞组"，北京矿业学院 1959 年称玄武岩层之下的沉积层为杏石口组，河北区测队 1966 年在 1:20 万区调工作中曾引用"宝珠洞组"一名，河北区调二队 1975 年引用杏石口组一名，其含义指双泉组之上、南大岭组玄武岩之下的一套地层。命名地点在北京西山八大处杏石口村附近。杏石口组植物化石组合含延长植物分子，时代有晚三叠世和早侏罗世之争[1,2]。1984 年，长春地质学院和北京矿务局在京西杏石口组上部中采到丹尼蕨 *Danaepsissp*，高氏枝脉蕨 *Cladophlebis Kaoiahasze*，*Clscariosa Harris*，*Clenozamiles Sarrxani zeiller*，*Sphenoz amiles* sp. ，舌叶 *Gjessop hyjjum Ztiuesi Sze* 等植物化石。据此认为杏石口组属于晚三叠世。

辽西地区上三叠统沉积了老虎沟组，为潮湿温暖气候环境的河湖相碎屑岩。下部为黄褐色复成分砾岩、燧石角砾岩、凝灰角砾岩，中部为黄褐色砂岩、灰绿色凝灰质砂岩，上部为黑色页岩、碳质页岩、泥岩和粉砂岩，局部为夹煤线的薄煤层。产晚三叠世化石陕西蚌（*Shaanxiconcha longa*）及准苏铁果（*Cycadocarpidium* sp.），与杏石口组相当，厚 31~610 m。在石门沟、小房申及东坤头营子一带，老虎沟组以角度不整合于下三叠统红砬组或中三叠统后富隆山组之上，其上与北票组为断层接触。在凌源老虎沟，其上被下白垩统义县组以角度不整合覆盖。

再有，在辽西地区，牛营子盆地还发育了一套地层，即郭家店组、水泉沟组和邓杖子组。该组剖面是辽宁省区测队在 1965 年 1:20 万凌源幅地质图测量中在牛营子盆地的邓杖子、水泉沟、郭家店等地建立的早侏罗世地层剖面。据赵越等[3]认为郭家店组、水泉沟组和邓杖子组为一套倒转地层，这三组地层由早到晚的顺序是邓杖子组、水泉沟组和郭家店组。最下部地层邓杖子组最早由长春地质学院辽西煤田普查大队于 1959 年创名，其含义代表发育于凌源牛营子—郭家店盆地中部的整合于水泉沟组之上的石灰岩质砾岩。邓杖子组的分布非常局限，其主体紧邻牛营子北东走向叠瓦断裂和黄土坡附近弧形断裂带前缘，沿走向延伸仅 30 km 左右，东西 2~4 km 宽，邓杖子到老虎沟一带最宽度达 5 km 左右。在老虎沟附近的邓杖子组与老虎沟组砾岩相似。在常家窝棚岭一带，即牛营子盆地褶皱构造的核部，发育一段黄褐色粉砂岩、粉砂质泥岩、砂岩夹碳酸盐角砾岩，与老虎沟组极为相似。由褶皱核部向东西两翼岩性逐渐变为典型的邓杖子组灰岩-白云岩质角砾的砾岩，显示其具同造山磨拉石特征。根据邓杖子组产植物化石 *Cladophlebis* sp., *Phoenicopsis* sp.，可与京西、冀北的杏石口组砾岩段对比。据此推测邓杖子组与老虎沟组相当，其形成时代一般认为是晚三叠世。水泉沟组和郭家店组属于中上侏罗统。

3.2 印支运动

印支运动的研究由来已久，早在 1934 年法国地质学家弗罗马热 (J. Freomaget) 把印支半岛晚三叠世前诺利克期与前端替克期两个造山幕命名为印支褶皱。1945 年黄汲清首先用印支造山旋回称呼我国中生代初期的地壳运动。此后，我国许多地质工作者对该运动在华南地区的表现、性质、活动强度及波及范围等问题进行了广泛深入的研究和讨论。一般认为，印支运动结束了自海西运动以来盆地发展演化过程，进入了一个强烈构造运动期。它造成中新元古界—中三叠统一起卷入褶皱，并伴有碱性花岗岩侵位、中基性火山岩喷发。

燕辽造山带的印支期构造变形由崔盛芹[4]和潘广[5]最早识别。近年来，随着区调生产、科研工作的进一步深入，在燕山地区发现了众多的印支期构造形迹，如由古生代地层组成的北京西山向斜，晚三叠世杏石口组以下地层组成的下板城背斜、中—新元古代地层中组成的承德向斜，元古代与古生代地层组成的北京谷积山背斜等，这些褶皱轴向均呈东西向展布，并在相应地层序列中有清楚的角度不整合面，即印支构造面。20 世纪 70 年代又在平泉黄杖子一带发现了中三叠世二马营组被褶皱，褶皱轴向近东西向，平面延伸数千米，两翼倾角缓，不甚对称，略呈紧闭斜歪状态（图 3-1）。其上被晚三叠世杏石口组覆盖，二者呈角度不整合接触。

在承德县字椤树东山村东南见杏石口组砾岩角度不整合在中元古界白云岩形成的柳河向斜之上（图 3-2），承德县上谷乡剖面见杏石口组砾岩不整合在二马营组砂砾岩之上，不整合面上下砾石成分具有明显的差异。在滦平南部大石棚地区杏石口组砾岩角度不整合在太古代花岗片麻岩之上。

由于华北克拉通自中新元古代至早中三叠世无强烈的褶皱运动，所以上述接触关系应是印支期变形结果。这一认识也为以后的研究所证实[6~17]。

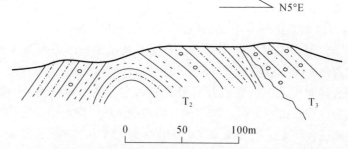

图 3-1　平泉县黄杖子榆树沟门中三叠世末挤压作用形成的褶皱剖面示意图
（据 1989 年河北省区域地质志）

T_2. 二马营组；T_3. 杏石口组

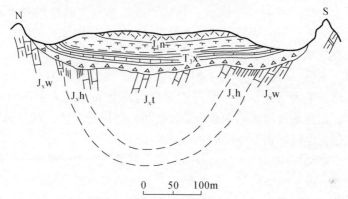

图 3-2　印支运动褶皱剖面示意图（承德县字椤树东山村）（据 1989 年河北省区域地质志）

J_xw. 雾迷山组；J_xh. 洪水庄组；J_xt. 铁岭组；T_3x. 杏石口组；J_1n. 南大岭组

　　在北京西山军庄东南，也可见杏石口组含砾砂岩不整合于下三叠统双泉组之上。再有，宋鸿林等在北京西山的房山岩体附近，也发现了由古生代地层组成的某些东西向褶皱，与上覆由侏罗系的砂页岩组成比较宽缓的褶皱不同，而且，侏罗系组成的褶皱岩层中劈理不甚发育，只有在向斜轴部强烈挤压处发育有轴面劈理，显然与古生界的构造反映了不同的形变相[18]。因此，东西向褶皱应属印支运动的产物[17]。此外，在区域变质程度上，双泉组的泥质岩已普遍变质成具强烈丝绢光泽的极好的板岩，而与其相隔不远的窑坡组泥质岩一般为页岩。在煤质方面，北岭区的石炭—二叠纪煤系的煤一般变质较深而成青灰色，不宜做燃料；而窑坡组的煤为无烟煤，是主要的开采层。因此，从上述特征可以推断，这两套地层之间明显有一次强烈的构造变动，即印支运动。后城盆地东西缘新元古代下马岭组与早侏罗世下花园组之间存在着一个清楚的角度不整合面。不整合面上、下两套地层产状不一致，以大角度相交，下马岭组顶部有明显的风化剥蚀迹象。推测这一不整合面应是印支运动的表现。

　　燕山西段由于缺失晚古生代及早中三叠世沉积地层，故此燕山西段究竟是否存在印支运动，长期以来一直是个争论的问题。近年来，田立富等[19]在《新保安幅》1∶5万区调工作和专题研究中，通过野外详细观察和追索，以及构造解析分析研究，在下花园至怀来八宝山、平安寨及窑子头一带发现了杏石口组地层，它与北京西山晚三叠世杏石口组层位相当，与下伏中新元古代及寒武纪地层呈角度不整合接触关系。岩性以复成分砾岩为主，属山间河流及山麓冲洪积堆积，据此认为在杏石口组沉积之前存在一期构造运动，即为印支运动。

在辽西地区，印支运动表现为在上三叠统与下伏中三叠统后富隆山组之间发育了不整合面，并使中下三叠统与中新元古界—古生界一起褶皱、断裂。而且，辽西地区印支运动似乎比燕山地区的印支运动较为发育且普遍。笔者认为，因为，辽西地区在后来的构造运动过程中处于整体上升状态，三叠纪地层出露较为广泛，所以人们便可见到印支运动的构造形迹。而燕山西段则处于向下倾斜状态，特别是冀西北处于向下倾斜的最大状态；而且，原内蒙古地轴又处于剥蚀状态，以致三叠纪地层一般不出露，而造成了印支运动的构造形迹在地表未出露，或较少出露。值得一提的是，辽西地区印支运动的构造线方向在地质图上是北东向、北北东向。笔者认为，这一情况也应与后期叠加了北北东向构造的影响有关。实际上，辽西地区印支期构造线常与前寒武纪构造线相一致，表现出两者具有亲缘性，据此可以区别于燕山期及其后的构造。

关于印支运动发生时代，根据燕山地区上三叠统与中三叠统之间的区域性角度不整合接触，或上三叠统与前三叠系呈明显的角度不整合接触，一般认为主要发生在中三叠世二马营组或双泉组与晚三叠世杏石口组之间[7,8]，Davis等认为其时代大约在180 Ma[15]。

3.3　向斜的形成

3.3.1　向斜构造

燕辽造山带早中三叠世基本继承了晚石炭世以来的沉积构造格局。随着印支运动的到来，发生了挤压作用[8,20,21,22]。在挤压作用下，前期的陆间盆地发展成为了干燥内陆河湖环境，并缓慢向下凹陷而进一步发展成为一个宽缓的东西向向斜构造雏形，本书将这一盆地称为燕辽向斜。该向斜沿尚义、后城、承德、黑山科、羊山、章吉营一线以中元古界—三叠系为向斜的核部，沿涞源、涿州、香河、宝坻、唐山、秦皇岛、绥中、锦州、医巫闾山一线为南翼，康保、围场、帽子山、建平、努鲁儿虎山一线为北翼，两翼地层以太古界—二叠系组成。该向斜褶皱轴面近东西向，两翼倾角较陡，不甚对称，略呈紧闭斜歪状态。值得注意的是，这时的辽西段也是东西向构造，现在辽西段北东向构造线是后期被扭转的结果。

　　该向斜以平泉—承德一带最先下降成为沉积中心，并接受了以河流相为主的刘家沟组和和尚沟组红色碎屑岩建造。刘家沟组沿平泉—下板城的营子、下家沟、松树台、老道洼、小寺沟、大吉乡、武家厂、牤牛窑一带发育，代表着内陆盆地的形成期；和尚沟组则代表着内陆盆地逐渐扩大。在平泉县东南部大营子乡到松树台一带，见三叠系与下伏二叠系之间的整合过渡关系，意味着该地的沉降幅度较大，才未出现沉积间断。在平泉县南部—东南部南双洞等地三叠系紫红色长石岩屑砂岩-含砾长石岩屑砂岩等直接微角度不整合于奥陶系灰岩之上，则应说明该地地貌上相对于前者处于较高位置。辽西地区在葫芦岛南票、虹螺蚬，朝阳石门沟、边杖子、林杖子，北票东坤头营子，凌源老虎沟，建昌铁杖子及喀左杨树沟等地出现盆地中心，沉积了红砬组。

　　中三叠世，二马营组主要分布于平泉县刘龙子沟—磨石沟一带、南五十家子—郭杖子及北杖子—东窝铺—石杖子一带、苏官杖子—东石灰窑子一带。辽西地区沉积了后富隆山组，主要分布于南票沙锅屯至富隆山一带及朝阳石门沟等地，根据其岩性特征表现为干燥-半干燥气候条件下的河流相、湖泊相和扇三角洲相及冲积相组成，意味着随着向斜的弯曲程度增大，沉积物逐步向向斜轴部沉积。

　　由于燕辽向斜是一个大型陆间盆地，其北部是西伯利亚古陆，南部是华北古陆。这一构造环境意味着燕辽向斜处于一个较为封闭的沉积环境。因此，其沉积物便不太可能有外来的物源。在平泉—下板城一带，下三叠统刘家沟组和中三叠统二马营组与下伏二叠系整合接触。沉积物由粉红、砖红色厚层中粗粒岩屑砂岩、细粒岩屑砂岩与紫红、砖红和蓝灰色粉砂质泥岩、泥质粉砂岩、页岩等组成的半韵律结构的河流相韵律层。沉积物颗粒较粗，岩石成分的成熟度不高，但结构成熟度较好，斜层理发育，反映了当时古河流流速较慢、分选较好、搬运距离不远、蚀源区较近，以及古构造活动性较强的特点。岩石碎屑成分主要为变质岩、火山岩及少量白云岩，表明碎屑物主要来自周围变质岩基底区和中新元古界和古生界盖层区。在平泉县南部、东南部、南双洞等地，三叠系紫红色长石岩屑砂岩、含砾长石岩屑砂岩等直接微角度不整合于奥陶系灰岩之上。三叠系中的砾岩绝大多数是圆度、球度和成分成熟度非常高的砾石，多为石英岩质或细粒花岗质成分的砾石，亦有花岗质糜棱岩、片麻岩等深变质和韧性变形岩石成分的砾石。砾石之间的充填物，以及砾岩层的围岩是结构成熟度尚可而成分成熟度极差的长石岩屑砂岩质成分。在承德县城东部还可见到圆度和球度都非常好的浑圆状石英岩质砾石与圆度、球度一般的灰岩成分的砾石共存的情形。据此，上述三叠系砾岩中的砾石被认为是再生砾石，即这些砾石在其物源区地层当中已经以砾石的状态存在，而不是三叠系沉积之时母岩风化、剥蚀、搬运和磨圆作用的结果。而且，上述砾石被认为来自于当时附近被剥蚀的石炭系—二叠系。这反映了燕辽向斜的轴部盆地向下沉降接受沉积物，而其两翼的地层可能遭受剥蚀而成为轴部盆地沉积物的来源。张长厚等[23]对燕辽造山带三叠系沉积物源区分析也表明其沉积物实际上就是其下伏的晚古生代石炭系—二叠系和部分早古生代的碳酸盐岩。

值得注意的是，一方面，以前一般认为早中三叠世只是沉积于尚义-赤城-大庙-娘娘庙-佛爷洞-老爷洞-朝阳-北票-旧庙断裂以南地区，但据后面重新划定尚义-赤城-大庙-娘娘庙-佛爷洞-老爷洞-朝阳-北票-旧庙断裂的延伸方向，在辽西地区的凌源、建平、北票等地发育了早中三叠世，据此推测在燕山地区的尚义-赤城-大庙-娘娘庙断裂以北也应该有发育。另一方面，辽西地区向斜两翼都出露三叠系，也应说明燕山地区向斜北翼应具有三叠系，只是后来向斜北翼上升为内蒙古地轴，其上的三叠系也遭受剥蚀而造成了沉积缺失的现象。

3.3.2　向斜配套断裂

随着燕辽向斜的形成，相应地发育了东西向纵断裂、南北向横张断裂、北东向和北西向共轭断裂等配套断裂。值得注意的是，辽西段在这期间其配套断裂方向应与燕山段相同，后期被扭转才与燕山段方向有异。

1. 纵断裂

由于燕辽向斜是一个东西向构造，相应地，其纵断裂也是东西向的。纵断裂一般具有以下特点：①一般由许多相互平行的断裂构成一束复杂的断裂带，其宽度可达数十千米，单体规模一般较大，长可达数十乃至上百千米，显示一定的等距性；②在空间上，常被北北东向或北北西向断层所截切或水平错移，并多处被横向断层水平错移，以致走向上常呈舒缓波状；③压性特征明显，以高角度逆冲为主，后期具有右行扭动特征；其断面近直立，或北倾、或南倾；④具有多期活动特征，主要变形时期发生较早，且深切上地幔或下地壳深部[24]；⑤受南北向区域压应力的制约，继承性活动明显，如康保-围场-叨尔登-凌源-中三家-西官营子断裂原为华北克拉通北缘分界断裂，但在这一阶段受南北向区域压应力制约，又再次活动，成为了褶皱构造的配套断裂；⑥对岩体的侵入具有一定的控制作用，如沿断裂带有基性、超基性及酸性岩出露；⑦纵断裂具有放射状分布特征，即向斜核部断裂陡、两翼断裂平缓的特征，导致了燕辽向斜出现断裂南北对冲现象（图3-3），以及许多断陷盆地具有"南断北坡"和"北断南坡"特征[9]，这一构造现象应是纵断裂向向斜核部对冲的反映。具体表现为向斜南翼断裂向北冲断，向斜北翼断裂向南冲断。例如，位于向斜南翼的墙子路-董家口断裂自南向北逆冲，位于向斜北翼的承德-平泉断裂自北向南逆冲[25]。怀来至宣化以南大约40 km宽的叠瓦逆冲构造带（其中包括了下花园鸡鸣山逆掩断层）在下花园鸡鸣山及赤城四道沟等地，见东西向断裂带的断面多向北或北北东向倾斜，倾角达 80°以上，缓者也有 10°左右，呈现明显的向北逆冲现象[26,27]。辽西凌源牛营子地区晚三叠世逆冲构造，其主干叠瓦带由北西向南东方向逆冲。由于该逆冲构造位于燕辽复向斜的北翼，如果我们排除秦皇岛背形对其方向的影响，则该逆冲构造应由北向南逆冲，是辽西地区向斜北翼纵断裂向南逆冲断裂的反映。

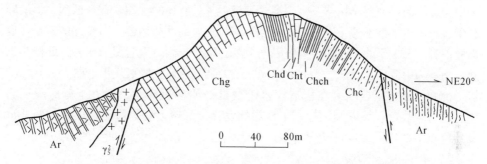

图 3-3　隆化王家台断裂对冲现象剖面图（据 1989 年河北省区域地质志）

Chg. 高于庄组；Chd. 大红峪组；Cht. 团山子组；Chch. 串岭沟组；Chc. 常州沟组；Ar. 太古界

　　再有，受北部构造应力场的影响，燕山地区东西向构造带呈现出自北向南强度逐渐减弱的趋势，北部接近基底隆起带地区，褶皱束宽大、持续性强，断裂带发育，褶皱带或陡立或倒转，向南褶皱束逐渐变窄，褶皱幅度趋于平缓。

　　燕辽造山带主要的纵断裂有：康保–围场–叨尔登–凌源–中三家–西官营子断裂、丰宁–隆化断裂、尚义–崇礼–赤城–大庙–娘娘庙–佛爷洞–老爷洞–朝阳–北票–旧庙断裂、涿鹿–延庆–密云–兴隆–喜峰口–青龙–药王庙–南票–阜新–哈尔套断裂和涞源–滦县–绥中–兴城–松山–稍户营子–老河土断裂等。

　　1）康保–围场–叨尔登–凌源–中三家–西官营子断裂

　　系华北克拉通北缘断裂，大致沿北纬 42°展布。总体走向近东西向，西起化德南部，经康保道尹地、太仆斯旗南部、万胜永南部、围场、郭家店盆地东缘一带延伸。该断裂深切硅铝层基底，断面北倾，并被横向断层多处错移。具韧性变形特征，无论是露头级小型构造，还是断层带内部的显微构造均十分发育。在内蒙古化德县李七八村一带，断裂造成海西晚期花岗岩体强烈压碎及片理化，压碎带宽 3~4 km，中心为宽达 1 km 的长英质糜棱岩带，带内还见有由围岩组成的构造透镜体。其长轴近东西向，走向北东 60°~80°，倾向北西，倾角 60°~70°，显示了南北向的强烈挤压特征。在康保一带，太古界限定在该断裂以南出露，北侧为古生界地槽型建造，槽区沉积的元古界化德群沿断裂两侧呈带状分布，其中下亚群出露于断裂南侧，上亚群出露于断裂北侧。康保敖包图至白围子村，挤压破碎带宽 150~1 000 m，由挤压片岩、糜棱岩及构造角砾岩组成。在围场县城以西，该断裂基本沿伊逊河上游的近东西向支流分布，出露零星，而且只出露在侏罗系盖层区，或仅以挠曲型式出现。县城以东，该断裂发育于太古界及古生界内，形成宽达 5～10 km 的断裂带，由挤压片理带、碎裂岩带及糜棱岩带组成。其西段下店-北台子逆冲断裂，其断面倾向北北西，倾角为 45°～70°，断面在平面上呈舒缓波状，挤压破碎带发育，最宽可达 200 m。断裂带内挤压透镜体呈带状分布，长轴平行断面，断裂带内劈理发育，并可见片状矿物定向排列。断裂上盘为太古界柳河峪片麻岩，上盘近断裂带处发育一系列近于平行的北西向张裂隙；下盘为中元界。断层内部小构造及牵引褶皱等显示其具有逆冲性质。在辽西地区，沿断裂带展布的建平群强烈千糜岩化、糜棱岩化，构成韧性剪切带。断裂北侧磁场强度高而平静，长轴呈北东东向；南侧磁场复杂，轴向东西。地貌反差明显，北侧为低丘，南侧为中低山丘陵区。受北北东向断裂的强烈影响，断裂发生弯曲。

前一章论述了该断裂在构造序幕阶段已开始构造活动，侵入了海西晚期岩体。从古生代起，该断裂便控制了地层的发育，区域上切割最新地层为早白垩世义县组，局部地段形成白垩纪盆地。因此，它是一条多期活动断裂带。

2）丰宁-隆化断裂

该断裂带经丰宁、隆化延入辽西地区，总体走向近东西向，西端稍向南，东端稍向北偏转。隆化以东由两条相互平行的对冲断层组成，北侧断层面北倾，上盘太古界向南逆冲于长城系之上。南侧断层上盘自南向北逆冲。隆化以西为单一断层，见糜棱岩、片理化及柔皱等挤压特征。沿断裂带各期侵入体呈串珠状分布，以海西期花岗岩和超基性岩为主，太古代末期闪长岩和燕山期花岗岩次之。断裂主要发育在太古界单塔子群及中元古界长城系中，仅在局部地区断层通过了上侏罗统。同时还控制了双山子群的分布。以往认为该断裂只延伸到丰宁，但据物探资料，该断裂自丰宁可继续西延至张北，甚至更西[①]。但从附图可以看出，该断裂在丰宁-隆化主要发育于基底岩系中，明显与其西延部分发育在北翼次级向斜盆地中不同。笔者认为，这可能是因为后期推覆构造的影响所致。因为，丰宁-隆化断裂具有明显的推覆构造活动特征。

3）尚义-崇礼-赤城-大庙-娘娘庙-佛爷洞-老爷洞-朝阳-北票-旧庙断裂

该断裂带是燕山板内造山带中段规模最大、结构最复杂、最为引人注目的断裂，原称内蒙古地轴南缘断裂。西起尚义，向东经赤城、大庙、娘娘庙，向东经辽宁西部的佛爷洞、老爷洞、朝阳、北票、旧庙一带，大体沿北纬41°线延伸。在平面上，该断裂燕山段为东西向，辽西段为北东向，中段承德、平泉一带向南微凸。该断裂控制新太古界双山子群的分布，常州沟组至高于庄组局限于断裂以南。由于逆冲推覆的结果，致使原侵入于地壳深部的各期岩体被推到地表。例如，在崇礼县南边，双山子群谷咀子组向北逆冲于单塔子群红旗营子组之上。该带形成一条东西向呈串珠状分布的岩浆岩带，以海西晚期花岗岩和超基性岩为

---

① 地质部综合物探大队，1964 年。

主，太古代末期闪长岩及燕山期花岗岩次之。构造带宽度一般为 30 ~ 50 m，在花岗岩体等脆性岩石区可达数百米。带内既见糜棱岩、片理化及柔皱等挤压特征，也兼有大量的镜面、破劈理带等右行压扭性特征。逆掩断层几何形态具缓波状弯曲特征。该断裂以往常依基底岩系的出露方向而定其走向，而把燕山地区有盖层沉积出露的地方都划入了燕辽沉降带，基底岩系出露处则划为内蒙地轴，燕辽造山带便被划分成两个不相干的构造单元。

4）涿鹿-延庆-密云-兴隆-喜峰口-青龙-药王庙-南票-阜新-哈尔套断裂

该断裂也是燕辽造山带的一条重要东西向构造带，位于尚义-崇礼-赤城-大庙-娘娘庙-佛爷洞-老爷洞-朝阳-北票-旧庙断裂南侧，两者平行排列。该断层总体上为脆性断层，只是在基底岩系出露地段具韧性特点，因而它属于中浅层次构造变形。其挤压破碎带宽数十米，最宽可达 200 ~ 300 m，发育糜棱岩带、片理化带及构造透镜体等，属压性断裂，后期具右行扭动性质。该断裂在地表产状较陡，向地下深处产状逐渐变缓，断层面几何形态为浅陡深缓的平弧形。密云沙厂一带，中元古代环斑花岗岩体沿断裂南侧侵入，长轴近东西向。在燕山地区，由于后期百花山-昌平-密云-滦平-张三营断裂的影响，导致该断裂的涿鹿-密云段在地表不出露而成为了隐伏断裂。从沿着该断裂分布的盖层特征来看，该断裂以北地区中新元古界发育相对较全，地层厚度较大，主要表现为常州沟组不整合于太古界之上；以南地区多为大红峪组或更新地层不整合于太古界之上，地层厚度相对较小。而且，双山子群和朱杖子群也仅限于该断裂以南地区。因此，该断裂很可能在早中元古代就已开始活动，中生代在构造运动的影响下又再次活化。该断裂向西可能是怀安-宣化断裂。

5）涞源-滦县-绥中-兴城-松山-稍户营子-老河土断裂

这是燕辽造山带南界断裂，属于正断层，断面高角度南倾。沿线多处被北北东向或北西向断层平面错移，呈错落折线。沿断裂为明显的重力梯度带。该断裂控制了侏罗纪、白垩纪、古近纪沉积，说明该断裂在侏罗纪之前就已存在。

2. 共轭断裂

燕辽向斜发育了两组共轭断裂，其北西向一组表现为张性，北东向一组则为压性，常构成棋盘格式构造。共轭断裂中很少见到构造透镜体、糜棱岩化等现象，说明其构造强度不如纵断裂发育。燕山地区主要在蔚县、阳原、怀安、康保、沽源、围场等地较完整的出露共轭断裂。围场推覆体内的通事营、碱房一带发育 X 形共轭剪切断裂系，以北东向左行平移断裂较发育，北西向断裂发育较差，具右行平移的特点。它们指示了造山带的主压应力方向为南北向。某些共轭断裂可能还互相切割，成为火山爆发的中心。

一般来说，共轭断裂中以北东向一组最为发育，规模相差较大，长数千米至上百千米，在走向上多呈弯曲波状，可切穿近东西向断裂，但又常被北西向断层水平错移。重要的北东向断裂有香河-高板河-平泉断裂带和易县-周口店断裂带等，这些断裂在卫片上有较明显的线性影像特征，常表现为平直的沟谷，伴有线性展布的断层崖或断层三角面。北西向断裂也分布比较普遍，但规模大小不等，一般数千米至上百千米，延伸平直，多成群出现。多数叠加在北东向挤压构造（如褶皱的叠加）之上。后期构造的影响常使共轭断裂遭到破坏，特别是北西向一组出露不太清楚，但卫星照片及地球物理特征显示其明显存在[28]。重要的北西向断裂有沽源-怀柔-宝坻线性构造带和商都-易县（怀安-涞水）线性构造带，表现为平直的沟谷、线性浅色或深色带，多数为隐伏断裂。刘家口-冷口-上营（北戴河-建昌营）断裂和宣化-长辛店断裂在卫片和重力布格异常上也表现为北西向构造带。宣化-长辛店断裂控制了中生代含煤盆地与侵入体的分布，新生代进一步活动，成为张家口-蓬莱断裂带的一个组成部分。此外，燕山地区还发育北西向的褶皱、逆冲断层、同构造侵入杂岩体等，很多水系也明显沿北西向线性构造带展布。

辽西地区在印支运动阶段发育几条较为明显的东西向断裂，推测其原应是北西向断裂，由于后期辽西地区被扭转成北东向，北西向断裂相应地被扭转成为了东西向断裂。这几条断裂有：

（1）魏家岭-大屯断层，西起建昌县喇嘛房子山西、云山洞，东抵大屯，长约 41 km。断层走向近东西，断面主要南倾。断层主体发育在中元古界中，局部见有寒武系夹块。在石杖子附近沿断裂发育构造透镜体，在喇嘛房子山见断层破碎带，具右行走滑特征。大屯乡西部，断裂带内发育明显的三期构造活动：第一期为叠瓦状逆冲断层；第二期为右行走滑断层，并切割逆冲断层；第三期为正断层，表现为地堑组合。

（2）土门子-明水断裂带，为绥中凸起上次级凹陷永安盆地之北缘边界断裂。由辽宁省绥中县东山根—望海屯一线，长约 76 km。总体走向近东西向。由三条断层构成：土门子东-干沟断层、草岭沟-明水断层和木头凳-大杖子断层。断裂带发育破碎带、断层泥和构造透镜体，具有右行走滑特征。

3. 横张断裂

横张断裂是发育比较浅的南北向高角度正断层，一般发育于盖层中，对向斜的影响也较小，个体规模一般数十千米，宽可达上百米，沿走向常呈锯齿状延伸，局部地段还切割了纵断裂显示追踪平面 X 形节理、等距离分布等张性断裂特点。构造带具有角砾岩组成，擦面发育，擦痕斜落等现象。一般形成于古生代晚期或更早，为南北向挤压应力作用下产生的张裂带。在燕山地区，较为重要的横张断裂有蔡园-喜峰口-宽城线性构造带、蓟县-兴隆线性构造带、祥田断裂带和化稍营–张北线性构造带，这几条南北向线性构造带呈现等距离分布特征。而且，在野外所见的横张断裂一般出露于向斜南翼，北翼的横张断裂可能由于后期构造的影响只能见到部分踪迹，但通过追踪北翼横张断裂可发现它们是南翼横张断裂的北延部分。

（1）祥田断裂带是由一组南北向中新元古界、中生界及其间一组南北向断裂组成，它切过了怀安、尚义两大断裂。其南北两侧可延出 400 km 以上，向北在六滩、沽源也有显示，向南在雁翅、房山见其构造形迹。大致以赤城为中心分南北两段。赤城以南，断裂地表形迹稳定，规模宏伟，其破碎带以发育角砾岩为主，角砾岩中的角砾残留着早期压扭而形成的磨粒岩，又有更多的晚期形成的张性角砾岩，显示出多期活动性质。赤城以北，横向剪切断层发育，主干断裂走向被节节错移，规模较南段逊色，但沿带岩浆侵入活动频繁。

（2）怀柔断裂位于汤河口北至怀柔一带，断裂发育在太古界山神庙组、长城系石英岩、侏罗系中统和燕山期花岗岩中，近南北向、倾角陡、略向西倾、压性，在汤河口附近与东西向的承德断裂反接复合，向北为南北向的小滦河断裂。该断裂带自晚古生代发育有强烈的岩浆活动，形成了燕山地区一条明显的南北向岩浆带。由于后期构造的影响，在轴部断裂以北部分被叠加了北东向、北北东向构造并侵入了岩浆岩，而被改造为上黄旗岩浆岩带。

（3）黄崖关断裂位于兴隆县西，经黄崖关，止于蓟县罗庄。卫片显示其断续向南延伸至宝坻。断裂发育在长城系和蓟县系中。近南北向、倾向东、近直立、压扭性，沿走向成波状弯曲，其东盘南移、西盘北移，向北为伊马吐河断裂。

此外，在冀东地区还可见三屯营南北向构造带、罗屯南北向构造带和石门寨南北向构造带，这三个构造带可能由于受到后期山海关隆起的影响，只在向斜南翼出露一部分，而北翼未见出露，但这三个构造带明显属于南北向构造，如喜峰口–蔡园断裂与五道河断裂，后者可能是前者的向北延伸部分。

在辽西地区，沿中三家—娘娘庙—兴城、哈尔脑—锦州、北票—义县和于寺—北镇一带都断续发育着北西向断裂。笔者认为，其北西向可能是后期构造扭转所致，其原始方向应为南北向。而且，从附图可以看出，这些北西向断裂也具有等距分布特征。因此，笔者推测这些北西向断裂原应是南北向的横张断裂。

3.3.3　向斜的次生构造

燕辽向斜除了上述主要构造外，还可见许多次生构造，主要为较大规模的浅层次脆性冲断推覆构造和明显的韧性剪切变形[29~31]。在北京西山可见到众多的印支期东西向褶皱与断裂。例如，轴向东西向，包括元古代与古生代地层的谷积山背斜构造，轴向近东西且涉及古生代与三叠纪地层的灰峪向斜，河北村一带还发育固态塑性流变构造，有平卧褶曲、褶劈理、透入性处理及流褶曲等，古城梁穹窿、鸡鸣山倒转背斜和平安寨向斜盆地等为代表的褶皱群，以及长操逆冲推覆构造和霞云岭逆冲推覆构造[32]，桑干河断裂和穿插于中新元古代地层而被侏罗系覆盖的辉绿岩（或岩床）等，这些都应是向斜的次生构造。

3.4　向斜及断裂的形成机制

据张长厚等，燕辽造山带中生代构造变形，是在具有强硬的结晶基底及稳定的沉积盖层组成的克拉通浅层地壳结构的基础上发生的，主要表现为刚性基底与上覆层状沉积盖层一起卷入收缩变形，而与在被动大陆边缘沉积楔形体基础上发育的俯冲或碰撞造山带外缘前陆褶皱逆冲带收缩变形不同。燕辽造山带发育众多东西向基底卷入的大型逆冲推覆构造和大型纵弯褶皱构造，反映了燕辽造山带经历收缩变形，造成了较大规模的水平缩短和垂向地壳加厚。

根据力学的椭球体弹性实验[33]，岩层在水平应力作用下发生纵弯褶皱作用而形成背斜或向斜的过程中，其配套的节理有纵节理、横节理及共轭节理等。弯曲岩层的外弧发育张性特征纵节理，内弧发育压性特征纵节理。在力的进一步作用下便发展成为了纵向的正断层或逆断层，横节理和共轭节理则发育成追踪横张断裂和棋盘格状共轭断裂。燕辽向斜及其断裂的发育基本符合这一原理。燕辽向斜在地表出露的是弯曲岩层的外弧，其纵断裂表现为压性的特征；而其在地壳深处的是弯曲岩层的内弧，其纵断裂便表现为张性特征。一个向斜或背斜的纵断裂在横剖面上具放射状排列特征，核部断裂陡、翼部断裂平缓，在力的持续作用下向斜的纵断裂从两翼朝核部对冲形成逆掩断层，背斜的纵断裂则从核部向两翼对冲成为逆掩断层。燕山地区纵断裂的南北对冲现象正是燕辽向斜纵断裂的具体表现（图 3-4）。

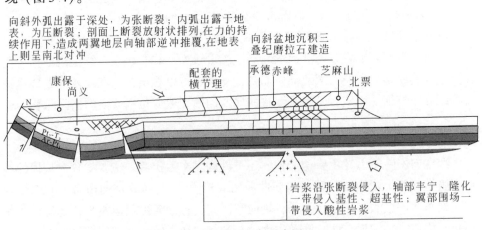

向斜外弧出露于深处，为张断裂；内弧出露于地表，为压断裂；剖面上断裂放射状排列,在力的持续作用下,造成两翼地层向轴部逆冲推覆,在地表上则呈南北对冲

向斜盆地沉积三叠纪磨拉石建造

康保　尚义

配套的横节理

承德赤峰　芝麻山　北票

岩浆沿张断裂侵入，轴部丰宁、隆化一带侵入基性、超基性；翼部围场一带侵入酸性岩浆

图 3-4　燕辽向斜示意图

3.5　向斜被填平

燕辽造山带在三叠纪末，在向斜地层沉积上常表现为"反序"沉积特征。燕山地区杏石口组沿向斜转折端的平泉—古北口一带及其两侧的平泉下板城、滦平两间房、下花园和京西等地分布，其砾石从下部向上依次出现分选、磨圆较好的豹皮灰岩砾石、竹叶状灰岩砾石、燧石条带灰岩、石英岩砾石、片麻岩砾石和片麻状花岗岩砾石，呈现出"反序"特征，应暗示了物源区为一个正常地层层序的揭顶过程，被剥蚀地层的顺序从中奥陶统开始，随着剥蚀的持续发展，两翼基底太古界地层逐渐出露并被剥蚀、搬运至向斜盆地中心沉积的过程。承德盆地上谷剖面由下而上为石英岩—片麻岩—花岗岩砾石组合逐渐占主导，而灰岩—白云岩—硅质岩组合含量降低，被认为是源区从以元古代长城系、蓟县系为主，到后期随着剥蚀的进展太古界基底逐渐出露的反映[34]。这一"反序"沉积特征应意味着燕辽造山带发生了构造抬升，剥蚀作用逐渐从盖层向下发展到基底地层这一揭顶构造现象。

在辽西地区，邓杖子组灰岩质砾岩与华北克拉通中新元古界和早古生界的岩性序列也构成了"反序"沉积特征[3,35]，其最下部层位砾岩来自于时代较新的水泉沟组安山岩、奥陶系—寒武系灰岩和已经剥离源区的石英岩，向上逐渐变化为以青白口系景儿峪组、长龙山组、下马岭组硅质页岩、铁岭组含锰质白云岩，再向上完全以蓟县系雾迷山组硅质条带白云岩砾石为主的砾岩。而且，邓杖子组自下而上粒度快速变粗，出现砾岩、角砾岩，其沉积环境与杏石口组的沉积构造背景相似，都由湖相渐变为沿断裂快速堆积的角砾岩相。上述岩性"反序"沉积特征既是物源区正常地层层序揭顶过程的反映，也反映了佛爷洞、建平、芝麻山一线处于上升状态，成为了向斜北翼的过程。

此外，邓杖子组一段中部出露了宽约 500 m、长约 5 km 的崩塌相砾岩块，发育泥石流滑坡砾岩、碎屑流砾岩、水下扇砾岩、冲积砾岩等，由中寒武统张夏组中-厚层鲕粒灰岩、固山组粒屑灰岩、上寒武统炒米店组粒屑灰岩及下奥陶统冶里组厚层灰岩组成，构成了一套呈南西—北东向展布的、受逆冲断裂控制以崩塌、滑坡、泥石流及浊流沉积组合[36]。其崩塌岩块一般 5 ~ 20 m 厚，顺层延伸数十米到数百米。崩塌岩块内部最新地层为上奥陶统马家沟组。这一沉积特征应反映了三叠世末期出现了快速上升构造，而造成了较大的高差，才有可能出现崩塌现象。而且，崩塌岩块只能崩塌到附近的盆地中。

再有，燕山地区杏石口组底部往往有巨厚的石英砾岩层-宝珠洞砾岩，在区域上可以容易地追索到这一砾岩层，这一砾石岩层一般被认为是造山运动后期形成的类磨拉石建造标志。辽西地区的邓杖子组、老虎沟组与杏石口组同样，属于类磨拉石建造。北票盆地的羊草沟组主要由冲积扇相-河流相砂砾岩建造构成，厚度变化迅速，以角度不整合覆盖在长城系高于庄组之上，其上与中侏罗统兰旗组呈角度不整合接触，其沉积环境也与杏石口组的沉积环境相似。上述这些类磨拉石建造，应是向斜盆地消亡的产物。随着盆地的消失，燕辽造山带出现了下侏罗统与上三叠统之间沉积间断，地层呈平行不整合接触。

3.6　岩浆活动

　　二叠纪末—三叠纪，华北克拉通北缘岩浆岩的分布范围逐渐向南发展，三叠纪末期其南界达到燕山构造带最南端的蓟县盘山。冀北和燕山 K-Ar 年龄统计表明，燕辽造山带的印支期岩浆活动主要发育一系列壳幔岩浆混合程度不同、侵位深度不同、产状不同的火成岩，岩性主要为钾长花岗岩、二长花岗岩及碱性杂岩，其次为基性-超基性岩及少量中酸性火山岩[37]。其岩石组合及地球化学特征均显示出后碰撞-后造山岩浆作用特征。

　　由于燕辽向斜是地层向下褶皱弯曲，深部地层成为了向斜的外弧，处于拉张状态，发育张性纵断裂，从而成为了岩浆侵入的通道。因此，燕辽造山带的岩浆岩呈现底侵作用特征。由于拉张时期一般以碱性侵入岩为特征。因此，燕辽造山带从二叠纪末—中三叠世起侵入了以高钾钙碱性为主的钾长花岗岩、二长花岗岩及碱性杂岩，如沿丰宁-隆化断裂发育的大梁顶（Rb-Sr 等时线年龄为 316.6±6.1 Ma）、撒袋沟门（K-Ar 法年龄 263 Ma）、光岭山（Rb-Sr 年龄 232.7±2.5 Ma）、红旗（U-Pb 法年龄 224.2 Ma）及桃花山（U-Pb 法年龄 284.7 Ma）等石英正长闪长岩、二长花岗岩等岩体[38]，以及承德大光山等闪长岩和隆化大台营花岗岩等碱性杂岩体[39]。南翼的密云-喜峰口纵断裂侵入了矾山（K-Ar 年龄 205～222 Ma[40]）、姚家庄（Rb-Sr 等时线年龄 235.9±5 Ma[41]）、鳌鱼口和响水沟等碱性-偏碱性杂岩体，向西伴有怀柔县北部七道河西沟花岗岩（具锆石铀钍铅法 207 Ma 年龄）、房山南窖闪长岩和盘山石英二长岩等侵入岩，主要为透辉岩、正长辉石岩、正长岩和霞石正长岩。这些碱性-偏碱性杂岩体为近圆形拉长状，显示出受东西向深大断裂控制的张性构造环境下侵入[42]。直到晚三叠世，还大量侵入了碱性岩及相伴的碱性超镁铁岩。例如，水泉沟岩体的全岩和钾长石的单矿物 K-Ar 年龄为 260～170 Ma，但大多为 190～210 Ma，说明其岩浆活动开始于海西末期，并于印支期达到高潮[43]，应是纵断裂持续发展，岩浆活动持续侵入的反映。

　　而且，在燕山地区，由于向斜轴部纵张断裂影响到地壳相对较深处，因而侵入了基性、超基性岩，如沿大庙-娘娘庙断裂带发育的基性-超基性侵入岩，包括大庙斜长岩、光岭山花岗岩、红石砬子基性-超基性岩、高寺台超基性岩，由纯橄岩、辉橄岩、透辉岩、角闪岩、霓辉正长岩和辉长岩等构成。

　　向斜翼部的纵张断裂由于影响到地壳较浅部位，则以酸性侵入岩为主，如沿康保-围场-凌源-喀喇沁断裂发育了花岗岩、二长花岗岩体[39]，具有同造山花岗岩的特征。凌源一带的河坎子霞石正长岩、杨杖子闪长岩、榆树林子花岗岩带等，年龄值为 204~234 Ma、206 Ma、224~228 Ma。在喀喇沁一带则侵入了喀喇沁岩体（220 Ma、210 Ma、205 Ma[44]）、宁城岩体（228~219 Ma[45]）及光顶山岩体（207 Ma[45]、204 Ma[46]）。值得一提的是，沿喜峰口-达子岭北东向断裂和青龙东西向断裂的交汇部位发育的都山杂岩体（220 Ma）为一复式岩体，具有跨时代特征。它在平面上呈长轴北东向的不规则扁圆形，各期次侵入体由边缘向内部呈不规则环状或岛状。岩石为钙碱性系列，反映其为造山期产物，其活动主期应为三叠纪。其稀土元素以 $\sum$ REE 低、轻、重稀土分馏明显和基本无负铕异常为特征，暗示其岩浆来源较深。反映了三叠纪时，随着构造的发展，燕辽造山带深部纵断裂逐渐向地壳深处发展并被岩浆侵入，而其北东向展布则可能是后期构造扭转所致。

　　共轭断裂也发育了岩浆活动产物，如寿王坟复式 I 型花岗岩，属于同造山期花岗岩。该岩体中的暗色包体和流动构造显示由东南向西北作底辟式上侵，西南缘有片麻状构造-岩浆混合带，并使北岭向斜弯曲。因此，它应与共轭断裂中的北西向断裂有关。

　　横张断裂也发育了岩浆活动产物，如盘山 I 型花岗岩，沿近南北向的背斜轴线侵位，以花岗岩为主的复式岩体，其侵位时代为 203~207 Ma。再如，蓟县石臼岩体，由几个不规则的小岩株或岩枝组成，侵入于高于庄组顶部至雾迷山组下部。岩性主要有花岗斑岩、中粒二长花岗岩及石英闪长斑岩等。该岩体总体近南北向分布应意味着它侵位于横张断裂中。

　　在火山活动方面，在冀北、辽西、内蒙古等地中生代沉积岩中常有三叠纪火山岩砾石的报道，胡健民等在辽西凌源地区水泉沟组辉石安山岩和邓杖子组辉石安山岩的砾石中获得的锆石 SHRIMP U-Pb 年龄分别为 230 Ma 和 211 Ma；张拴宏等在平泉松树台和承德县晚三叠世—早侏罗世地层内的火山岩砾石中获得的锆石 LA-ICP-MS U-Pb 年龄分别为 255 Ma 和 247 Ma；北京地区早、中三叠世的大悲寺组与潭柘寺组含有火山灰物质（如冯村剖面、八大处剖面等），表明存在着三叠纪火山活动[37、47]。

参 考 文 献

[1] 米家榕, 张川波, 孙春林, 等. 北京西山杏石口组发育特征及其时代. 地质学报, 1984, 58 (4).

[2] 陈芬, 窦亚伟, 黄其胜. 北京西山侏罗纪植物群. 北京: 地质出版社, 1985.

[3] 赵越, 徐刚, 胡建民. 燕山中生代陆内造山过程的地质记录. 地质力学研究所, 2002.

[4] 崔盛芹, 等. 中国大地构造基本特征. 地质部地质科学院主编 (内部资料), 1962.

[5] 潘广. 中朝陆台的印支运动. 科学通报, 1963 (3): 61-63.

[6] 崔盛芹, 李锦蓉. 试论中国滨太平洋带的印支运动. 地质学报, 1983, 57 (1): 51-61.

[7] 赵越. 辽西牛营子地区早—中侏罗世地层层序及其早期中生代构造演化. 地学探索, 1988 (1): 79-89.

[8] 赵越. 燕山地区中生代造山运动及构造演化. 地质论评, 1990, 36 (1): 1-13.

[9] 河北省地质矿产局. 河北省北京市天津市区域地质志. 北京: 地质出版社, 1989.

[10] 辽宁省地质矿产局. 辽宁省区域地质志. 北京: 地质出版社, 1989.

[11] 任纪舜, 陈廷愚, 牛宝贵, 等. 中国东部及邻区大陆岩石圈的构造演化与成矿. 北京: 地质出版社, 1990.

[12] 杨农, 陈正乐, 雷伟志, 等. 冀北燕山地区印支构造特征研究. 北京: 地质出版社, 1996.

[13] 王喻. 中国东部内蒙古、燕辽造山带晚古生代晚期—中生代的造山作用过程. 北京: 地质出版社, 1996.

[14] Chen A G. Geometric and Kinematic evolution of basement-cored structure: Intralate orogenesis within the Orogen, Northern China. Tectonophysics, 1998 (292): 17-42.

[15] Davis G A, Zheng Y D, Wang C, et al. Mesozoic tectonic evolution of the Yanshan fold and thrust belt, with emphasis on Hebei and Liaoning Provinces, Northern China. GSA Memoir, 2001 (194): 171-197.

[16] 单文琅, 傅昭仁, 宋鸿林, 等. 北京西山的褶叠层与顺层固态流变构造群落. 地球科学, 1984 (2).

[17] 宋鸿林, 葛梦春. 从构造特征论北京西山的印支运动. 地质论评, 1984, 30 (1): 77-79.

[18] 付昭仁, 单文琅. 变质岩层构造的形变相分析. 地球科学, 1983, (3).

[19] 田立富, 胡华斌, 胡胜军, 等. 燕山西段印支运动的探讨. 河北地质学院学报, 1996, 19 (6): 668-672.

[20] 崔盛芹, 吴珍汉. 燕山地区中新生代陆内造山作用. 见: 郑亚东. 第30届国际地质大会论文集 (第14卷). 北京: 地质出版社, 1998, 216-228.

[21] 胡健民, 赵越, 刘晓文. 辽西凌源地区水泉沟组辉石安山岩锆石 SHRIMP U-Pb 定年及其意义. 地质通报, 2005a, 24 (2): 104-109.

[22] 胡健民, 刘晓文, 徐刚. 冀北承德地区张营子—六沟走滑断层及其构造意义. 地质论评,

2005b, 51 (6)：621-632.

[23] 张长厚, 吴淦国, 徐德斌, 等. 燕山板内造山带中段中生代构造格局与构造演化. 地球科学, 2004, 23 (9-10)：864-875.

[24] 朱大岗, 吴珍汉, 崔盛芹, 等. 燕山地区中生代岩浆活动特征及其陆内造山作用关系. 地质论评, 1999, 45 (2)：163-171.

[25] 葛肖虹. 华北板内造山带的形成史. 地质论评, 1989, 35 (3)：254-261.

[26] 聂宗笙. 华北地区的燕山运动. 地质科学, 1985, 4：320-332.

[27] 沈淑敏, 冯向阳. 燕山地区中生代构造应力场特征. 地质力学学报, 1995, 1 (3)：13-21.

[28] 郑炳华, 虢顺民, 徐好民. 燕山地区北西向和 NW 西向断裂构造基本特征初步探讨. 地震地质, 1981, 3 (2)：31-40.

[29] 崔盛芹, 李锦蓉, 孙家树, 等. 华北陆块北缘构造运动序列及区域构造格局. 北京：地质出版社, 2000.

[30] 邵济安, 牟保磊, 张履桥, 等. 华北东部中生代构造格局转换过程中的深部作用与浅部响应. 地质论评, 2000, 46 (1)：32-40.

[31] 郑亚东, Davis G A, 王琮, 等. 燕山带中生代主要构造事件与板块构造背景问题. 地质学报, 2000, 74 (4)：289-302.

[32] 单文琅, 宋鸿林, 傅昭仁, 等. 构造变形分析的理论、方法和实践. 北京：中国地质大学出版社, 1991, 139-143.

[33] 武汉地质学院, 成都地质学院, 南京大学地质系, 河北地质学院. 构造地质学. 北京：地质出版社, 1979.

[34] 李忠, 李少峰, 张金芳, 等. 燕山典型盆地充填序列及迁移特征：对中生代构造转折的响应. 中国科学 (D), 2003 (10)：931-940.

[35] 胡健民, 刘晓文, 徐刚, 等. 辽西晚三叠世末—中侏罗世崩塌–滑坡–泥石流沉积及其构造意义. 地质学报, 2005, 79 (4)：453-464.

[36] 徐刚, 赵越, 胡建民, 等. 辽西牛营子地区晚三叠世逆冲构造. 地质学报, 2003, 77 (1)：25-34.

[37] 张拴宏, 赵越, 刘建民, 等. 华北地块北缘晚古生代—早中生代岩浆活动期次、特征及构造背景. 岩石矿物学杂志, 2010, 29 (6)：824-842.

[38] 饶玉学. 燕山东段地区与花岗岩有关的几个问题探讨. 2002, 16 (93)：327-331.

[39] 徐正聪, 王振民. 河北燕山地区地质构造基本特征. 中国区域地质, 1983, 3：39-55.

[40] 侯增谦. 华北某些富磷碱性–偏碱性杂岩岩浆成分和熔体结构与含矿性关系. 岩石学报, 1992, 8：222-233.

[41] 牟保磊, 阎国翰. 燕辽三叠纪碱性偏碱性杂岩体地球化学特征及意义. 地质学报, 1992, 66 (2)：108-121.

[42] 张招崇, 王永强. 冀北印支期碱性岩浆活动及其地球动力学意义. 矿物岩石地球化学通报, 1997, 16 (4)：214-217.

[43] 张招崇. 冀北水泉沟偏碱性杂岩体中石榴石的特征及其地质意义. 矿物岩石, 1995, 15 (2): 17-25.

[44] 欧阳志侠. 华北克拉通主要变质核杂岩晚中生代花岗岩时代、成因类型对比及意义（硕士学位论文）. 北京: 中国地质科学院, 2010, 1-205.

[45] 张舟. 华北克拉通北缘二叠纪—三叠纪岩浆活动: 以大营子组、宁城岩体和光头山岩体为例. 北京: 中国科学院研究生院（硕士学位论文）, 2011, 1-100.

[46] 王彦斌, 韩娟, 李建波, 等. 内蒙赤峰楼子店拆离断层带下盘变形花岗质岩石的时代、成因及其地质意义. 岩石矿物学杂志, 2010, 29 (6): 763-778.

[47] Cpoe T D, Shuiltx M R, Graham S A. Detrial record of Mesozozic shortening in the Yanshan belt, NE China: Testing structural interpretations with basin analysis. Basin Research, 2007, 19 (2): 253-272.

第4章 复向斜阶段

早中侏罗世，在印支运动第二幕持续的近南北向挤压应力作用下，向斜进一步发展成为复向斜。至中侏罗末，由于燕辽造山带开始叠加了太平洋构造应力场，复向斜构造运动逐渐结束并消亡。所以，燕辽造山带的下侏罗统到中侏罗统为复向斜的构造层，而髫髻山组的磨拉石建造代表着复向斜的消亡。在向斜形成复向斜的过程中，随着燕辽向斜轴部的反转，其两翼也逐步形成向斜盆地，同时也发生了盆地沉积中心向外迁移，并造成了不整合面出现穿时现象，最终还导致复向斜的轴部纵断裂被裂开而发展成为轴部纵断裂裂隙盆地，原向斜北翼发展成为内蒙古地轴。

4.1 地　　层

燕山地区侏罗系是一套复杂的陆相火山沉积地层，上覆下白垩统滦平群含狼鳍鱼岩系，下伏上三叠统杏石口组暗色砂页岩。各盆地累计厚约 20334 m。

早侏罗世 (J_1)，燕山地区沉积了下部南大岭组和上部下花园组。南大岭组原系北京矿业学院 1961 年命名，原称辉绿岩、辉绿岩组、京西玄武岩和西山玄武岩等，指杏石口组之上，下花园组之下的中基性火山岩。南大岭组火山岩为一套高钾碱钙性–碱性玄武岩系列，少量安山质熔岩的岩石组合[1]，主要为深绿、灰绿、黑灰色致密块状玄武岩、安山岩，气孔状和杏仁状玄武岩、安山岩及安山集块岩、安山角砾岩、安山质晶屑凝灰岩、安山质岩屑凝灰岩。期间，火山几度间歇沉积了湖沼相的黄绿色和黄褐色砂岩、砾岩、暗绿色粉砂白云岩泥岩和黑灰色页岩，代表自晚三叠世以来的古气候条件逐渐由干旱转为温湿还原环境。厚 15 ~ 767 m。南大岭组以真蕨类为主。与下伏上三叠统杏石口组整合或假整合接触、或超覆于不同时代的较老地层之上、或平行不整合接触[2-4]，与上覆下花园组为平行不整合接触。南大岭组玄武岩由于遭受了区域退变质作用，尚未获得可靠的原岩同位素年代学数据，其 K-Ar 同位素年龄 177 ~ 198 Ma[5]，也有人给出了早白垩世表面年龄[6]。但燕山地区与南大岭组相当的安山岩时代为 195 ~ 180 Ma[7,8]。

下花园组原自田本裕、杨志甲 1950 年的下花园统，命名地点在河北省张家口市下花园。其含义指南大岭组之上、九龙山组之下的一套河湖相煤系地层。京西地区称为门头沟组、门头沟煤系、门头沟群，或分为下门头沟组和上门头沟组，窑坡组和龙门组，下窑坡系、上窑坡系和龙门组。宣化—蔚县称为古子房统、郑家窑组和乔儿洞组，尚义地区称为红土梁组。该组是一套湿润温暖条件下的河流、湖泊及沼泽相为主的杂色含煤复陆屑建造，下部为灰绿色、黄绿色和灰黄色细砂岩、粉砂岩和灰尘黑色粉砂质页岩、炭质页岩，夹含砾粗砂岩、粗砂岩、砾岩和泥灰岩，含煤层。上部为灰黄色粗砂岩、细砂岩，夹砾岩、粉砂质页岩、炭质页岩，含煤线。产以 *Coniopteris- Phoenicopsis* 组合为代表的门头沟植物群，与著名的英国中侏罗世约克郡植物群时代相当。整合或假整合于南大岭组之上，或不整合于古生界、中新元古界和太古界之上。厚度一般数百米，京西一带最厚达 1 846 m。下花园期是燕山地区的重要成煤期。

辽西早侏罗世包括兴隆沟组和北票组。兴隆沟组最早由谭锡畴[9]命名，他将辽西北票县兴隆沟村的一套火山沉积地层称之为"兴隆沟层"，1960 年北京地质学院将其正式命名为"兴隆沟组"。兴隆沟组零星分布于朝阳、葫芦岛、北票、南票、建昌、凌源等地，主要由安山岩、玄武岩及火山碎屑岩夹砾岩组成，偶夹凝灰质砂岩、粉砂岩，局部具砾岩。岩性、岩相、厚度变化较大，总厚度 1 694 ~ 7 674 m。平行不整合于上三叠统老虎沟组之上，或角度不整合于长城系和中三叠统之上，其上又被北票组平行不整合覆盖。值得一提的是，北票地区 1:5 万区调报告①中在北票市羊草沟划分出一个"羊草沟组"，根据植物、孢粉及顶部层位出现的叶肢介化石将其时代定为晚三叠世—早侏罗世。之后有人将兴隆沟村中基性火山岩之下的砂砾岩看作羊草沟组[10]。本书仍将其当作兴隆沟组。近年来，人们在兴隆沟组安山岩中获得了 Rb-Sr 等时线年龄（198.5±2.5 Ma、199.4±9.8 Ma）、K-Ar 年龄（191.0±6.0 Ma）[11]和 Ar-Ar 等时线年龄（188.2±7.4 Ma）、Ar-Ar 坪年龄（189.6 Ma）[12]。据兴隆沟组岩石、层序和地层关系应相当于南大岭组。

北票组为一套煤系地层，分布于朝阳朱杖子、北票兴隆沟至三宝之间。岩性下段为黄褐、深灰色页岩、砂岩夹砾岩及多层可采煤层，底部为砾岩，富含植物化石；上段为黄褐、灰黑色页岩、粉砂质页岩夹砂岩、粉砂岩及少许薄煤层，含植物和昆虫化石。厚 353 ~ 1 312 m。其上与海房沟组为角度不整合接触，与下伏兴隆沟组为整合或平行不整合接触。关于北票组的时代，有将其归为晚侏罗世[2、13]，有将其划为中晚侏罗世[14]，有将其划为中侏罗世[15、16]，还有人将其划为早侏罗世[17、18]。北票组在 1:20 万凌源幅（1965 年）与 1:20 万山海关幅（1974 年）分别称为郭家店组与门头沟组，1:20 万平泉幅（1976 年）、1:5 万山海关幅（1989 年）和 1:5 万台营镇幅（1999 年）称为下花园组。因为北票组煤系与门头沟煤系实为同一套含煤地层，其沉积组合、上下层序、接触关系及

① 中国地质调查局沈阳地质矿产研究所，2002 年内部报告。

含煤特征完全一致。因此，北票组可与下花园组对比，其时代应为早侏罗世。

中侏罗世开始，燕山地区沉积了一套半干旱条件下的河流相红色砂砾岩间夹一套厚度变化较大的中性火山岩层的火山-沉积岩系，称为长山峪群，包括九龙山组（包括原龙门组）和髫髻山组。长峪山群原自河北区测队（1959 年）的长峪山组，原指髫髻山组之上、张家口组之下的一套陆相红色砂砾岩。九龙山组原自叶良辅等（1920 年）的九龙山系，其分布范围基本与下花园组相同，主要分布于宣化—下花园、承德—平泉、寿王坟—宽城、滦平、赤城、抚宁等地，以河流相杂色粗细碎屑岩沉积为主，间夹火山碎屑岩。岩性由灰紫、紫红、灰绿和黄褐色粉砂岩、细砂岩、粉砂质泥岩和凝灰质砂岩、砾岩等，夹有流纹质凝灰岩和火山角砾岩等组成，反映了地壳挤压应力作用下局部熔融的酸性火山活动产物。不整合或假整合于下花园组或古生界、中上元古界之上。厚 55～1 520 m。产动植物化石。

髫髻山组由叶良辅等创立，命名地点在北京市门头沟区髫髻山，指九龙山组砾岩之上、后城组之下的一套以中性火山岩为主的地层。髫髻山组的分布范围与九龙山组大致相同，以溢流相中性火山熔岩和近火山口相火山碎屑岩为主，火山喷发间歇期沉积了紫红色河流相的粉砂岩和泥岩透镜状夹层，地层厚度变化较大。厚度可达 100～1 500 m，最大达 3 442 m。髫髻山组与九龙山组为连续沉积，或直接超覆于古生界及更老地层之上。在髫髻山向斜北翼下马岭南一带、在百花山向斜与髫髻山向斜之间马兰断裂带的达摩村西，以及北京西山一带，都可见到髫髻山组覆盖在不同时代的地层之上。关于髫髻山组的年龄，Davis 报道取自冀北下板城髫髻山组火山岩底部黑云母 Ar-Ar 同位素年龄 161±1 Ma[8]，牛宝贵报道取自该地髫髻山组上部安山岩的锆石离子探针质谱 U-Pb 年龄为 163±5 Ma。赵越等在北京西山髫髻山组安山岩底部获得锆石离子探针质谱 U-Pb 年龄 157±3 Ma，及在承德市小东沟和张家店分别测得髫髻山组底部火山凝灰岩中黑云母^{40}Ar/^{39}Ar 年龄 180.2±1.8 Ma 和 160.7±0.8 Ma[19]。综合上述，髫髻山组一般认为发生时间应在 157 Ma 之前，属于中侏罗世中晚期。

辽西地区中侏罗统包括海房沟组和兰旗组。海房沟组始称海房沟砾岩层，由室井渡 1942 年在北票盆地海房沟附近创名，原始定义指发育于北票海房沟一带的砾岩层。现海房沟组指由沉积碎屑岩夹中酸性火山岩或单一的沉积碎屑岩组成，岩性、岩相及厚度在各盆地均有一定的变化。厚 653～1 400 m。角度不整合于北票组、兴隆沟组或平行不整合于上三叠统老虎沟组之上，与上覆兰旗组平行不整合接触。海房沟组主要分布于金岭寺—羊山盆地的南票后富隆山、北票盆地和凌源郭家店，以及杨树岭—党杖子盆地和柳江盆地。值得一提的是，金岭寺—羊山盆地一带原划为早侏罗世的坤头波罗组、兴隆沟组、北票组，经李杰儒（1983）对其植物化石进行了研究认为其时代应属中侏罗世，都相当于海房沟组。

该组与九龙山组可完全对比，在1∶20万平泉幅（1976年）、1∶5万杨树岭幅和郭杖子幅（1999年）、1∶5万山海关幅（1987年）等便称之为九龙山组。

上部兰旗组火山岩分布比兴隆沟组火山岩更广泛，几乎遍及整个辽西地区，主要为安山岩、玄武岩及角砾岩、集块岩、凝灰岩，并夹有多层沉积岩。产植物化石和硅化木。整合或平行不整合于海房沟组或角度不整合于更老地层之上。例如，牛营子—郭家店盆地西缘邢杖子可见兰旗组角度不整合覆盖在经过褶皱和断裂变形的水泉沟组和中寒武世张夏组之上。兰旗组在北票盆地中总厚度约800 m，在建昌盆地和义县盆地厚度为2 000 m。近年的研究认为，兰旗组与髫髻山组同属于钙碱–高钾钙碱系列火山岩系列，以中心式中性熔浆溢流间以强烈的爆发作用为主，形成一套巨厚（约5 000 m）的以中性安山质、粗安质岩石为主，夹少量粗面质、流纹质岩石。其火山岩的化学成分相似，岩石组合指数$\delta=3.46$，钙碱指数为55，为同一套中性火山岩建造。两者又夹陆相碎屑岩沉积，并均含*Coniopteris-Phoenicopsis*的晚期植物群。因此，1∶20万平泉幅（1976年）、1∶20万山海关幅（1974年）和80年以来开展的1∶5万区域地质调查与岩石地层清理均称为髫髻山组。季强等[20]在辽西地区髫髻山组的下部层位中获得了167 Ma的SHRIMP U-Pb年龄，张宏等[21,22]在辽西—冀北地区髫髻山组火山岩下部获得了164~162 Ma的锆石年龄，季强和张宏还分别在赤峰宁城道虎沟地区髫髻山组火山岩下部的锆石中获得年龄为166~162 Ma[20,23]，赵越在凌源邢杖子的兰旗组底部凝灰岩中获得U-Pb锆石离子探针质谱年龄为158±1 Ma[19]。

在牛营子—郭家店盆地的水泉沟组为一套中基性喷出岩，岩性为灰绿及灰紫色辉石安山岩、安山岩、安山质火山角砾岩和凝灰质砂岩、粉砂岩胶结的砾岩组成。安山岩中夹凝灰质及泥质胶结石英砂岩和角砾状钙质胶结成的砾岩。在水泉沟附近，见水泉沟组安山岩内夹有邓杖子组灰岩角砾胶结的砾岩。该组岩性横向变化较大，主要分布在牛营子盆地西缘烧锅地、水泉沟一带，平行不整合于上三叠统老虎沟组之上，或角度不整合于长城系和中三叠统之上。其上为蓝旗组不整合覆盖。厚181~403 m。其安山岩K-Ar年龄191.0±5.7 Ma，Rb-Sr等时年龄线198 Ma[24]，玄武安山岩K-Ar全岩年龄为184~195 Ma[25]，因此，其时代应属早侏罗世。

郭家店组为一套河流冲积相砾岩夹砂岩透镜体，底部为沼泽相煤系地层。其砾岩砾石成分复杂，有太古代片麻岩、花岗岩，中元古代石英岩、灰岩、燧石条带白云岩、辉绿岩及二叠纪花岗岩等。在胡杖子村西，郭家店组中可见与邓杖子组、水泉沟组成分相同的砾岩，角砾灰岩胶结成岩再搬运形成磨圆度好的砾岩，这种棱角状灰岩角砾砾岩在区域上是邓杖子组典型岩石特征；安山岩搬运磨圆的砾石，在本区中侏罗世前的地层中仅水泉沟组发育安山岩。因此，郭家店组中的安山岩磨圆砾石最可能是水泉沟组的产物。关于郭家店组的时代，1∶50万《辽宁省地质志》（1989 年）中将原 1：20 万凌源幅所定的郭家店组变更为中侏罗世海房沟组。1：25 万青龙幅将其归为早侏罗世。但郭家店组产蚌壳蕨科植物为主，银杏纲和苏铁纲植物也很重要[2,15]，其植物组合约大部分是我国早侏罗世晚期至中侏罗世植物化石组合（Coniopteris- Phoenicopsis），而无标准的晚三叠世和早侏罗世早期植物化石组合分子。兰旗组或髫髻山组在区域上呈明显的角度不整合覆盖在郭家店组或更老地层之上[26,27]，说明郭家店组砾岩段、龙门组、海房沟组和下花园组上部的时代都应早于兰旗组或髫髻山组。在邢杖子一带，兰旗组限定了郭家店组上限，其植物化石组合面貌与郭家店组相近，具有中侏罗世晚期—晚侏罗世的面貌。郭家店组底部的沼泽相含煤段与京西上窑坡组、冀北下花园组中部及辽西北票组中上部含煤层位相当；其上部河流相砾岩段可与京西龙门组、冀北下板城下花园组上部、辽西北票海房沟组的砾岩段层位相当，均属我国北方重要的含煤地层，均含 Coniopteris- Phoenicopsis 早期植物群。张长厚等[25]在朱杖子附近获得侵入郭家店组的石英斑岩 K- Ar 全岩年龄为 160 Ma，说明郭家店组应早于 160 Ma。据此，郭家店组应属于中侏罗世早期。

4.2　印支运动第二幕

燕辽造山带在中生代时受到两大不同构造应力场的影响，相应地，燕辽造山带中生代经历了两场大的构造运动，即印支运动和燕山运动。印支运动的构造应力场属于蒙古—鄂霍次克洋关闭形成的南北向挤压应力场，而燕山运动主要受太平洋板块向东亚大陆俯冲形成的西北向挤压力影响[28~33]。由此，燕山地区形成了东西向、北东—北北东两套明显不同的构造体系和构造盆地。印支运动的区域构造线以近东西向为主，燕山运动则以北东向为主[34]。这已为大家所共识。但关于印支运动和燕山运动发生的时限、期次等存在着不同的认识。

近年来，大家认识到早中侏罗世，燕辽造山带继续受到北部蒙古—鄂霍茨克洋继续向南俯冲、封闭[8,35,36,37]和中蒙边境大型推覆构造影响[38~41]，形成了东西向的构造线。约 161 Ma 前后的中侏罗世末，古太平洋板块才向欧亚板块俯冲[8,42,43]，燕辽造山带才从古亚洲域向濒太平洋域转换[8,30,36,44~52]，而进入了陆内构造变形阶段[47,53~56]。构造方向也从东西向转向北东向，最终形成濒太平洋北东、北北东向大陆边缘体系，即新华夏构造体系。

据此看来，以前一般认为从早侏罗世起的构造运动属于燕山运动便值得讨论。近年来的研究表明，早中侏罗世地层沉积上表现出与晚三叠世具有继承性。例如，鲍亦冈等在北京西山地区，见九龙山组与髫髻山组之间的褶皱轴向呈北东东向，这应意味着早中侏罗世的构造运动与三叠纪时的构造运动具有亲缘性。20世纪 80 年代以来，米家榕等[57]及河北区调二队在北京西山潭柘寺一带观察发现南大岭组与杏石口组之间仅有一厚度不足 1 cm 的暗紫色含铁黏土质风化残积层，部分地段甚至缺少明显的沉积间断，表明两者之间即使有间断，时间也不长。冀北滦平盆地大石棚附近的南大岭组安山岩与杏石口组顶部的碳质页岩之间，也仅有极薄（小于 1 cm）的碳质页岩碎块，不整合现象极不明显。而下板城附近，南大岭组与杏石口组为连续沉积。在河北滦平王营子可见南大岭期玄武岩与杏石口期流纹质火山活动首尾相连，因此，早中侏罗世应属于三叠纪构造运动即印支运动的继续。再有，在辽西地区郭家店一带可见北票组角度不整合覆盖于奥陶系及其下地层之上，被该角度不整合覆盖的构造形迹包括沟门子西北部近东西向逆冲断层（刘家洼—阴杖子逆冲断层），表明早侏罗世沉积作用之前曾经历了重要的构造变形和剥蚀作用。因此，有人便将印支运动划分为两个构造幕，其时限分别为 230 Ma 和 200 Ma，并且进一步指出前者为早中生代陆内造山的主造山幕[58]。因为，杏石口组具有造山期后磨拉石建造特征，它应代表着向斜构造的完成。那么，印支运动第二幕应是从早侏罗世至中侏罗世，主要表现为前期形成的向斜继续受到东西向构造应力场的影响，而发展成为一个复向斜构造。

怀来县平安寨向斜盆地（图 4-1）[59]，面积约 25 km²，为一东西向略长，中心偏南的菱形。其核部为杏石口组及南大岭组及下花园组，翼部为寒武纪、青白口纪及蓟县纪地层。杏石口组以角度不整合超覆于下伏各时代地层之上，由向斜之西至向斜之东南，分别覆于张夏组、馒头组、昌平组、长龙山组及下马岭组等各时代地层之上，走向上显示出明显的角度不整合接触关系。从平安寨向斜可见

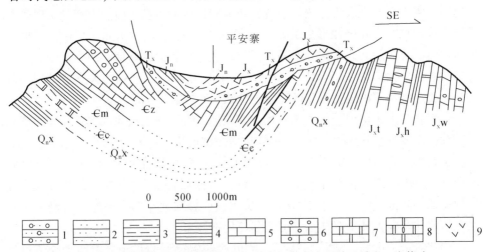

图 4-1　怀来县平安寨褶皱剖面图（据 1989 年河北省区域地质志，有修改）

1. 砾岩；2. 石英砂岩；3. 粉砂质页岩；4. 页岩；5. 灰岩；6. 鲕状灰岩；7. 白云岩；8. 叠层石白云岩；9. 安山岩；Jxw. 雾迷山组；Jxh. 洪水庄组；Jxt. 铁岭组；Qnx. 下马岭组；Qnc. 长龙山组；Ec. 昌平组；Em. 馒头组；Ez. 张夏组；Tx. 杏石口组；Jn. 南大岭组；Jx. 下花园组

两种不同的褶皱形式推测，晚三叠世以前形成的褶皱较紧密，北翼产状向南缓倾，倾角为19°～44°；南翼向北陡倾，倾角为67°～75°。局部直立，甚至倒转，横剖面呈不对称的箱状。晚三叠世—侏罗纪以后形成的褶皱较开阔、翼部产状倾角为20°左右。分布于原向斜轴部，其中心向北偏移。这两种褶皱形式都呈东西向展布，表明是处于同一应力场，但属于不同构造阶段的产物。据此，该盆地应存在着二期构造运动，晚三叠世以前属于印支运动第一期，晚三叠世—早中侏罗世应属于印支运动二期的产物。

4.3　向斜向复向斜发展

4.3.1　向斜轴部反转成为次级背斜

前面论述了燕辽向斜在三叠纪末期被填平，早侏罗世初期燕辽造山带呈现出东西向—北北东向的宽广平缓，沟谷河流遍布，洼地沼泽众多的河网-沼泽-湖泊地形特征。例如，金岭寺—羊山盆地西侧北票组含煤地层为一套滨浅湖-半深湖沉积，沿断裂构造的两侧未见边缘相，因此，有人认为金岭寺—羊山盆地与西侧的北票盆地在早侏罗世期还是统一湖盆[60]。但同时，燕辽向斜也从早侏罗世开始，在南北向的挤压应力下南北向地壳进一步缩短，其轴部发生了构造反转，即由向下凹陷转而成为了向上褶皱隆起。至中侏罗世时，燕辽向斜的轴部最终褶皱隆起而成为了次一级背斜山，燕辽向斜发展成为了复向斜。在燕山地区，可见早侏罗世与中侏罗世之间的不整合，如早侏罗世宣化常家庄花岗岩与中侏罗世髫髻山组之间的不整合接触（图4-2），便应是燕辽向斜轴部向上反转成为轴部次级背斜所造成的不整合。

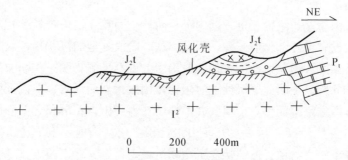

图4-2　早侏罗世宣化常家庄花岗岩与中侏罗世髫髻山组之间的不整合接触
（据1989年河北省区域地质志，有修改）

P_t. 前寒武系；I^2. 早侏罗世常家庄花岗岩；J_2t. 髫髻山组

再有，承德西尤家沟见下花园组煤系地层被褶皱，褶皱轴向北东东70°～

80°，两翼倾角20°~30°，宽缓波状，并被九龙山组不整合覆盖，也应是原向斜轴部反转成为轴部次级背斜的反映（图4-3）。

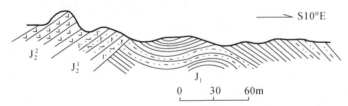

图4-3　中侏罗统与下侏罗统之间的角度不整合剖面示意图（承德市西尤家沟）

（据1989年河北省区域地质志，有修改）

J_1. 下花园组；J_2^1. 九龙山组；J_2^2. 髫髻山组

　　由于燕辽向斜轴部反转成为了次级背斜，造成了燕辽向斜轴部地层从新至老依次逐渐被剥蚀并被搬运至附近盆地中沉积下来，而呈现出"反序"沉积特征。例如，辽西地区北票盆地属于复向斜北翼次级向斜盆地，其下侏罗统下部兴隆沟组第一层砾石主要来源于盆地周缘相邻隆起区前中生代沉积地层，为石英岩质砾岩，磨圆较好，分选中等，为盆地形成初期缓慢凹陷的产物。北票组下部的砾石主要来源于兴隆沟组火山岩，且自下向上火山岩砾石明显减少，分选、磨圆较差，为山间河流冲积相沉积。再向上的砾岩中出现大量花岗岩、片麻岩及角闪岩砾石，砾石最大扁平面倾向西，表明盆地西缘的太古代变质岩及结晶基底开始遭受剥蚀，并成为盆地物源的一部分。中侏罗统下部海房沟组砾岩非常发育，砾岩层厚度达到46 m，砾石成分主要为花岗岩及片麻岩，表明盆地西缘的太古代变质岩及结晶基底此时已全面快速出露剥蚀并成为盆地的主要物源。据此反映了北票盆地沉积了从背斜山剥蚀而来向向斜盆地沉积的沉积物，才呈现出"反序"特征。

　　再有，由于这一阶段已进入陆内沉积阶段，而燕辽造山带处于相对封闭的环境则意味着没有了外部物质来源，因此，这一阶段盆地的沉积物一般来自于附近的山系。翁文灏认为北京西山盆地九龙山组的砾石来源表明一些断块曾大幅度急剧上升，凡此皆以证明此层沉淀之时侵蚀作用之猛烈而深入，即以证明此层生成以前造山作用之急剧而伟大。但我并不怀疑在髫髻山岩系沉积之前确已发生重要的变形和剥蚀[61]。换句话说，九龙山组沉积之前，该地发生了造山作用，使西山地区出现了一个盆地，才能接受沉积物沉积。再有，北京西山盆地盆缘的军响一带发育了九龙山组冲积扇砾岩及下花园盆地的下花园组上部发育了粗碎屑沉积，上述砾岩呈现出"反序"沉积特征，被认为与盆地周围山系的抬升有关。这应标志着燕辽向斜的轴部发生构造反转而成为山脉，才能为附近的盆地提供沉积物。

4.3.2　两翼次级向斜盆地的形成

由于燕辽向斜轴部向斜盆地反转成为背斜山，原向斜的开阔盆地便向小型盆地发展，而发展成为了复向斜南北两翼的次级向斜盆地。据以往的区域地质研究资料，燕辽造山带从晚三叠世至中侏罗世，盆地数量渐多，沉积分布由小到大，火山喷溢由弱到强[62]。这应是原向斜盆地从一个统一的大型盆地发展为南北两翼的次级盆地，而南北两翼的次级盆地开始时盆地的范围比较小，随着构造的发展逐渐变深变大的构造过程。

位于北安河附近大牛道山一带的鬐髻山向斜，其南翼九龙山组不整合于寒武系之上，其北翼雁翅一带九龙山组也不整合在上寒武系之上（图 4-4），而该向斜的内部大台一带则见两者的假整合关系。这一接触关系应标志着鬐髻山向斜以大台一带为沉积盆地中心，从沉积中心向两翼超覆沉积在寒武系之上而出现不整合接触关系。因此，上述地层特征可以作为南翼次级向斜形成，并逐渐变深变大的标志。

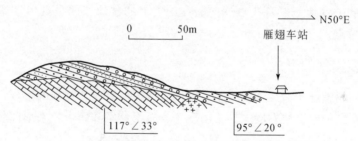

图 4-4　雁翅车站附近九龙山组不整合在寒武系灰岩之上
（据 1989 年河北省区域地质志，有修改）

再有，燕辽造山带从晚三叠世至中侏罗世，盆地数量渐多。而且，燕辽造山带在早、中侏罗世，不同盆地间的地层岩相变化迅速、地层厚度变化较大。例如，南大岭组在西山八大处大于 767 m，官厅—阳坡为 547 m，大台为 362 m，大安山 236 m，抱儿水一带仅 15 m。滦平大石棚一带厚 194 m，往北至王营子一带厚 59 m，平泉、下板城一带厚 304 m，宣化崔家代附近厚 268 m。下花园组在蔚县白草窑一带厚 193 m，北水泉东沙坡厚仅 80 m，郑家窑一带厚 134～379 m，赤城古子房一带厚 100～123 m，宣化下花园一带厚 568 m，百花山盆地厚 213～1 079 m，抚宁柳江盆地厚 357 m，丰宁县火石岭等地厚 286 m，丰宁石人沟盆地厚 215 m，承德大庙梁盆地厚大于 70 m，平泉—下板城沿武家厂、上谷、小寺沟一线厚 279 m。中侏罗世九龙山组沉积也具有上述厚度变化特征，如蔚县白草窑一带九龙山组厚 80～190 m，滦平盆地大石棚一带九龙山组厚 237 m，王营子至周营子一带九龙山组厚 54 m，承德胡杖子九龙山组厚仅 43 m，平泉雅图沟九龙山组则厚 80 ~ 163 m。上述沉积特征反映了南北两翼的次级盆地不是统一的一个盆地。

　　由于轴部背斜山的形成是逐渐向上隆起的，它使燕山地区的同一不整合面（如髫髻山组与九龙山组）在某些盆地特征清楚（如在北京西山），而在另一些盆地则不出现或特征不明显（如承德盆地）。而且，两翼沉积盆地的沉积中心还呈现出侧向迁移特征，如冀北下板城盆地是一个典型的不对称盆地，三叠纪时位于燕辽向斜的轴部位置，其沉积相分析显示为一个较开阔的河谷。早侏罗世早期，下板城盆地发生了沉积环境和构造的剧变，东西向的河流谷地被自北而南的冲积扇快速充填，盆地沉积中心逐渐向北迁移，最终被下花园组上部巨厚的砾岩层充填。笔者认为，这一现象应是燕辽向斜轴部逐渐隆起成为背斜山的过程中，开始时承德地区位于较近盆地中心，髫髻山组与九龙山组之间的不整合便不出现。当背斜山升高、变大之后，髫髻山组与九龙山组之间的不整合便较为明显。同时，随着背斜山的升高、变大，又使向斜盆地的沉积中心只得向外迁移。再有，由于复向斜中的向斜是燕辽向斜的次级构造，因此，由次级向斜控制的盆地是发育在燕辽向斜盆地之上的盆地，便呈现出小型上叠继承性盆地的特点。

4.3.3　复向斜的形成

　　随着向斜轴部构造反转成为了背斜山及两翼次级向斜盆地的形成，燕辽造山带从一个开阔的向斜便发展成为了由三个长条形背斜和两个长条形向斜等五个次级褶皱组成的复向斜。

　　（1）原向斜南翼沿河北涞源、香河、宝坻、滦县一线出露太古代—元古代地层，向东伸入辽宁绥中、兴城、葫芦岛、北镇、医巫闾山等地出露太古代—古元古代地层，辽西地区还发育了一条北东向以辉长岩-石英闪长岩-花岗闪长岩为主的基性-中性幔源型岩浆岩带，代表性岩体有山海关的杨杖子一带的张相公屯斑状二长花岗岩、圣宗庙钾长花岗岩、碱厂二长花岗岩等，很可能是次级背斜轴部的反映。

　　（2）原向斜蔚县、北京西山、蓟县、建昌营、永安、义县、阜新一线，在燕山地区包括蔚县盆地、百花山盆地、蔡园盆地、建昌营盆地和柳江盆地等，辽西地区包括永安盆地、义县盆地和阜新盆地等，构成了原向斜的南翼次级向斜。密云四干顶闪长岩、兴隆王坪石花岗岩、青龙汤道河花岗岩等，可能是次级向斜轴部的反映。

　　（3）原向斜的转折端尚义—赤城—大庙—娘娘庙—佛爷洞—老爷洞—朝阳—北票—旧庙一线发生构造反转，出露元古代地层，成为了次一级背斜的核部。髫髻山组火山活动大致沿尚义-赤城-大庙-娘娘庙-佛爷洞-老爷洞-朝阳-北票-

旧庙断裂带中东段南北两侧以线性延伸,构成为东西向的火山岩带,显示出挤压造山带岩浆作用的特征[63~65],应是原向斜的轴部处于挤压环境的反映。崇礼谷咀子花岗岩也可能是其轴部反映。

(4) 北翼次级向斜沿张北、沽源、上黄旗、张三营、喀左、北票一线发育,包括了张北盆地、沽源盆地、上黄旗盆地、张三营盆地、喀左盆地、北票盆地和黑城子盆地等盆地,沉积了南大岭组。

(5) 原向斜北翼康保、围场、凌源、建平、西官营子一线出露的太古代—元古代地层成为了次一级背斜的核部。燕山地区的北翼次级背斜由于后期向下倾伏,现沿康保—围场一带零星出露次级背斜轴部。辽西地区北翼次级背斜由于后期构造的影响,现呈北东向出露。

4.3.4 原向斜的南北两翼呈现不同升降状态

随着燕辽向斜向复向斜的发展,燕辽复向斜的两翼还出现了差异性升降运动[66]。早侏罗世时,燕辽复向斜南北两翼表现为各自独立的盆地沉积。南翼次级向斜的下花园组沉积范围广,地层厚度大,含煤层多且稳定;向北的涿鹿–延庆–密云–兴隆–喜峰口–青龙–药王庙–南票–阜新–哈尔套断裂以北、丰宁–隆化深断裂以南的下花园组沉积盆地少,范围小,地层厚度不大,且多不含煤或少含薄层煤和煤线。九龙山组在涿鹿–延庆–密云–兴隆–喜峰口–青龙–药王庙–南票–阜新–哈尔套断裂以南,多直接超覆于中新元古界和古生界之上;涿鹿–延庆–密云–兴隆–喜峰口–青龙–药王庙–南票–阜新–哈尔套断裂以北,沉积较少,仅分布于承德、滦平和平泉、下板城以北有少数盆地。这一沉积特征反映了南翼沉积盆地较深,北翼沉积盆地较浅的沉积环境。换句话说,当时的燕辽造山带应处于南翼次级向斜盆地相对下降、北翼次级向斜盆地相对上升的构造环境。

中侏罗世时,燕辽造山带转而成为南翼上升、北翼下降的构造环境。在蔚县、北京西山和赤城—延庆等地,髫髻山组一般厚度在1 000 m以上;而平泉—下板城等地髫髻山组火山堆积厚达数千米。凌源牛营子—郭家店盆地和抚宁柳江盆地,现分别位于北翼次级向斜和南翼次级向斜,都沉积了北票组,其岩性组合、植物化石组合相似,均为粗碎屑湿地扇三角洲沉积与湖相细碎屑沉积,含煤。砾石成熟度和结构成熟度均较高,砾石以石英岩、石英砂岩为主,圆状–次圆状,分选较好。但牛营子—郭家店盆地北票组厚大于950 m,柳江盆地北票组厚度仅有57 m。上述这些反映了燕辽向斜的北翼开始处于缓慢下降、南翼上升的构造环境,与早侏罗世时不同。

4.4　断　　裂

由于燕辽向斜发展为复向斜，原向斜的配套断裂也发展成复向斜的配套断裂。但断裂的性质发生了新的变化，主要是随着构造应力的进一步发展，形成了东西向逆冲推覆断裂系[18,67~69]。并且，从九龙山期到髫髻山期，断裂活动逐渐加强，意味着随着复向斜的发展，断裂也随之逐渐发展。

4.4.1　纵断裂

1. 新生的纵断裂

随着向斜进一步褶皱成为了复向斜，三个次级背斜和两个次级向斜又各自发育了其轴部纵断裂。南北两翼的次级背斜可能以原向斜的两翼断裂作为其轴部纵断裂，这两条断裂在前面已述，此处不赘述。而南北两翼次级向斜的轴部纵断裂因位于地表深部而不出露。

随着向斜轴部的反转，原向斜的轴部纵断裂也反转成为了轴部次级背斜的轴部纵断裂。因为轴部纵断裂在向斜阶段出露于地表的是向斜的内弧，其力学性质表现为压性。在复向斜阶段，地表出露的地层由原向斜的内弧向上隆起而转变为次级背斜的外弧，该断裂的力学性质发生了反转，转变为张性断裂。并且，随着构造的发展，轴部纵断裂逐渐张开，构成原轴部次级背斜核部的地层（从太古界直到晚古生界）也一分为二，沿尚义—赤城—大庙—娘娘庙—佛爷洞—老爷洞—朝阳—北票—旧庙一线成为了裂开的轴部次级背斜北翼，沿怀安—涿鹿—延庆—密云—兴隆—喜峰口—青龙—药王庙—南票—松岭山脉—骆驼山—哈尔套一线成为了裂开的轴部次级背斜南翼。而轴部纵断裂在现今地质图上也显示为南北两条近平行断裂：一是北翼沿尚义—赤城—大庙—娘娘庙—佛爷洞—老爷洞—朝阳—北票—旧庙发育；另一是南翼沿怀安—涿鹿—延庆—密云—兴隆—喜峰口—青龙—药王庙—南票—松岭山脉—骆驼山—哈尔套发育。由此，轴部次级背斜被成为了南北两条地层分布带，复向斜的形态遭到了破坏。

随着轴部纵断裂的裂开，位于轴部次级背斜的南翼与北翼之间的宣化、后城、滦平、承德、平泉、黑山科、羊山、章吉营、紫都台等地成为了轴部纵断裂张开后所形成的裂隙盆地。该裂隙盆地长达 1 200 km、宽 50~80 km，以前认为是大型推覆构造带前缘盆地[70]。在辽西地区，该盆地虽然表现为北东向展布，但其盆地沉积特征、构造特征与燕山地区东西向盆地相类似[71]。因此，它原应属于复向斜的东西向盆地，只是由于后期被扭转才改变成北东向。笔者认为，由于这一狭长盆地位于次级背斜的转折端，应具裂隙性质。因此，我们也可以把它看作是一条大型的轴部纵断裂裂隙盆地。该裂隙盆地在燕山地区发育了南大岭组和下花园组作为其裂隙充填物，在辽西地区则发育了兴隆沟组、北票组和兰旗组作为裂隙充填物。

该裂隙盆地在早侏罗世时沉积了南大岭组河湖相含煤砂页岩和河流相红色砂（泥）砾岩，具有明显的沉积分化现象，这表明燕辽向斜在早侏罗世时其轴部就已发生了构造反转，并裂开发展出各自独立的盆地，而还未能发展成为统一裂隙盆地环境。南大岭组火山活动以线性裂隙式弱喷发为主，近火山口相的粗火山碎屑岩发育，显示了沿东西向、北东东向张性纵断裂喷发特征。邵济安等根据 Th、Nb、Ta、Hf 等元素作为玄武岩形成的构造环境判别标志，判断南大岭玄武岩属于陆内拉张带或初始裂谷玄武岩[72]。据此推测次级背斜的轴部纵断裂由于张开而成为了火山岩的喷发通道，而发育了拉张环境下的裂隙式溢流相喷发的钙碱性玄武岩活动[73,74]。在时间演化上，南大岭组早期普遍以宁静式的大陆裂谷式熔浆溢流喷发；中期由溢流转为弱爆发，近火山口相火山角砾岩和集块岩增多；晚期喷溢趋于减弱，以溢流相熔岩堆积结束南大岭期的火山活动。南大岭组从裂谷相发展到溢流相喷发特征应意味着随着纵断裂的逐渐张开，火山喷发活动逐渐变强，火山岩分布逐渐变广，厚度变厚。下花园组沿尚义–平泉深断裂两侧呈东西向分布于尚义—赤城、下花园、宣化、阳原、蔚县、京西、滦平、丰宁、承德和平泉、下板城等地，呈现出东西向和北东东向带状分布的河网–沼泽地貌景观则受到东西向构造的控制。而下花园组以红色砂岩、砂质砾岩为主，其沉积分布由小到大，沉积厚度为 40~1 000 m，反映了随着构造的发展，轴部纵断裂进一步裂开，盆地范围也随之扩大。

辽西地区也反映出这一裂隙发展特征。在辽西地区沿黑山科、羊山、章吉营、紫都台一线发育了早侏罗世兴隆沟组和北票组，以及中侏罗世兰旗组。兴隆沟组继承了印支运动内陆小型盆地的特征，反映了断裂刚刚张开的构造环境。其上北票组的分布范围大于下伏兴隆沟组的分布范围，其垂向沉积相序列一般为底部冲积扇相，下部河流沼泽相，中部浅水型三角洲相，上部半深–深湖相，反映出北票组沉积时断裂逐步变深的发展过程。中侏罗世兰旗组的沉积盆地也较前期的沉积盆地规模大，其火山活动沿北东向断裂作裂隙式和中心式喷发，反映了随着原复向斜的轴部纵断裂的张开，其分布逐渐变广，厚度变厚。而且，辽西地区还可见从早侏罗世开始，其盆地范围逐步扩大，如三叠世的羊草沟盆地、石门沟盆地联合成为金岭寺—羊山盆地，北票盆地向北西扩展为北票—哈尔脑盆地，这应反映了随着地层弯曲程度的变大，该裂隙渐变宽大、盆地范围进一步扩大、沉降深度加大的过程。值得注意的是，兰旗组原始方向应为东西向，与现燕山地区髫髻山组的分布方向一致，而现盆地总体上北东向展布，应是后期扭转所致。

我们从附图中还大约可以看出辽西地区复向斜的轴部次级背斜被裂开后的构造形态。图4-5可见，辽西地区的基底变质岩系沿着四条北东向地层分布线出露构成背斜，间于这四条北东向基底岩系出露区的是三个北东向向斜盆地。而燕山地区由于后期受到构造的破坏，复向斜的构造形态已不太明显。但其轴部纵断裂裂开后所形成的裂隙盆地及北翼次级盆地还是比较明显的，南翼的次级盆地只在燕山西段较为明显，东段由于受到秦皇岛隆起的影响只剩下一些孤立的残留盆地。

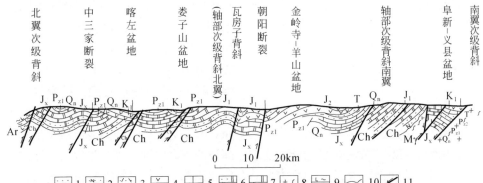

图4-5　凌源—锦州复向斜构造剖面示意图（据1989年辽宁省区域地质志，有修改）

1. 砂岩、砂砾岩；2. 石英砂岩、长石石英砂岩；3. 凝灰质砂岩；4. 安山岩；5. 灰岩；6. 含砂白云岩；7. 白云岩；8. 混合花岗岩；9. 黑云斜长片麻岩；10. 不整合及整合界线；11. 断层；K. 下白垩统；J_2. 中侏罗统；T. 三叠系；Pz_2. 上古生界；Pz_1. 下古生界；Qn. 青白口系；Jx. 蓟县系；Ch. 长城系；Ar. 太古界

2. 逆冲推覆构造

由于燕辽向斜向下弯曲，在地表出露的是向斜内弧的压性纵断裂，在地壳深处则出露向斜外弧的张性纵断裂。至复向斜阶段，地表出露的压性纵断裂在南北向构造应力的持续作用下由韧性变形发展到脆性变形，最终在中侏罗世末发展成为逆掩断层及逆冲推覆构造。逆冲推覆构造被卷入的地层不仅有盖层，也有基底岩系，显示了强烈的构造特征。典型的例子如在兴隆喇嘛沟所见（图4-6）。在喇嘛沟，见奥陶系马家沟厚层灰岩低角度逆掩在石炭—二叠系煤系之上。二者之间，沿奥陶系顶部假整合面为一走向东西、向南倾斜10°左右的逆掩断层。断层下盘为石炭—二叠系组成的向斜构造，由南向北依次为二叠系茂山组砂岩，荒神山组砂页岩夹煤系，石炭系喇嘛沟组砂页岩夹煤系，马圈子组砂岩及北山组底部砾岩；下部假整合面之下，出露马家沟组块状灰岩，二者以断层接触。断层上盘为中新元古界、寒武系及奥陶系组成的同斜倒转背斜，依次出露寒武系馒头组页岩，府君山组灰岩，青白口系景儿峪组灰岩及蓟县系雾迷山组灰岩。层序全部倒

转，缺失多层岩系，各层系之间皆为断层接触，断面一律向南倾斜，倾角大约60°，依次由南向北逆冲，呈叠瓦状。层系内部还有低级别小冲断带。逆冲断层的推覆距离基本在数千米以内[75]。在兴隆煤田南侧近东西向逆冲推覆系统，沿逆冲推覆构造有中生代晚期辉绿岩侵入，控制了兰旗组的火山喷发带，并被火山岩（148 Ma[8]）所覆盖，限定了逆冲变形形成于 161 ~ 148 Ma。因此，其发生逆冲推覆时间应在中侏罗世末期。

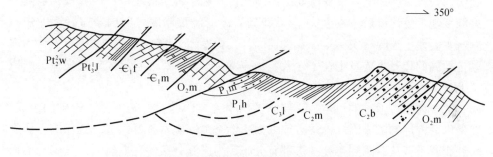

图 4-6 兴隆喇嘛沟东西向推覆构造系统剖面示意图

（据 1989 年河北省区域地质志，有修改）

P_1m. 上二叠统茂山组；P_1h. 下二叠统荒神山组；C_3l. 上石炭统喇嘛沟组；C_2m. 中石炭统马圈子组；
C_2b. 中石炭统北山组；O_2m. 中奥陶统马家沟组；$\in_1m$. 下寒武统馒头组；$\in_1f$. 下寒武统府君山组；
Pt_3^1j. 新元古界景儿峪组；Pt_2^2w. 中元古界雾迷山组

辽西地区的逆冲推覆构造也主要发育于中侏罗世[76]，如汤神庙盆地西侧太阳山一带，下古生界寒武—奥陶系逆冲于二叠系、三叠系及下侏罗统北票组之上，但逆冲断层被中侏罗统髫髻山组所覆盖，说明逆冲推覆活动发生在中侏罗世之前。

某些东西向逆冲推覆构造带，最后还发展成为叠瓦式构造带，如在崇礼四道沟一带，侏罗系之上发育一系列叠瓦状逆冲推覆构造，推覆距离约 1 km，整体推覆带推覆距离 3 ~ 9 km。河北赤城于家沟逆冲推覆构造带，由 4 条主干断层组成，在平面上呈近东西向延伸，在剖面上其断面在地表处较陡，向深处变缓，渐与基底大断裂汇合为一，组成叠瓦式构造。密云–喜峰口断裂带在这一阶段也成为次级叠瓦状逆冲断裂系，并且在逆冲断层前锋形成许多小型飞来峰构造，反映了逆掩断层的低角度特征。在兴隆北部平安堡煤矿一带，该断层上盘长城系高于庄组白云质灰岩逆冲于下盘石炭系煤系之上，地表断层产状为 170°∠43°；在断层上盘还发育了一系列次级逆掩断层，产状约为 155° ~ 185°∠40° ~ 77°；这些逆掩断层向下延伸，均归并于兴隆主逆掩断层之上。根据兴隆矿区的钻孔资料估算，推覆体最小位移距离达 20 km[77]。

3. 内蒙古地轴的形成

1954 年，黄汲清将内蒙古大青山直到辽宁彰武柳河呈东西向出露的前寒武纪结晶基底称为"口北地障"，口北地障与阿拉善三角地构成内蒙古地轴。内蒙古地轴长期以来被认为是自元古代一直存在的古陆，是华北克拉通北缘的重要构造岩浆省，它阻隔了中新元古代及古生代南北两侧海水的沟通。然而，许多研究表明内蒙古隆起之上曾发育巨厚的中新元古代和早古生代地层，因此其构造隆升可能在晚古生代以后才发生[78~80]。花岗岩体的侵位深度表明内蒙古隆起的强烈剥露主要发生在晚石炭—早侏罗世期间，其幅度超过 15.7 km[81]。也有人认为内蒙古地轴的隆升主要发生在中生代，由平泉–古北口断裂向南大规模逆掩，造成了上盘基底变质杂岩广泛剥露[18、82]。

关于内蒙古地轴的讨论，主要涉及两个主要问题：一是内蒙古地轴的组成；二是内蒙古地轴的成因。内蒙古地轴的主体是由红旗营子群组成。近年的工作表明红旗营子群从冀东到崇礼一带都有分布，为广泛分布的变质岩系。这就表明内蒙古地轴与燕辽沉降带一样都具有相同的基底。以往认为内蒙古地轴的盖层与燕辽沉降带不同。但近年发现内蒙古地轴之上的沉积盖层也与燕辽沉降带一致，如隆化姚吉营的长城系常州沟组，宽城地区的下古生代地层，明安山—锦山一带的寒武—奥陶系，化德—康保地区的石炭—二叠系的沉积，虽然由于构造破坏只零星出露，但可作为地轴上曾经存在盖层沉积的证据。张长厚等也认为沿丰宁–隆化断裂下盘（南盘）分布的长城系地层序列和主要岩性，完全可以和承德南部的同时代地层对比，只是地层厚度较小[56]。近年来的研究还认为冀西北与京西发育相同的下、中侏罗统[83]，应意味着在中侏罗世之前冀西北与京西处于相同的构造环境，即内蒙古地轴与燕山沉降带具有相同的沉积构造环境。因此，内蒙古地轴与原燕山沉降带有着相同的物质组成，内蒙古地轴与燕山沉降带应为同一构造单元。

再有，关于隆化一带出露的中上元古界，以前认为是燕辽沉降带自南向北推覆的结果。果真如此的话，这一推覆构造规模一定很大，而且其间须经过承德–平泉断裂和大庙–娘娘庙断裂这两条断裂，这种可能性是值得置疑的。我们在野外只见上述二条断裂由北向南推覆的证据，而未见自南向北推覆的证据。Davis 和郑亚东等认为现今承德下板城附近由两条近东西向的吉余庆断裂–双庙断裂所夹地块，为晚侏罗世沿低角度逆冲断裂向北位移而形成的外来"承德逆掩片"。该逆掩岩片由土城子组、髫髻山组和九龙山组、中元古代长城系和部分蓟县系组成，其向北推覆距离大于 40 km。由于该岩片至今未找到其推覆根带，而在承德县新杖子乡大东营长城系处于"承德逆掩片"之外，紧邻吉余庆断裂处，其下部常州沟组不整合于太古代变质岩之上；在逆掩片内的承德小范杖子乡南台村附近，见长城系底部与太古界呈不整合接触。而且，该岩片的中生代地层也与岩片外的中生代地层在沉积特征和分布、地质界限，乃至断层和延续性等都保留了相对完整而统一的盆地轮廓。据此显示其为原地沉积系统，该逆掩片应为一大型构造透镜体（图 4-7）。所以，虽然隆化一带的中新元古界呈构造角砾岩出露，但它与下伏岩系呈角度不整合说明它是原地岩系。因此，笔者认为它应是丰宁-隆化断裂的大型构造角砾岩，而非构造远程推覆所致的构造角砾岩。

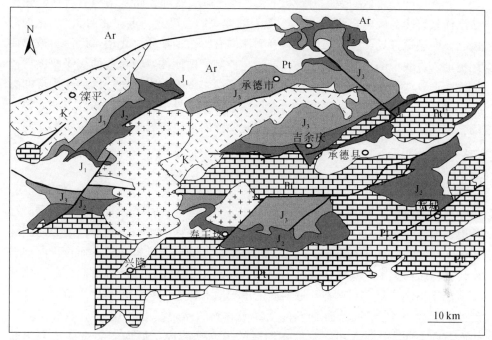

图 4-7　承德地区地质简图（据 1989 年河北省区域地质志，有修改）

再有，在内蒙古地轴上发现众多印支期花岗岩，而燕山沉降带却不发育同期花岗岩，由此也认为这两个构造单元发展历史不同。但近年来在怀柔县北部七道河附近发现的西沟花岗岩年龄为 207 Ma（锆石铀钍铅法），它与内蒙古地轴上众多同期岩体组成印支期侵入岩系列，似乎可以印证这两大构造单元具有相同的地质发展历程。

那么，"内蒙古地轴"是如何形成的？笔者认为，内蒙古地轴应是轴部次级背斜被裂开为南北两翼时，因为北翼受到蒙古—鄂霍次克洋关闭形成的南北向挤压应力场的影响较为严重，其沉积盖层或被剥蚀，或被覆盖而未见出露，同时许多浅层次的构造也被剥蚀，而出露基底岩系所致。前面论述的沉积"反序"现象，多发育于原燕辽向斜的北翼，意味着原燕辽向斜北翼处于上升状态，经过上升遭受剥蚀而成为了内蒙古地轴。

4.4.2　共轭断裂

随着复向斜构造的发展，共轭断裂也逐渐加深对地层的切割。特别是走向北东向的一组共轭断裂，在野外可见其切割了上三叠统、下侏罗统，又被中侏罗统地层不整合覆盖。而且，北东向的一组共轭断裂还常被褶皱而发展成为了向斜盆地。

北西向的马市口-松枝口断裂，位于张家口市西部，向东南经右所堡、化稍营至松枝口南，区内长约130 km。断裂的地表形态笔直，走向北西30°。化稍营以北，断裂通过迁西群分布区，具有明显的右行扭动性质。化稍营以南，被第四纪覆盖，由线形的顺向壶流河谷显示。它控制了两侧侏罗纪盆地的沉降幅度或褶皱强度。其西侧蔚县盆地堆积较薄，褶皱平缓，地壳相对稳定。以往认为该断裂在中晚元古代已存在，侏罗纪时为继承性活动，中晚白垩世断裂局部仍有差异活动，但其主要活动期应在早侏罗世。因此，该断裂也应属于共轭断裂中的北西向一组。

4.4.3　次级褶皱与断裂

在这一阶段，复向斜中的次级背斜和次级向斜又发育了各自的配套断裂。这些配套断裂也常常发生逆冲推覆作用及对冲现象，因为，一条断裂位于原向斜北翼的次级向斜南翼或次级背斜北翼，便将出现断裂向北推覆现象；而位于原向斜南翼的次级向斜的北翼或次级背斜南翼的断裂，则将出现向南推覆的现象。当燕辽造山带出现了复向斜构造，原向斜的南翼既有次级向斜，也有次级背斜。原向斜的北翼也一样。由此，原向斜的南翼或北翼的断裂便可以有些断裂向北逆冲，也有些断裂向南逆冲。再有，后期构造的影响又造成了原向斜在有些地段出露原向斜的内弧，有些地段出露原向斜的外弧，导致原燕辽向斜纵断裂所具有的南北对冲现象被复杂化，如密云-喜峰口断裂带的小型逆冲断层、牵引褶皱，以及断层带内发育的破碎带、碎裂岩-断层角砾岩带、断层泥砾-糜棱岩带、挤压片理化-糜棱岩带等微小型构造，均指示主逆掩断层造成太古宙片麻岩系由南向北逆冲，以致有人认为它是一条由南向北逆冲的断裂构造[84]。但该断裂在不同地段分别表现为北盘上升，或南盘上升[85]，其逆冲方向表现为喜峰口以西向北倾，以东向南倾，以致有人认为该断裂由北向南的逆冲构造[64]①。笔者认为，该断裂之所以不同地段表现出不同的上升状态和逆冲方向可能是上述构造现象的反映。

---

① 1∶25万承德幅地质大调查报告，2002年。

4.5　复向斜的消亡

燕山地区从早侏罗世下花园组开始出现超覆沉积现象，九龙山组沉积范围又进一步扩大，至髫髻山组时出现面状沉积，但也出现了辫状河作用为主的扇三角洲沉积与浅湖相沉积，其地层厚度变化也较大。至中侏罗世末期，又沉积了红色含砾类磨拉石建造等，似乎意味着由于沉积物持续向次级向斜盆地充填，以及次级背斜遭受剥蚀夷平，复向斜逐渐向平原化发展。

北京西山盆地可代表复向斜南翼的次级向斜盆地从晚三叠世的形成到中侏罗世末的消亡的整个过程。据李海龙等[86]，北京西山的龙门组、九龙山组和髫髻山组这三个组之间为不整合接触关系，这三个不整合面在空间上最终收敛于髫髻山组之下的不整合面，属于同时异相的产物。龙山组为一种扇形冲积物[87]，九龙山组为上火山岩系的底部砾岩[88,89]，髫髻山组为面状喷发，相当于部分九龙山组，两者时代相差不多[90]。九龙山组自下而上火山物质是逐渐加多的，而髫髻山组底部的沉积物质是逐渐减少的。因此，髫髻山组火山岩、九龙山-龙门组砾岩具有同时异相性。据此笔者认为，九龙山组和龙门组应处于南翼次级向斜沉积盆地的边缘相环境，从龙门组到髫髻山组代表了南翼次级向斜盆地从生成到发展到消亡的整个过程。

赵越[26]对北京西山侏罗纪盆地分析也表明北京西山盆地于中侏罗末消亡。该向斜自下而上包括寒武—奥陶系海相碳酸盐岩建造、石炭—二叠纪滨海平原型含煤建造、早侏罗世陆相含煤建造，以及中侏罗类磨拉石建造和中性火山岩建造。晚三叠世末至早侏罗世初，北京西山为开阔谷地环境。早、中侏罗世之交，在南大岭组之上发育了冲积平原，并演化成下花园组三角洲-沼泽相环境。中侏罗世早期，北京西山盆地周缘山系的缓慢抬升，盆地逐渐封闭，中心区湖水加深。中侏罗世中期，在盆地的边缘形成了与盆缘褶皱、断裂相关的扇状砾岩体。而盆地中心依旧保持较深水湖相环境。九龙山组沉积时，古积山庄-教军场背斜褶皱隆起，盆地分化，盆地沉积中心向北迁移，形成妙峰山和北岭两个残余盆地。伴随九龙山期变形，谷积山庄-教军场背斜发生不均匀挤压，黄土台-大安山断裂形成、发展，髫髻山向斜南翼的九龙山组内可见同斜倒转褶叠层[6]。髫髻山期，其底部以安山质砾石砾岩、卵石砾岩为主，砾石大小相差悬殊，排列无明显定向性。粒度小者常呈次棱角状，充填在大粒度砾石之间，起支撑、充填作用。松散胶结，胶结物为泥质、钙质。上述典型的火山泥石流堆积特征反映髫髻山组早期断陷盆地边还缘处于十分不稳定的差异升降状态。髫髻山组沉积晚期，妙峰山向斜和北岭向斜进一步褶皱，北京西山盆地逐渐消亡。

在辽西地区，中侏罗世时开始出现盆岭构造，但各个盆地边缘也未见明显的边缘相沉积，盆地和隆起之间的逆断层在盆地沉积阶段并不控制侏罗系沉积，真正控制这些盆地沉积发育的是盆地内部北东向的中晚侏罗世沉积断层，推测上述盆地在中晚侏罗世时期可能是一些既相互分隔，又局部连通的盆地。所以，各个盆地岩性、岩相、沉积建造才基本相同，可以对比。换句话说，当时应处于面状沉积环境，如兰旗组广泛分布于北票盆地、金岭寺-羊山盆地、凌源-三十家子盆地、邓杖子盆地西部及汤神庙-建昌盆地，几乎遍及整个辽西地区，其火山岩均不整合在已褶皱变形的冲断层之上，说明辽西地区在中侏罗世末期处于统一的构造环境。换句话说，辽西地区的复向斜次级盆地于中侏罗世末期消亡。

顺带说一句，王鸿祯等根据岩相古地理研究提出，晚三叠世—侏罗纪期间中国东部曾经存在一个华北高地，在不同阶段其分布范围发生逐渐变化[91]。也许上述关于燕辽造山带从向斜向复向斜的转变可以作为华北高地分布范围发生变化构造上的佐证。

4.6 岩浆活动

在复向斜阶段，在南北向的挤压应力下，向斜向复向斜的反转，燕辽造山带的地壳进一步缩短，其构造活动越来越强烈，其岩浆活动也越来越强烈。早中侏罗世的岩浆活动一般都混入了地幔成分，如南大岭期火山岩一般认为其火山岩岩浆来源于富集的岩石圈地幔，可能有部分相当于华北下地壳组分的物质进入地幔源区[92]。辽西地区与南大岭期相当的兴隆沟期为高镁英安岩，具有典型的埃达克岩地球化学特征，也被认为是古亚洲洋壳残片部分熔融形成，并受到地幔的混染，应意味着构造运动的影响已达到了地幔。

中侏罗世，髫髻山期岩浆活动明显比前期强烈。关于髫髻山组火山岩的来源和构造背景主要观点有四种：①上地幔的部分熔融[93]；②壳幔岩浆混合[94,95]；③下地壳部分熔融产生的原生岩浆[96]；④加厚的、古老的下地壳玄武质岩石的部分熔融，其形成可能与玄武质岩浆的底侵作用有关[92]。以上各种观点不论有何分歧，共同之处都认为火山岩岩浆来源于深部，具有壳幔相互作用的特征。而且，髫髻山期岩浆岩的地球化学特征显示出深部底侵上来的玄武岩浆在下地壳与受热熔融的下地壳物质混合，形成了与埃达克岩相似的产物。据此应意味着中侏罗世的构造活动已影响到地幔。

再有，随着轴部次级背斜被裂开成为南北两翼，沿着原轴部次级背斜核部的崇礼、宣化、北京西山、密云、兴隆、宽城汤道河一带发育的辉长岩-石英闪长岩-花岗闪长岩为主的东西向超基性-基性、中酸性幔源型岩浆岩带也被一分为二，所以，在燕山地区见到四条沿基底地层侵入的早石炭世晚期-早二叠世超基性-基性、中酸性岩带。它们由北向南是：①康保-围场超基性岩带，沿发育于北翼次级背斜的断裂成群排列，主要为零星的辉石岩和辉长岩，多侵入于元古界化德群上亚群，又被海西花岗岩所侵入。②崇礼-承德超基性岩带 沿轴部次级背斜北翼展布，主要为超基性岩浆同次侵入就地分异而成。③姚家庄-矾山-孤山超基性岩带，沿轴部次级背斜南翼分布，其东段被密云-喜峰口断裂通过，西段地表断裂迹象不明显。该带发现十余个岩体，主要岩石类型为透辉岩、正长辉石岩、正长岩和霞石正长岩，如北京西山的江水河辉长岩和长园杂岩体（151~153 Ma）、密云四干顶闪长岩、棋盘山辉长岩体、后沙岭中酸性岩体、兴隆王坪石花岗岩、宽城汤道河花岗闪长岩、和岭子岩体、凌海附近的石山花岗岩体、排山楼东部的大石头沟黑云母花岗岩体等，其同位素年龄为188~170 Ma[97,98]。值得一提的是，沿马兰峪复背斜核部侵入了一些东西向的小型岩体，其主要包括石英闪长岩（个别为辉长岩）和花岗闪长岩先后两次侵入活动。这是因为马兰峪复背斜位于原向斜的核部，在向斜阶段发育了一次侵入活动。至复向斜阶段又发育了一次侵入活动。④易县-涞水超基性岩带，沿着南翼次级背斜的固安-昌黎大断裂分布，常侵入于阜平群及中上元古界中，主要为角闪辉石岩、辉石角闪岩和辉长岩。

在辽西地区，沿复向斜的次级背斜也发育了三条岩浆岩带，发育了多旋回、多期次的侵入活动。一是沿复向斜南翼次级背斜从山海关到北镇发育的兴城-北镇侵入岩带，出露了众多侵入岩体，如医巫闾山岩体、尖砬子山二长花岗岩（169 Ma[97]）、海棠山岩体（163 Ma）等，这是因为复向斜南翼处于上升状态，因而深部的岩体得以出露；二是沿复向斜轴部次级背斜北翼的叨尔登-中三家-朱碌科断裂发育了侵入岩带；三是沿复向斜北翼次级背斜的凤凰山-娄子山隆起带发育的侵入岩带。由于属于轴部次级背斜南翼的南票—松岭山脉—骆驼山—哈尔套一线由于受到后期构造的影响，呈现断续出露状态，因而其侵入岩体也较少出露或不出露。

参 考 文 献

[1] 朱大岗，吴珍汉，崔盛芹，等. 燕山地区中生代岩浆活动特征及其陆内造山作用关系. 地质论评，1999，45（2）：163-171.

[2] 辽宁省地质矿产局. 辽宁省区域地质志. 北京：地质出版社，1989.

[3] 内蒙古自治区地质矿产局. 内蒙古自治区区域地质志. 北京：地质出版社，1991.

[4] 河北省地质矿产局. 河北省、北京市、天津市区域地质志. 北京：地质出版社，1989.

[5] 孙家树，张淑坤，汪西海，等. 燕山地区构造运动及成岩成矿同位素地质研究. 北京：地震出版社，1994.

[6] 李东旭等.1：5万北京大台幅地质图说明书.

[7] Ren D, Jia Z P, et al. Mesozic straingraphy and faunae in the Luanping-Chengde region, Hebei Province, 30th Int. Geol. Congress Field Trip Guide, Geological Publishing House, Beijing, 10,

1996, 217.

[8] Davis G A, Zhang Y D, Wang C, et al. Mesozoic rectonic evolution of the Yanshan fold and thrust belt, with emphasis on Hebei and Liaoning Provinces, Northern China. GSA Memoir, 2001, 194: 171-197.

[9] 谭锡畴. 辽宁热河间及朝赤铁道沿线地质矿产. 地质汇报, 1931, 16: 39-82.

[10] 张宏福. 辽西义县组火山岩：拆沉作用还是岩浆混合作用的产物. 岩石学报, 2008, 待刊.

[11] 王东方. 辽西热河群的时代归属问题. 中国地质科学院院报, 1983, 7: 57-64.

[12] 陈义贤, 陈文寄. 辽西及邻区中生代火山岩——年代学、地球化学和构造背景. 北京: 地震出版社, 1997: 141-201.

[13] 辽宁地层典编写组. 辽宁地层典. 辽宁地质学报（特刊1号），52.

[14] 辽宁省地质矿产勘查开发局. 辽宁省岩石地层. 武汉: 中国地质大学出版社, 1997, 247.

[15] 郑少林, 张武. 辽宁中生代植物群概述. 辽宁地质学报, 1981,（1）: 53-76.

[16] 王五力, 郑少林, 张立君, 等. 辽宁西部中生代地层古生物（1）. 北京: 地质出版社, 1989.

[17] 赵越. 辽西牛营子地区早—中侏罗世地层层序及其早期中生代构造演化. 地学探索, 1988,（1）: 79-89.

[18] 赵越. 燕山地区中生代造山运动及构造演化. 地质论评, 1990, 36（1）: 1-13.

[19] 赵越, 徐刚, 胡健民. 燕山中生代陆内造山过程的地质记录. 中国地质科学院地质力学研究所, 2002.

[20] 季强, 陈文, 王五力, 等. 中国辽西中生代热河生物群. 北京: 地质出版社, 2004, 1-375.

[21] 张宏, 袁洪林, 胡兆初, 等. 冀北滦平地区中生代火山岩地层的锆石 U-Pb 测年及启示. 地球科学, 2005, 30（6）: 707-720.

[22] 张宏, 王明新, 柳小明. LA-ICP-MS 测年对辽西—冀北地区髫髻山组火山岩上限年龄的限定. 科学通报, 2008, 3（15）: 1815-1824.

[23] 柳水清, 刘燕学, 姬书安, 等. 内蒙古宁城和辽西凌源热水汤地区道虎沟生物群与相关地层 SHRIMP 锆石 U-Pb 定年及有关问题的讨论. 科学通报, 2006, 1（19）: 2273-2282.

[24] 王东方, 杨广华, 张炯飞等. 燕辽火山岩带铷、锶同位素特征及其大地构造的关系. 中国地质科学院沈阳地质矿产研究所所刊, 1983（6）.

[25] 张长厚, 王根厚, 王果胜, 等. 辽西地区燕山板内造山带东段中生代逆冲推覆构造. 地质学报, 2002, 76（1）: 64-76.

[26] 赵越, 崔盛芹, 郭涛, 等. 北京西山侏罗纪盆地演化及其构造意义. 地质通报, 2002（4-5）: 211-217.

[27] 徐刚, 赵越, 胡建民, 等. 辽西牛营子地区晚三叠世逆冲构造. 地质学报, 2003, 77（1）: 25-34.

[28] 赵越, 张拴宏, 徐刚, 等. 燕山板内变形带侏罗纪主要构造事件. 地质通报, 2004, 23: 854-863.

[29] Menzies M A, Xu Y G. Geodynamics of the Yanliao orogenic belt. In: Flower M, Chung S L,

Lo C H. Mantle Dynamics and Plate Interaction in East Asia. Am Geophys Union Geodyn Ser, 1998, 27: 155-165.

[30] 赵越, 杨振宁, 马醒华. 东亚大地构造发展的重要转折. 地质科学, 1994, 29 (2): 105-119.

[31] 赵越, 徐刚, 张拴宏. 燕山运动与东亚构造体制的转变. 地学前缘, 2004, 11 (3): 319-328.

[32] 陈印, 朱光, 姜大志, 等. 四合堂剪切带活动时代及其对燕山运动 B 幕时间的限定. 地质学报, 2013, 87: 295-310.

[33] 李伍平, 李献华, 路凤香. 辽西中侏罗世高 Sr 低 Y 型火山岩的成因及其地质意义. 岩石学报, 2001, 17: 523-532.

[34] 鲍亦冈, 谢德源, 陈正帮, 等. 论北京地区燕山运动. 地质学报, 1983, 57 (2).

[35] Davis G A, 郑亚东, 王琮, 等. 中生代燕山褶皱冲断带的构造演化——以河北省和辽宁省为重点的研究. 北京地质, 2002, 14 (4): 1-40.

[36] Davis G A, Wang C, Zhang Y, et al. The enigmatic Yanshan fold- and- thrust belt of northern China: NEs on its interplate contractional styles. Geology, 1998, 26 (1): 43-46.

[37] 翟明国, 孟庆任, 刘建明, 等. 华北东部中生代构造体制转折峰期的主要地质效应和形成动力学探讨. 地学前缘, 2004, 11 (3): 285-297.

[38] 郑亚东, 王士进, 王玉芳. 中蒙边界区新发现的特大型推覆构造及伸展变质核杂岩. 中国科学 (B), 1990 (12).

[39] 和政军, 李锦轶, 牛宝贵, 等. 燕山—阴山地区晚侏罗世强烈推覆—隆升事件及沉积响应. 地质论评, 1998, 44 (4): 407-418.

[40] Zheng Y, Davis G A, Wang C, et al, Major thrust in the Daqing Shan Mountains, Inner Mongolia, China. Science in China (D), 1998, 41: 553-560.

[41] Darbk B J, Davis G A, Zheng Y. Structural evolution of the southwestern Daqing Shan, Yanshan belt, Inner Mongolia, China. GSA Memoir, 2001, 194: 199-214.

[42] Maruyama S, Isozaki Y, Kimura G, et al. Paleogefraphic maps of the Japanese Islands: Plate tectonic synthesis from 750 Ma to present. Island Arc, 1997, 6 (1): 121-142.

[43] Zhu G, Niu M L, Xie G L, et al. Sinistral to faulting along the Tan-Lu fault zone: Evidence for geodynamic switehing of the East China continental margin. Journal of geology, 2010, 118 (3): 277-293.

[44] 任纪舜, 陈廷愚, 牛宝贵, 等. 中国东部及邻区大陆岩石圈的构造演化与成矿. 北京: 科学出版社, 1990.

[45] 任纪舜, 王作勋, 陈炳蔚, 等. 中国及邻区大地构造图 (1:500 万) 及简要说明书——从全球看中国大地构造. 北京: 地质出版社, 1999.

[46] 牛宝贵, 和政军, 宋彪, 等. 张家口组火山岩 SHRIMP 定年及其地质意义. 地质通报, 2003, 22 (2): 40-141.

[47] 董树文, 吴锡浩, 吴珍汉, 等. 论东亚大陆的构造翘变—燕山运动的全球意义. 地质论评, 2000, 46 (1): 8-13.

[48] Zorin Y A, Belichenko V G, Turutanov E K, et al. The East Siberia transect. International

Geology Review, 1995, 37 (2): 154-175.

[49] Zorin Y A. Geodynamics of the western part of the Mongolia-Okhotsk collisional belt, Trans-Baikail region (Russia) and Mongolia. Tectonophysics, 1999, 306: 33-56.

[50] 邵济安, 张履桥. 华北北部中生代岩墙群. 岩石学报, 2002, 18 (3): 312-318.

[51] 马寅生, 崔盛芹, 赵越, 等. 华北北部中生代构造体制的转换过程. 地质力学学报, 2002, 8 (1): 15-25.

[52] 郑亚东, Davis G A, 王琮, 等. 燕山带中生代主要构造事件与板块构造背景问题. 地质学报, 2000, 74 (4): 289-302.

[53] 董树文, 张岳桥, 龙长兴, 等. 中国侏罗纪构造变革与燕山运动新诠释, 地质学报, 2007, 81 (11): 1449-1461.

[54] 董树文, 张岳桥, 陈宣华, 等. 晚侏罗世东亚多向汇聚构造体系的形成与变形特征. 地球学报, 2008, 29 (3): 306-317.

[55] 张长厚. 初论板内造山带. 地学前缘, 1999, 6 (4): 295-308.

[56] 张长厚, 吴淦国, 徐德斌, 等. 燕山板内造山带中段中生代构造格局与构造演化. 地质通报, 2004, 23 (9): 864-875.

[57] 米家榕, 张川波, 孙春林, 等. 北京西山杏石口组发育特征及其时代. 地质学报, 1984, 58 (4): 4-14.

[58] 崔盛芹, 李锦蓉, 孙家树, 等. 华北陆块北缘构造运动序列及其与构造格局. 北京: 地质出版社, 2000, 43-45, 133-312.

[59] 田立富, 胡华斌, 胡胜军, 等. 燕山西段印支运动的探讨. 河北地质学院学报, 1996, 19 (6): 668-672.

[60] 周立岱, 赵明鹏. 辽西金—羊盆地西缘断裂演化历史. 辽宁地质, 1999, (4): 249-254.

[61] 翁文灏. 中国东部中生代以来之地壳运动及火山活动. 中国地质学会志, 1927, 6 (1): 9-36.

[62] 宋鸿林, 葛梦春. 从构造特征论北京西山的印支运动. 地质论评, 1984, 30 (1): 77-80.

[63] 李伍平, 路凤香, 李献华, 等. 北京西山髫髻山组火山岩的地球化学特征与岩浆起源. 岩石矿物学杂志, 2001, 20 (2): 123-133.

[64] 王喻. 内蒙–燕山地区晚古生代晚期—中生代的造山作用过程. 北京: 地质出版社, 1996.

[65] 王鸿祯, 杨森楠, 李思田. 中国东部及邻区中新生代盆地发育及大陆边缘区的构造发展. 地质学报, 1983, 57 (3): 213-223.

[66] 宋鸿林. 燕山板内造山带中生代逆冲推覆构造及其前陆褶冲带的对比研究. 地球科学, 1997, 22 (1): 33-36.

[67] Yin A, Nie S. A Phanerozoic palinspastic reconstruction of China and its neighboring regions. In: Yin A, Harrison T M. the tectonic evolution of Asia. Cambridge Univ Press, 1996, 442-485.

[68] Davis G A, Qian X L, Yu Y, et al. Mesozoic deformation and plutonism in the Yunmeng Shan: Metamorphic Core Complex north of Beijing, China. In: Yin A, Harrison M. The Tectonic Evolution of Asia. Cambridge: Cambridge University Press. 1996, 253-280.

［69］Chen A. Geometric and kinamatic evolution of basement- coredstructures：Intraplate orogenesis within the Yanshan orogen, northern China. Tectonophysics, 1998, 292（1）：17-42.

［70］和政军, 王宗起, 任纪舜. 华北北部侏罗纪大型推覆构造带前缘盆地沉积特征和成因机制初探. 地质科学, 1999, 34（2）：186-195.

［71］陈荣度, 王洪战. 论辽西侏罗—白垩纪断陷盆地. 辽宁地质学报, 1986,（1）：1-15.

［72］邵济安, 张履桥. 论京西大台地区的燕山运动. 岩石学报, 2004, 20（3）：647-654.

［73］白志民, 葛世伟, 鲍亦冈. 燕辽造山带中生代火山喷发及岩浆演化. 地质论评, 1999, 45（增刊）：534-539.

［74］邓晋福, 刘厚祥, 赵海玲, 等. 燕辽造山带燕山期火成岩与造山模型. 现代地质, 1996, 10（2）：137-148.

［75］崔盛芹, 李锦蓉, 赵越. 论中国及邻区滨太平洋带的燕山运动. 见：国际交流地质学术论文集（2）. 北京：地质出版社, 1985, 221-234.

［76］杨庚, 郭华, 刘立. 辽西地区中生代盆地构造演化. 铀矿地质, 2001, 17（6）：333-341.

［77］姜波, 王桂梁, 刘洪章, 等. 河北兴隆复式叠瓦扇构造. 地质科学, 1997, 32（2）：165-172.

［78］孟祥化, 葛铭. 中朝板块旋回层序、事件和形成演化的探索. 地学前缘, 2004, 9（3）：31-47.

［79］Mang Q K, Wei H H, Qu Y Q, et al. Stratigraphic and sedimentary records of the rift to drift evolution of the northern North China craton at the Paleo - to Mesoproterozoic transition. Gondwana Research, 2011, 20（1）：205-218.

［80］张炯飞, 祝洪臣. 关于蓟县型中–上元古界沉积环境及内蒙地轴的性质. 吉林地质, 2000, 19（4）：11-16.

［81］张拴宏, 赵越, 刘健, 等. 华北地块北缘晚古生代–中生代花岗岩体侵位深度及其构造意义. 岩石学报, 2007, 23（3）：625-638.

［82］Liu L, Zhao Y, Liu X M, et al. Rapid exhumation of basement rocks along the northern margin of the North China craton in the early Jurassic：Evidence from the Xiabancheng Basin, Yanshan Tectonic Belt. Basin Research, 2012, 24（5）：544-558.

［83］张路锁, 张树胜, 袁东翔, 等. 冀西北地区早、中侏罗世地层划分及其区域对比. 地质论评, 2009, 55（5）：628-638.

［84］葛肖虹. 华北板内造山带的形成史. 地质论评, 1989, 35（3）：254-261.

［85］张长厚, 张生辉, 张新虎, 等. 燕山中段密云–喜峰口中生代斜压断裂系特征及板内造山意义. 现代地质, 1998（12 增刊）：127-136.

［86］李海龙, 张宏仁, 渠洪杰, 等. 燕山运动"绪动/A 幕"的本意及其锆石 U-Pb 年代学制约. 地质论评, 2014, 60（5）：1 026-1 042.

［87］谢家荣. 西山地质的新研究. 见：谢家荣文集, 第二卷, 地质学（2）. 北京：地质出版社, 1933, 115-121.

［88］赵宗溥. 中国东部的燕山运动. 地质科学, 1963（3）：128-139.

［89］翁文灏. 热河北票附近地质构造研究. 地质汇报, 1928,（11）：1-23.

[90] 黄汲清. 中国主要地质构造单元. 中央地质调查所地质专报, 1945 (20): 1-256.

[91] 王鸿祯. 中国岩相古地理图集. 北京: 地质出版社, 1984.

[92] 李晓勇, 范蔚茗, 郭锋, 等. 古亚洲洋对华北陆缘岩石圈的改造作用: 来自于西山南大岭组中基性火山岩的地球化学证据. 岩石学报, 2004, 30 (3): 557-566.

[93] 李春林, 汪洋, 孙善平, 等. 北京西山髫髻山盆地中生代火山岩活动特征及成因探讨. 李东旭: 北京西山地质构造系统分析. 北京: 地质出版社, 1995, 77-82.

[94] 李柏年. 冀西北中生代火山岩及岩浆来源问题. 见: 李兆鼐, 王碧香. 火山岩、火山作用及有关矿产. 北京: 地质出版社, 1993: 92-99.

[95] 孙善平, 汪洋, 李家振, 等. 北京西山中生代火山活动特征及构造环境分析. 见: 李东旭. 北京西山地质构造系统分析. 北京: 地质出版社, 1995, 65-76.

[96] 鲍亦冈, 白志民, 葛世炜, 等. 北京燕山期火山地质及火山岩. 北京: 地质出版社, 1995, 103-151.

[97] 吴福元, 徐义刚, 高山, 等. 华北岩石圈减薄与克拉通破坏研究的主要学术争论. 岩石学报, 2008, 24: 1 145-1 174.

[98] 徐正聪, 王振民. 河北燕山地区地质构造基本特征. 中国区域地质, 1983, 3: 39-55.

第 5 章 背形构造阶段

晚侏罗世，原南北向的构造应力场被转变为北西-南东向的太平洋构造应力场，燕辽造山带主要被叠加了北东向构造[1~3]，而结束了复向斜的构造运动，进入了背形构造阶段。这一阶段以土城子组作为背形构造层，形成了许多新的构造形迹。燕山地区和辽西地区也开始出现了不同的构造形态。

5.1 地　　层

土城子组为一套红色复陆屑式类磨拉石建造，主要岩性为河湖相紫色、灰紫色、褐黄色砾岩、砂砾岩夹砂岩、粉砂岩等，反映了气候逐渐变得干燥起来的环境。根据岩性自下而上可分为三段：一段紫红色凝灰质页岩，夹粉砂岩及砾岩；二段为灰紫色泥砂质胶结砾岩，夹砂岩；三段为绿、紫色凝灰质砂岩，夹砾岩及页岩，大型交错层理普遍发育，为风成的陆源碎屑建造。局部沉积了砂泥岩或含碳泥白云岩夹薄煤层，岩性较单调，层位稳定。冀北东部的土城子组沉积厚度一般为 1 000~1 600 m，砾岩在剖面上的厚度比为 55%~98%，是整个地区粗碎屑岩分布最为集中的地段。整合或平行不整合于下伏髫髻山组之上，或角度不整合于古生界或更老地层之上，被下白垩统义县组角度不整合覆盖。

辽西地区的土城子组原称为后城组，在平泉与凌源处可见两者实为同一地质体，其层位和时代完全相同，均系干旱气候条件下陆相红色砂砾岩沉积。因此，20 世纪 90 年代中期，辽宁将后城组统称土城子组[4,5]。主要分布于北票盆地、金岭寺-羊山盆地、凌源-三十家子、喀左-四官营子盆地、老爷庙盆地、建昌盆地等处。其最大堆积厚度为 2 724 m，一般可划分为 3 段：下段以紫红色凝灰质页岩和粉砂岩为主，底部具砾岩，在金岭寺-羊山盆地夹有几层文石碳酸盐薄层，主要为干化湖相沉积；中段为紫灰色砾岩和砂岩，发育槽状、板状交错层理等，为冲积扇和网状河流沉积；上段主要为灰绿色或紫色砂岩和粉砂岩，夹砾岩，特点是发育层系厚度达 1.5~5 m 的巨型楔状或板状交错层理以及风棱石等，显示出沙漠沉积的特征[6]。底部与髫髻山组、海房沟组呈平行不整合接触，顶部被张家口组，以及其他更新地层角度不整合覆盖，厚度为 1 099.0~2 765.37 m。该组含介形类、植物类、爬行类、哺乳类、两栖类等化石。

土城子组的研究最早可以追溯到 20 世纪 20~30 年代，当时这套地层被冠名为"承德砾岩"或"土城子砾岩"[7]，翁文灏将其作为燕山运动"B 幕"的识别标志之一[8]。1942 年，林朝棨在北票将位于蒙古营子页岩之上、孙家梁火山岩之下的砾岩层称为土城子组[9]。1957 年，长春地质学院正式命名为土城子组。随后，河北区调队 1959 年将这套砾岩在赤城一带称后城组，尚义地区称哈拉沟组、土木路组，滦平地区称长山峪组，承德一带称六沟组等，70～80 年代 1∶20 万区调报告中称后城组。90 年代中期，河北、辽宁、内蒙古等地将原后城组和大青山组统称为土城子组[5,10]。其含义主要指介于髫髻山组和张家口组（或义县组）之间的一套陆相红色碎屑沉积岩系。近年来，土城子组年代学研究获得了许多高精度的测年数据，Swisher 等报道了辽西北票四合屯土城子组顶部凝灰岩 Ar-Ar 年龄 139 Ma[11]；杨进辉获得张家口市土城子组中英安岩年龄 130 Ma[12]；Cope 对承德土城子组底部凝灰岩进行锆石 U-Pb 定年的结果为 156 Ma[13]；张宏等对冀北–辽西地区的承德盆地和金岭寺–羊山盆地土城子组中的凝灰岩夹层等进行了测年研究，获得了该组顶部年龄（137.2±6.7）Ma，底部和下部（141.6±1.3）Ma、（147.4±2.2）Ma、（146.5±1.74）Ma 等几个数据；邵济安等在宣化庞家房地区获得的土城子组上部玄武岩 K-Ar 年龄为 144.7 Ma[14,15]；由此认为土城子组形成于 147～136 Ma[16,17]，属于晚侏罗世—早白垩世。再有，王五力、张文堂等报道了辽西地区的叶肢介化石[18,19]，郑少林等研究了辽西的植物化石[20]，蒲荣干等研究了孢粉化石[21]，张永忠等在辽西朝阳北票南八家子附近土城子组中发现了大量的恐龙足迹化石[22]，舒柯文等在河北承德南双庙土城子组最下部河流相沉积中也发现了一组小型兽脚类恐龙足迹[23]，这些研究也证明土城子组的时代为晚侏罗世—早白垩世。

5.2　燕山运动第一幕

1927 年，翁文灏[8]在北京西山识别出髫髻山组下部的不整合，并将其命名为燕山运动。其原意代表侏罗纪末期、白垩纪初期产生的不整合、火成岩活动和成矿作用。已经成为中国地质学家对世界地质科学理论的贡献，得到了广泛应用。后来发展为构造旋回的含义，泛指中国东部中生代（主要是 J、K）的构造运动。甚至，还有人认为其与东部高原[24]、天体事件引发[25]有关。随着对中生代地层、岩浆活动和构造形迹特征的深入研究，许多学者曾撰文进行讨论[26~30]。但大多按照翁文灏和谢家荣[26]的意见，将中国东部燕山期的构造运动限定在侏罗纪—白垩纪之间[29~34]，主要表现为褶皱与断裂、岩浆活动及部分地带的变质作用。

关于燕山运动幕次的划分，1929 年，翁文灏[35]根据他在燕山地区的观察和中国东部的资料，将九龙山砂岩与髫髻山火山岩之间的不整合划分为燕山运动 A 幕，时限为（160±5）Ma 前；中间幕以髫髻山组和兰旗组火山岩为代表，时代为

165~156 Ma；B 幕以张家口组火山岩之下的不整合为标志，强烈的冲断形成了土城子组和后城组的粗碎屑堆积，时限为 156~139 Ma。赵越等[36]主张中侏罗世髫髻山组之下和之上的角度不整合分别对应 A 幕和 B 幕，而中间幕以髫髻山组火山喷发为代表。崔盛芹等[37]将燕山地区的燕山运动分为两个时期，即早—中侏罗世的早燕山期和晚侏罗世—白垩纪的晚燕山期。任纪舜等[38]将燕山运动分为早、中、晚 3 个旋回，时限包括整个侏罗纪和白垩纪。董树文等[39]将燕山运动分为主幕强挤压陆内造山期（165~136 Ma）、主伸展垮塌与岩石圈减薄期（135~100 Ma）和晚幕弱挤压变形期（100~83 Ma）。马寅生等[40]认为燕山运动包括早侏罗世末、晚侏罗世末和白垩纪末 3 期挤压事件与早侏罗世、中晚侏罗世和早白垩世 3 期伸展活动。但也有人认为北京地区的燕山运动有三个褶皱幕：第一幕发生于髫髻山组之前，约 162 Ma；第二幕发生于后城组之后，早白垩世东台岭组之前，约 137 Ma；第三幕发生于夏庄组之后，约 100 Ma。总的来说，燕山地区的燕山运动褶皱幕一般分为四幕，北京西山除这四幕外，在一二幕之间还存在一幕，可分为五幕。

　　关于燕山运动的性质，葛利普教授最早提出燕山运动形成了北东向构造，他使用了 Cathaysian Geosyncline 一词表述呈北东向展布的东亚古大陆特点[41~43]。李四光借用 Cathaysian 而创造了 Neocathaysian（新华夏式），表述湖南、广西一带的发育北东 20°走向的褶皱[44]。同时，李四光也承认这一构造特征与李希霍芬提出的兴安构造线是一回事，即震旦方向。黄汲清指出李四光所谓的华夏构造线即中生代造山运动所造成之东北西南走向之构造线，并暗示华夏构造线、兴安岭构造线均是燕山运动的结果[45]。可见，有关燕山运动在空间格架上主要指中国东部甚至东亚北东向构造的发育（华南的华夏式构造线与华北的兴安构造线）。现在，一般认为燕山运动的本质是中国东部近东西向的特提斯构造域向北北东向的滨太平洋构造域的转换，即从大陆碰撞构造体制转为西太平洋陆缘俯冲构造体制为主导的造山运动[39]。

　　从上述可以看出关于燕山运动有两点比较一致的认识：一是燕山运动是侏罗纪和白垩纪时发生的构造运动；二是燕山运动形成了北东向构造线。正像前一章所述，印支运动与燕山运动的构造应力场不同，形成了不同的构造形迹。在燕辽造山带，中、上侏罗统中普遍发育不对称倒转褶皱及逆冲推覆构造，但上侏罗统的褶皱形态简单，宽展而舒缓，无论在构造活动及其方向、岩浆分布还是地貌景观上都与前期构造有明显差异[46]，它以特定的几何学和运动学特征有别于板缘俯冲或碰撞造山带，而展现为一个典型的板内（陆内）造山带。因为，中侏罗世之前，燕山地区主要受到南北向应力场的影响，且构造应力主要来自西伯利亚板块的挤压，因而形成东西向构造带，并出现北部构造变形较强，南部相对较弱的变形特征。而晚侏罗世开始以后，由于受到太平洋应力场的影响，冀东地区的东西向断裂被扭转成为北东向断裂而出现了弧形构造。而且，北东断裂呈现出从东向西逐渐减弱的变化趋势，反映了与太平洋应力场的影响有关。辽西地区除被扭转成北东向构造外，其中侏罗世以前形成的构造盆地明显受到印支运动的控制，其形成时间较长，盆地范围较大。而晚侏罗世开始形成的构造盆地是上叠于早、中侏罗世盆地之上的上叠盆地，且其形成较短、分布面积小而分散。近年的研究还表明印支期的岩浆活动一般呈现出壳幔型特征[47,48]；如髫髻山期岩浆活动与其北部蒙古—鄂霍茨克洋闭合有关[49,50]、具有挤压造山带岩浆作用的特征[51,52]。而燕山运动的岩浆活动主要是幔源钾玄武岩系列和部分壳源高钾酸性岩石组合，这些岩石组合被认为是与晚中生代软流圈地幔开始上涌，与华北克拉通开始遭受破坏和减薄有关[12,14,53~62]。

　　总结上述，燕山运动的实质是晚侏罗世围绕华北克拉通的多向板块汇聚运动，以陆内变形和陆内造山为特征[63]，应是东亚构造体制从古亚洲和特提斯构造域汇聚体制向太平洋构造域俯冲消减转变的产物[36,38,64,65]，其力学性质从挤压至张性的构造转换过程。因此，中侏罗世末是印支运动与燕山运动的转变时期，晚侏罗世才是燕山运动的开始。而侏罗纪—白垩纪之交中国大陆和东亚发生的重大构造变革事件，是燕山运动的基本内涵。而燕山运动第一幕应代表燕辽造山带处于蒙古—鄂霍次克洋关闭形成的南北向挤压与太平洋板块向东亚大陆俯冲形成的向西北方向挤压的交替作用之下的构造挤压事件，是古亚洲构造域与环太平洋构造域开始相互叠加作用时期[38,66]。

5.3　秦皇岛背形的形成

5.3.1　辽西段复向斜被扭转

　　燕山运动第一幕，原南北向的构造应力场被转变为北西—南东向的太平洋应力场，原东西向燕辽复向斜与太平洋西缘以高角度相交，导致复向斜辽西段以围场–平泉–秦皇岛断裂为轴面，向北东向发生了逆时针扭转。由于这一逆时针扭转的影响，导致现今在青龙、兴隆、凌源、建昌、承德、董家口、上谷一带可见到东西向断裂被扭转成为北东向断裂，如密云–喜峰口断裂在宽城以东逐渐转为北东向。而且，在燕山地区东西向褶皱、断裂带大多呈向南突出的弧形，自北向南，弧的弯曲度加大，数量加多，至南部平谷、遵化、迁西一带，东西向构造带演化成正弦状构造，如兴隆复向斜，其轴向由寿王坟至宽城走向东西向，宽城以东被扭转为北东向。据1∶20万平泉幅区域地质调查报告①，黄酒馆帚状构造大体可分为出四个旋回面，每个旋回面都是由弧形压扭性断层组成。由北往南依次

---

① 河北省地质局：1∶20 万区域地质调查报告，1976 年。

为郭杖子-黄酒馆北斜冲断层、黄酒馆斜冲断层、郭杖子南-金家沟斜冲断层及东台子斜冲断层。上述断层组成一个向西或南西收敛和向北东撒开的压性帚状旋卷构造。付杖子张性帚状旋卷构造自西向东分别是槽碾沟-大吉口张扭性断层、于杖子-上院张扭性断层和下店子-上院张断层组成一个收敛于东南，撒开于西北的张性帚状旋卷构造。七铺坑张性帚状旋卷构造，自北西而南东分别为韩杖子-二道岔张扭性断层、七铺坑-平顶山张扭断层和七铺坑-达子沟张扭性断层组成一个收敛于南西，撒开于北东的张性帚状旋卷构造。上述构造都显示出反时针旋扭特征。这一逆时针扭转的结果，现今辽西地区原复向斜的纵断裂都被扭转为北东向断裂。

值得一提的是，燕辽造山带发生逆时针扭转运动，可能开始于海西期。邵济安等认为，燕辽造山带晚三叠世北东东向的构造格局与晚古生代东西向的构造格局有明显区别，而显示了它的新生性[67]。从晚古生代东西向构造格架到晚三叠世北东东向构造格架可以推测，燕辽造山带已发生逆时针扭转。再有，据地质力学所[68]，燕辽造山带东北段海西期岩体中轴约北东 55°，燕山期岩体有北东 60°和 35°两个方向，由老到新的岩体群方向顺时针转动了 5°。如果我们假设位于深部的岩浆源是不动的话，那么，只有上面的地层作逆时针方向转动才能使岩体群呈现出顺时针转动。由此意味着燕辽造山带发生逆时针扭转始于海西期。

燕山地区的中生代火山盆地也发现这一扭转现象。燕辽地区中生代火山岩从早侏罗世到晚侏罗世，其岩浆活动从南东向北西由弱而强，而构造活动的强烈部位也从南东向北西迁移，岩浆活动与构造活动的强烈部位作相同方向的迁移，如门头沟中生代火山盆地中，从底部有南大岭组开始，经中期髫髻山组，至顶部义县期，三期火山盆地呈反扭雁列组合，单个火山盆地长轴为北东向，其长轴方向从老到新有规律地逆时针转动，转动角度总和可达 56°（图 5-1）。

因为这一构造转换过程经历了较长的地质时间，它还使燕辽造山带中生代地层常存在着穿时性，如髫髻山组与土城子组便具有穿时性，以火山活动为主的髫髻山组夹有碎屑岩沉积，以沉积岩为主的土城子组也发育有火山岩组合。而火山岩的岩石地球化学分析结果显示这两个组中火山岩的岩浆具有相似性。这些特点反映了这两个组的形成和发育是处于一个区域构造背景连续扭转过程中。

在辽西地区被扭转为北东向的过程中，还导致了原向斜南翼次级背斜轴部沿怀安—董家口—葫芦岛—医巫闾山一线出露的太古宙地层，处于相对上升状态；原向斜北翼沿康保—沽源—围场—凌源一线则主要出露晚侏罗世地层，太古宙地层只零星出露，表明原复向斜的北翼处于相对下降状态。由此，燕辽造山带成为一个背形构造。之所以称为背形是因为我们不能确定背形的内弧和外弧即原向斜的北翼和南翼哪一翼地层较新，哪一翼地层较老。但可以确定的是，南翼是背形的外弧，北翼是背形的内弧。

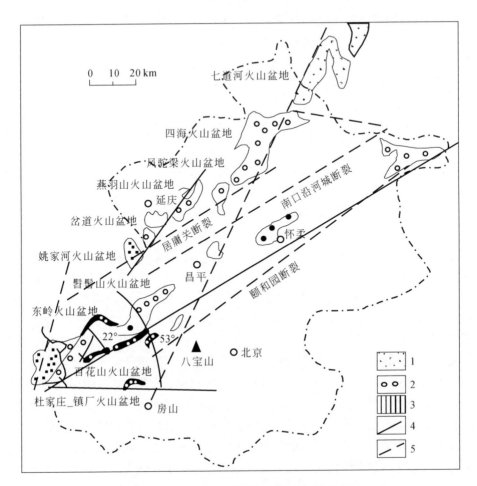

图 5-1　燕山地区中生代火山盆地转动示意图

(据 1989 年河北省、天津市、北京市地质志，略有改动)

1. 东台岭期火山岩；2. 髻髽山期火山岩；3. 南大岭期火山岩；4. 断层；5. 推测深断裂

5.3.2　秦皇岛隆起成为了背形转折端

　　从附图可以看出，在秦皇岛—绥中一带，主要出露由太古界基底组成的地层，整体为一硕大的紫苏花岗片麻岩–混合花岗岩穹隆。这应意味着秦皇岛—绥中一带处于上升隆起，遭受剥蚀。从秦皇岛—绥中一带向西至唐山开平、兴隆鹰手营子，向北至平泉山湾子、宽城缸窑沟，向北东至葫芦岛沙锅屯—三家子、虹螺岘、缸窑沟、朝阳石灰窑子、喀左杨树沟、公营子、南窑，凌源龙凤沟、老虎沟、五道岭等地则出露晚古生代—三叠系地层。再向外出露的地层层位逐渐上升，如北京西山、冀北下花园、凌源老虎沟、北票、朝阳一带就出露上三叠统杏石口组及老虎沟组为主。辽西地区地层与燕山地区地层具有相同的出露状态，自南西向北东依次为中、新元古界、中、上侏罗统，到黑山一带则发育晚侏罗世地层，至阜新一带则出露白垩纪地层，显示出靠近秦皇岛处于上升状态，远离秦皇岛的阜新一带则呈下降状态。

从迁西群超基性岩体的出露分布状态也可以看出秦皇岛—绥中一带处于明显上升状态，如冀东地区出露了最古老的迁西群及众多的超基性岩体，向西从密云到怀安一带，高级变质相地层被晚侏罗世地层覆盖，超基性岩逐渐变为零星出露，只有少量出露在次级背斜轴部。

再有，沿秦皇岛—绥中隆起四周发育了土城子组沉积盆地，如建昌盆地、喇嘛洞盆地、大巫岚盆地、建昌营盆地等沉积以粗碎屑岩为主；远离秦皇岛处的土城子组沉积盆地，如喀左—四官营子盆地、牛营子—郭家店盆地等则沉积了浅湖相沉积。还有，每一个盆地靠近秦皇岛隆起一侧粗碎屑沉积相对较多，相对远离秦皇岛隆起处则沉积了浅湖相细碎屑沉积。而且，土城子组火山活动规模小、强度弱，仅分布于少数新生的独立火山岩盆地中，或继承中侏罗世盆地堆积，或超覆于不同时代基底之上。总体呈北东东向展布，集中出露于张北、崇礼、丰宁、隆化、围场、承德、滦平及下板城等地，尚义–平泉断裂以南，龙关、兴隆、抚宁和山海关等地分布较少。总的来说是由西向东火山活动逐渐减弱。西部崇礼、赤城一带火山堆积厚度达 2 353 m，向东至丰宁、隆化、承德、滦平、下板城一带堆积厚度一般 100～200 m，最厚 669 m。据此也说明秦皇岛一带处于上升状态。

由于秦皇岛处于隆起状态，而出露变质程度较深的变质岩系，其中元古界—古生界沉积盖层被剥蚀，以致被认为是一古陆。

5.3.3　承德—凌源一带成为了背形的核部

前述原向斜南翼成为了背形的外弧，北翼成为了背形内弧，秦皇岛—绥中一带成为了背形的转折端，那么，承德—凌源一带便应是背形的核部。背形核部最大的特点是各种地质体沿着断裂或逆冲推覆、或走滑向着背形的核部承德、凌源、平泉一带运动、集中，使该地遭受了最大的压缩，而造成了各种构造发育、密集，地质体严重破碎，而发育成为了构造推覆体、飞来峰、构造窗和崩塌岩块等，如五道河子崩滑岩块由一些小型崩塌岩块堆积在一起所成，岩块内部没有统一的构造线方向。堆积在一起的地层有青白口系下马岭组、长龙山组、景儿峪组，寒武系昌平组、馒头组、张夏组、固山组、炒米店组，奥陶系冶里组、亮甲山组和马家沟组，以及二叠系、三叠系。它们具有与周围前侏罗系完全不协调的构造线方向，内部构造也显得极为混乱，没有统一的构造轮廓，大多数岩块崩落的方向已经很难确定。

　　据赵越等[69]，凌源松岭子镇石灰窑子沟滑覆岩块由寒武系馒头组紫红色页岩、张夏组鲕粒灰岩、固山组砾屑灰岩、炒米店组砾屑灰岩、奥陶系冶里组厚层灰岩及亮家山组白云岩组成，呈近南北向延伸的长哑铃状岩块滑覆于蓟县系雾迷山组、洪水庄组、铁岭组，青白口系下马岭组、长龙山组、景儿峪组，以及寒武系和奥陶系之上（图5-2）。岩块内地层走向近南北向，其下伏地层原地系统地

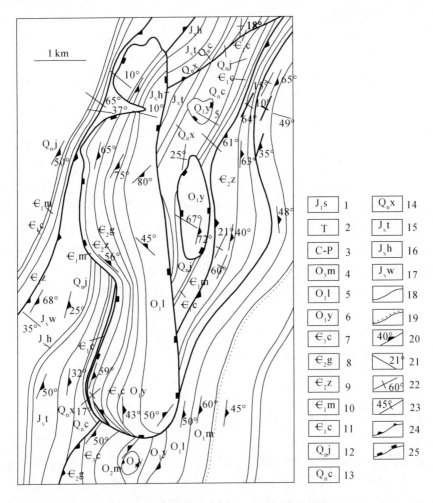

图 5-2　石灰窑子沟滑覆岩块地质图（据赵越等[69]）

1. 下侏罗统水泉沟组；2. 三叠系；3. 石炭系-二叠系；4 ~ 6. 奥陶系马家沟组/亮家山组/冶里组；7 ~ 11. 寒武系炒米店组/固山组/张夏组/馒头组/昌平组；12 ~ 14. 青白口系景儿峪组/长龙山组/下马岭组；15 ~ 17. 蓟县系铁岭组/洪水庄组/雾迷山组；18. 地层界线；19. 不整合界线；20. 地层产状；21. 倒转地层产状；22. 擦痕线理；23. 褶皱轴；24. 褶皱轴面；25. 逆断层

层走向为北北东向。整块岩块东西宽约 1 km，南北长超过 4 km。在该岩块的东侧还分布有几块较小的岩块，可以非常清楚地观察到滑覆岩块的全貌（图 5-3）。其底界滑覆面非常平缓，但在崩滑岩块内部则近于直立，如在石灰尘窑子沟所见，显示出与一般的伸展滑脱构造中的顺层拆离有明显的区别。根据断层面上的擦痕线理及阶步和反阶步判断，这些滑覆岩块自东向西滑动，崩滑岩块内部地层的弯曲牵引特征也显示自东向西滑覆，意味着崩塌岩块向背形的核部运动。也许正是由于各种地质体向承德、凌源、平泉一带运动，破坏了牛营子盆地中早侏罗世地层的层序，以致出现不同的认识。

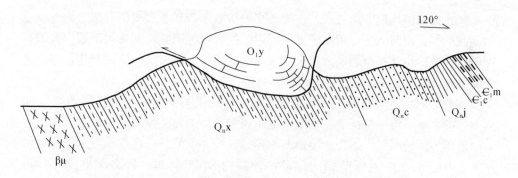

图 5-3 石灰窑子沟滑覆岩块东侧一小滑覆岩块（赵越等[69]）

O_1y. 下奥陶统冶里组；$\in_1 m$. 下寒武统馒头组；$\in_1 c$. 下寒武统昌平组；$Q_n j$. 青白口系景儿峪；

$Q_n c$. 青白口系下马岭组；$\beta\mu$. 辉绿岩脉

建昌盆地的东盘原地系统为建昌盆地侏罗系，西盘外来系统为中新元古界、古生界的推覆体，中段南杜窝棚、老爷庙、于杖子、谷家岭北、北子山、大阳山、西石灰窑子等地则形成典型推覆构造。喀左马图山一带雾迷山组、下寒武统逆冲于寒武系、中元古界之上，高于庄组逆冲于雾迷山组、下马岭组之上，青白口系逆冲于奥陶系灰岩之上，倒转的奥陶系、中石炭统本溪组被推覆于红碎组之上，红碎组逆冲于兰旗组之上，形成北子山、太阳山等飞来峰和天窗构造。毛头坝—两半山之西的高于庄组、雾迷山组被推覆于兰旗组之上。在河坎子乡西山村北部，雾迷山组向南东逆冲于鬐髻山组之上。马家沟组灰岩直接逆冲于三叠系之上，而三叠系又逆冲于鬐髻山组之上，并导致三叠系发生倒转，在平面上该段断层呈向南东突出的弧形构造，发育牵引褶皱、飞来峰和构造窗等。

围场推覆体主要由太古宇—早元古宇单塔子群组成，其构造变形强烈，并经受了多期构造叠加变形。围场推覆体位移距离较大，仅地表的位移距离就达 6 ~ 7 km。如果按围场逆掩断层平均倾角为 35°进行计算，那么围场推覆体位移距离可达 54 km。断层前锋推覆于二叠系之上，并因逆掩断层倾角低缓而形成了构造窗和飞来峰等构造群。在围场县城以东，还卷入北部地槽区古生界地层，以致该地台、槽两区岩层混杂。在横穿大光顶子的铁匠沟煤矿至小光顶子一带，围场逆掩断层由两个向形和两个背形组成。在大光顶子及其北坡一带，背形之处为构造窗，内部地层为下二叠统大光顶子组。向形之处由单塔子群基底岩系组成。该套地层产状平缓，走向近东西，倾角为 16°~40°，构造形态为宽缓褶皱。由片理组成的褶皱形态，多为大型轴面南倾的斜歪褶皱，显示出同造山运动的产物。由于围场位于背形的核部，所以，围场推覆体明显具有背形核部变形特征。

隆化推覆体构造变形强烈，主要表现为褶皱构造和断裂构造。褶皱构造以轴面南倾的斜歪褶皱为主，但在逆掩断层附近发育倒转褶皱；断裂构造则以次级逆冲断层形成的叠瓦状断裂系为特征。根据逆掩断层上盘出露的地层和构造等信息推断，隆化推覆体最小位移约为 35 km。

承德盆地及其周缘的中新元古界也组成了一个晚侏罗世大型推覆体[70]，与其上伏的土城子组一起褶皱，褶皱构造主要表现为轴面南倾的斜歪褶皱，在断层面附近多为倒转褶皱。承德推覆体的位移量较大，汤河口一带仅地表水平位移就达 7.5 km。如果按逆掩断层向深部延伸倾角为 45° 计算，那么深处位移量达 18.38 km。所以，承德推覆体的最小位移距离可达 25 km。推覆体内的侏罗系—白垩系火山-沉积岩系也发生了以宽缓褶皱为主的构造变形。其断裂构造则以次级叠瓦状逆冲断裂系和反冲逆冲断层发育为特征，并且造山期后正断层继承先存逆冲断层面而向下滑动的现象比较普遍。由于构造抬升和造山期后垂直隆升幅度较大而遭受了强烈的剥蚀，沉积盖层和部分基底岩系被剥蚀掉，以至于使主逆掩断层显示的构造变形层次较深而具韧性特征。并被张家口组不整合覆盖，其时代为 132 Ma。而且，万泉寺—汤河口一带则发育有若干小型的飞来峰构造，如古子房、槽碾沟、西帽湾等处，它们由雾迷山组或大红峪组大型岩块构成，下伏中下寒武统或下侏罗统煤系（图 5-4）。

由于地质体向平泉一带集中，它还挤压了燕山地区的东西向纵断裂，使其向北移动了一个小小的角度，因而现燕山地区东西向纵断裂呈现为北东东向。辽西地区的东西向纵断裂被扭转成北东向断裂后，在凌源到绥中一带的构造线呈现相对密集状态，向北东在芝麻山至务欢池一带的构造线则呈相对散开状态，总体呈现为一个帚状构造，也意味着背形核部凌源一带受到最大程度的压缩。而且，在燕山地区的东西向断裂中，其北盘向东位移，南盘向西位移；而辽西地区的北东向断裂呈现左行平移现象，即北西盘向南西位移、南东盘向北东位移；这一构造位移现象应是地质体向背形核部位移、集中的表现。

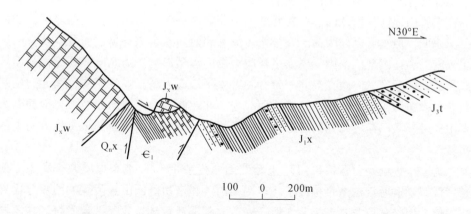

图 5-4　赤城县槽碾沟"飞来峰"构造剖面示意图（据 1989 年河北省区域地质志，有修改）

J_xw. 雾迷山组；Q_nx. 下马岭组；$\in_1$. 下寒武统；J_1x. 下花园组；J_3t. 土城子组

5.3.4　围场–平泉–秦皇岛断裂带成为了背形轴面断裂

围场–平泉–秦皇岛断裂带是这一阶段形成的、具有重要影响的北西向断裂带，它起到轴面断裂的作用。以前未有人注意到它的存在，但它存在的证据是确凿的。卫片便显示了该断裂带存在（图 5-5）。

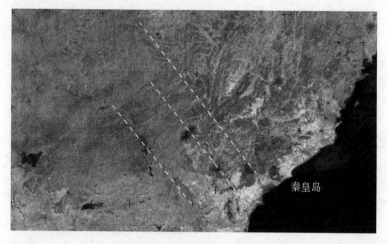

图 5-5　卫片显示北西向围场–平泉–秦皇岛断裂的存在

值得一提的是，关于围场–平泉–秦皇岛断裂带，随着研究的深入，笔者还产生了这样一种认识，该断裂带也许是原复向斜的一条南北向追踪横张断裂，在辽西段被扭转成北东向的过程，其北端向西偏转了一个角度，而成为了北西向断裂，如从上面的卫片可以看出该断裂带显示了追踪断层的性质。郑亚东等[71]曾报道在晚侏罗世—早白垩世时期的阴山–燕山地区发育一系列逆冲断层，这些断层在大青山地区呈南北向，在冀北地区呈北北西—南南东向，在辽西地区为北西—南东向，似乎可以作为横断裂被扭转成为北西向断裂的证据。而且，从大的区域来看，在辽西地区，因受到太平洋应力场的强烈影响，南北向横断裂便被扭转成为北西向断裂。向西在冀北一带，随着太平洋应力场影响的减弱，南北向横断裂便只被扭转了一个较小的角度，而成为了北北西—南南东向断裂。再向西到大青山一带，太平洋应力场的影响又进一步减弱，南北向横断裂便不发生方向上的扭转。

　　另一个佐证是台营镇–冷口–上营北西向构造带[72]，地表地质调查和卫星遥感影像解译表明该构造带构成了北东侧中山区和南西侧低山丘陵区的地貌分区界线。该断裂带从卢龙县台头营、经迁安市北部至迁西县东北部一带发育，在不同地段曾被冠以不同名称，从南东向北西依次称为台营镇–桃林口段、桃林口–刘家口段和刘家口–冷口–上营段。该断裂的西北段在龙新庄以北呈北北西向，其东南段在干涧岭东南一带呈南南东向，因此在平面上总体表现出"S形"形态。而且，这三段断裂各具不同构造运动学特征，台营镇–桃林口段显示出逆冲构造特征，桃林口–刘家口段显示出正断层特征，而刘家口–冷口–上营断裂发育在太古界与强硬岩层，如白云岩和火山岩的接触带内，往往发育有一系列定向排列的构造透镜体，表现出该断层运动性质为走滑特征。在重峪口西北部，可见走滑构造切断了指向北东及指向南西的逆冲构造，表明右行走滑构造活动的时代为在指向南西、逆冲于九佛堂组之上的逆冲断层作用之后。该断裂可能形成于前中生代，在中新代有明显的继承性活动，控制了部分中生代岩浆岩与矿床的空间展布。据此推测该断裂的这一构造形态应是追踪横断层的反映。

5.3.5　燕山地区和辽西地区呈现出不同的构造形态

　　围场–平泉–秦皇岛断裂带把燕辽复向斜切割成为了燕山段和辽西段两个部分，从这时起，燕山段和辽西段各自走上了不同的构造发展历程。首先，燕辽造山带都呈现了北翼处于下降、南翼上升，南北两翼地层出露不一致的状态。燕山地区南翼出露的地层相对较老，并出露侵入岩，而北翼出露的地层相对较新。在燕山地区，原向斜南翼的基底出露了麻粒岩相–高级角闪岩相的中高变质岩系，原向斜的轴部及北翼则出露了低角闪岩相–高绿片岩相的中级变质岩系[73]，如在迁西—密云一带，由于处于南翼上升而出露早太古代迁西群地层，以及侵入于迁西群中的地壳深处的超基性岩。至崇礼、丰宁、承德、隆化和平泉一带，则出露新太古界单塔子群和一条近东西向的新太古代花岗岩构造岩浆带，应意味着由于地层向北倾斜以致古太古界不出露。而且，南翼出露的基底岩系范围比较大，而北翼由于处于相对下降状态，其基底变质岩系只零星出露，或出露变质程度较浅的变质岩系。

辽西地区建平群在背形的两翼建平、朝阳、北票北部、阜新、锦县、兴城和绥中等地都有零星出露，三叠系在凌源、建昌、喀左、葫芦岛、朝阳、北票一带也有出露，也就是说辽西地区复向斜的两翼都出露建平群和三叠系。但南翼出露建平群中下部变质较深的混合岩，北翼则出露变质程度较浅的建平群上部地层，据此应意味着辽西地区背形的南北两翼升降状态不如燕山地区明显。

再如，燕山段和辽西段都发育了晚侏罗世地层，但各有不同的分布状态。燕山地区土城子组在原向斜的北翼和南翼都可见到其沉积，但物源发生了垂向及横向变化。燕山地区土城子组沿尚义-崇礼-赤城-大庙-娘娘庙-佛爷洞-老爷洞-朝阳-北票-旧庙断裂南、北两侧，出露于尚义、赤城、丰宁、承德、滦平、平泉，以及宣化、涿鹿、延庆、密云、兴隆和青龙、宽城等地，除冀北尚义外，大都表现着极为宽缓的褶皱构造形态，在许多地区还显示着近乎水平的产状，意味着土城子组是一面状沉积体。但土城子组呈现出北厚南薄，自南向北层位逐渐增高[73]，北边沉积物粒径大于南侧的特征反映了燕辽复向斜北翼向下倾斜的过程，如承德-滦平盆地的土城子组沉积厚度一般为 1 000 ~ 1 600 m，向南至新集盆地土城子组发育厚约 900 m 的砾质粗碎屑，明显有减薄的趋势。再如宣化罗家洼一带的土城子组厚 55 ~ 678 m，向北至赤城、延庆的后城、小川和花盆一带的土城子组厚 1 626 m；尚义一带土城子组厚 800 m，到了内蒙古阴山地区，土城子组的沉积厚度增大为 3 000 ~ 4 800 m。

单个盆地上，也存在类似的现象，主要表现为盆地沉积北厚南薄，呈楔状体。在盆地南北向横断面上，大部分盆地的北侧或北西侧的沉积厚度和粗碎屑岩含量等都大于南侧或南东侧，如尚义盆地的土城子组自北向南依次发育砾质冲积扇（及泥石流）、砂砾质网状河流及三角洲平原沉积等[74]，显示出盆地的沉降中心位于北侧。据渠洪杰等[75]等对承德盆地北翼的砾石分析表明，沿剖面自下而上其成分没有明显的变化，基本为安山岩、太古宙变质岩、侵入岩和石英等，但不同成分砾石的比例却有明显的改变，表现为安山岩砾石向上减少，而太古宙变质岩砾石逐渐增多。砾石成分自下而上的变化揭示了盆地南部物源区地层的揭顶过程。因为，盆地南部即是原复向斜中的次级背斜。因此，这一揭顶剥蚀应意味着在形成盆地的过程中，盆地南部还在继续向上褶曲。

辽西地区土城子组的沉积厚度在各盆地存在着差异，也反映出不太明显的南翼上升、北翼下降状态，如在凌源-三十家盆地为 547 ~ 1 095 m，牛营子-郭家店盆地为 762 m，汤神庙盆地安家岭一带为 280 m，反映了北翼处于下降状态。再有，在盆地南北向横剖面上，土城子组沉积主要呈楔状体，盆地北侧或西北侧的沉积厚度和粗碎屑岩含量都大于南侧或南东侧显示了盆地的沉积中心向北西迁移，也应意味着北翼处于下降状态，如辽西的金岭寺-羊山盆地，北西侧厚度为 2 747 m，而南东侧减薄为 1 201 m，砾岩厚度也由 641 m 减至 214m。汤神庙盆地的王宝营子乡—汤神庙乡一带，以粗碎屑沉积为主，至喀左县南公营子镇—谷家岭一带相变为以浅湖相细碎屑沉积为主，而且粗碎 屑沉积厚度、分布面积远较细碎屑沉积厚度、发布面积大。而张家口处于最大向下倾斜，三叠系便不出露或零星出露，一般出露上侏罗至白垩纪地层。

但另一方面，辽西地区复向斜中的次级背斜和向斜呈较均匀出露状态，其侵入岩也在两翼中都有出露。次级背斜呈现出较宽的出露形态，向斜则呈现出较窄的出露状态，则反映出辽西地区处于上升状态。而且，由于辽西地区处于较均匀的整体抬升状态，所以，相对于燕山段来说，其地层的横剖面也相对较窄。再有，燕山地区与辽西地区土城子组具有不同的"反序"特征，一般表现为辽西地区的"反序"特征较明显，从下向上其粒径的变粗程度也比燕山地区的较明显，则应是辽西地区处于较快上升状态的反映。

再有，从图 5-6 可以看出，平泉—凌源一带处于盆地状态，应说明该地处于相对下降而接受沉积状态。反过来说明原向斜南翼处于上升剥蚀状态。

在断裂构造方面，燕山地区和辽西地区也呈现出不同的构造形态。燕山地区由于北翼相对于南翼处于向下倾斜状态，所以其纵断裂显示出向北逐渐变稀的特点，纵断裂间的间隔距离相对于辽西段来说也较宽。辽西地区由于处于较均匀的上升状态，其纵断裂则呈现出较为密集、间距较为均匀的分布状态。其次，燕辽复向斜的纵断裂被围场-平泉-秦皇岛断裂所截切，使原向斜纵断裂显示出不同的位移特征。主要是辽西段的纵断裂相对于燕山段发生了一定位移，而显示出向斜北翼纵断裂左行、南翼纵断裂右行，北翼断裂位移比南翼断裂位移较大，以及从核部向翼部的位移量变大的特点，如与康保-围场断裂同属一条断裂的凌源-中三家-西官营子断裂，它明显比康保-围场断裂更向核部位置位移。佛爷洞-老爷洞-朝阳-北票-旧庙断裂又相对于大庙-娘娘庙断裂更向核部位移。并且，凌源-中三家-西官营子断裂的位移量又比佛爷洞-老爷洞-朝阳-北票-旧庙断裂的位移量大。根据构造地质学原理[76]，一个被断裂横切为两段的向斜构造，其中相对上升一段的纵断裂显示向核部集中，相对下降一段的纵断裂则显示向翼部扩开。燕辽造山带便显示这一构造形态。辽西段处于上升一段，便显示了纵断裂向核部集中；燕山段处于下降一段，便显示了纵断裂向翼部扩开。

由于同一条断裂发生了位移，以致燕山地区与辽西地区的原同一条断裂被当作为不同的断裂，或不同的断裂被当作为同一条断裂，如凌源-中三家-西官营子断裂被当作为古北口-平泉断裂的东延部分。

后面还将论述到燕山地区的复向斜呈现出 Ramsay 褶皱干涉样式为主，但受到较大的破坏而形态不完整；辽西地区的复向斜则保持较为完整的形态，并进一

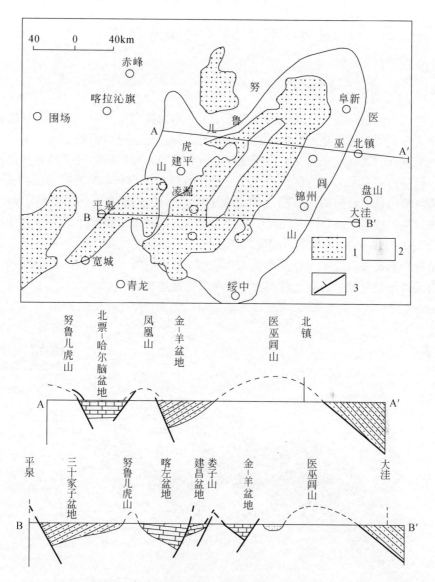

图 5-6　辽西地区中晚侏罗世下降示意图（据马寅生，2003 年，略有改动）
1. 中晚侏罗世盆地范围；2. 隆起剥蚀区；3. 同沉积正断层

步发展成为了盆岭构造。

　　由于背形的转折端在秦皇岛—绥中一带，因此，笔者将其称为秦皇岛背形。而且，因为，燕山地区和辽西地区有着不同升降状态，因此秦皇岛背形成为了一个斜卧的背形。

5.4 燕山地区的构造形迹

5.4.1 叠加了北东向断裂

燕山运动第一幕,燕山地区普遍叠加了北东向构造,燕山地区晚侏罗世盆地表现为在东西向盆地之上叠加了北东向盆地,如宣化盆地和蔚县盆地的中、下侏罗统沉积方向为北东东向,上侏罗统则改为北东向。在北岭向斜可见其核部百花山、髫髻山和九龙山等的侏罗系组成了斜列的北东—北东东向的褶皱(图5-7)。有人对房山县北岭向斜一带的拉伸线理进行了年代学研究[77],并获得了两期拉伸线理的同位素年龄:一是与晚中生代北东向向斜有关的拉伸线理,其Ar-Ar年龄为130~110 Ma,应属燕山期的拉伸线理;二是与下伏轴向近东西向的早中生代箱状向斜有关,其Ar-Ar年龄为250~200 Ma,应属于印支期的拉伸线理。这两组线理明显反映了区域上曾经经历了两期构造叠加。

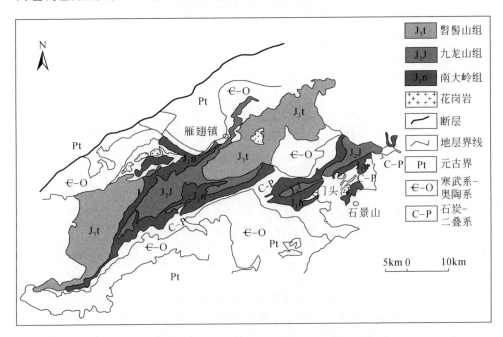

图5-7 北京西山地质简图 (据鲍亦冈,2001年有修改)

燕山西段普遍叠加了倾角较陡、以正断层形式出现的北东向同沉积断裂[78],在平面上集中分布在三个带状区域中,自南东向北西依次为:怀柔汤河口—昌平—房山带(东带)、河北怀来王家楼—宣化下花园—涿鹿武家沟带(中带)、尚义小蒜沟—韭菜沟带(西带)。三带之间间距约为60 km,显示出等距性特征。

东带包含了研究程度较高的一系列逆冲断层，如北京西山的南大寨-八宝山断层、黄山店逆冲断层、长操-霞云岭逆冲断层、曹家堡-黄土梁逆冲断层、上庄-红螺寺逆冲断层、怀柔汤河口逆冲断层，以及近年发现的北京西山庙安岭向斜与百花山向斜之间的马兰-胡林逆冲断层、昌平南口镇西北部的龙潭-王家元逆冲断层、延庆千家店逆冲断层和沙梁子逆冲断层等。除千家店逆冲断层和沙梁子逆冲断层之外，其余单条断层多呈现为向北西凸出的弧形形态，但整个构造带具有比较清晰的北东向带状展布特征。据研究[79、80]，长操-霞云岭逆冲断层、教军场-大安山逆冲断层、马兰-胡林逆冲断层和庙安岭逆冲带实际上是一个完整、统一的逆冲构造系统不同部分，具有典型的断坪-断坡几何结构，与南大寨-八宝山逆冲构造共同构成了北京西山的晚中生代逆冲构造格局。它们形成于髫髻山组火山活动之后，南窖闪长岩、房山岩体等侵入之前，大约在 146 ~ 128 Ma 期间，而不是印支期（或更早）构造变形阶段的结果。中带主体为前人所称下花园逆冲构造，平面上表现出显著的向北西凸出的弧形形态。西带分布在河北尚义小蒜沟到韭菜沟一带，向南西延入内蒙古兴和县境内，总体几何学结构相对简单。在剖面上，上述逆冲构造构成了大规模的逆冲叠瓦状构造格局。从卷入逆冲构造变形的地质体看，以基底卷入的厚皮构造特征为主，同时在逆冲构造前缘和浅部又具有薄皮构造性质。在平面上，逆冲系统总体表现为自南向北，出露断层的构造位置越来越高。逆冲断层几何学结构，构成了一幅断层向北西方向发育深度依次递减、逆冲断层向上切层的构造几何学图像，如在宣化县的水泉沟、响水堡、鸡鸣山，昌平县的十三陵，延庆县的汤河口，普遍出现由中—新元古界组成的向北或北西逆冲-推覆的构造岩片[71、81]。北岭向斜的复杂断裂-褶皱构造、庙安岭向斜与百花山向斜之间的复杂断裂及相关褶皱都与区域上完整的逆冲构造系统相关，是区域性水平收缩变形的产物，大致构成了薄皮逆冲系统的前缘。

　　值得注意的是，张长厚等[82]在冀东地区也发现了与上述构造性质类似的北东向厚皮构造和薄皮构造，如兴隆煤田厚皮式逆冲推覆构造。笔者注意到，燕山西段和冀东地区的厚皮构造和薄皮构造及其逆冲推覆呈镜像对映现象。笔者从上述断裂发育特征推测，似乎可以把燕山地区当作一个北东向向斜来理解。这一北东向向斜似乎以百花山—昌平—密云—滦平—张三营北东向向斜构造带作为向斜轴部，靠近太行山处的怀安及冀东遵化一带则由于地层向上挠曲而出露了较为古老的迁西群及超基性岩，构成了这一向斜的两翼。上述燕山西段和冀东地区所叠加的北东向断裂应是这一新生的北东向向斜两翼所发育的配套纵断裂。这一北东向向斜在冀东地区发育了多向北西倾斜的北东向断裂，在燕山西段则发育了大多向南东倾斜的北东向断裂，逆掩推覆方向正好相反。这一构造现象应是北东向向斜纵断裂所呈现的向两翼对冲现象。而燕山西段和冀东地区的厚皮构造和薄皮构造及其逆冲推覆则是北东向向斜两翼构造所呈现出的镜像对映现象。而且，这一北东向向斜可能还以百花山—昌平—密云—滦平—张三营一线作为向斜的轴面断裂，从而造成了向斜两翼地层呈现不同的出露状态。从附图可以看出，这一向斜的南东翼出露的基底岩系较为广泛，侏罗纪以后的盆地呈现零星残留状态。而西侧地层的出露状态则相反。

北东向断裂最终还发展成为逆冲推覆构造系统，如平泉–兴隆断裂为左行斜冲压扭性逆断层，在兴隆北侧受密云–喜峰口断裂右行水平剪切的影响，走向改为北东50°，向南延伸进入华北平原成为隐伏断裂。其糜棱岩化及斜冲擦痕发育，控制了中生代陆相盆地。北东向断裂还控制了晚侏罗世地层的分布，如张北–沽源北东向断裂，北起沽源县城西北，向南经二台、张北、渔儿山延入山西，区内长约180 km，走向北东40°左右。断裂两侧的侏罗系盖层不同，西侧以土城子组直接覆盖在海西期岩体或太古界之上，厚仅千米左右，以酸性熔岩为主，产状近东西向。东盘土城子组发育齐全，厚达7 000 m，以火山碎屑岩占绝对优势。据此也可推测该断裂应在中侏罗世末或晚侏罗世初开始活动。

原共轭断裂被叠加了北东向断裂，造成其北东向一组比北西向一组较发育，北西向一组出露不太清楚，而破坏了棋盘格构造。

原纵断裂被叠加了北东向断裂，其走向发生了波状变化现象，其断面也发生了或南倾、或北倾的波状变化。最为明显的是康保–围场–叨尔登–凌源–中三家–西官营子断裂的几何形态表现为背向形相间组成的舒缓波状弯曲形态，便应是原东西向构造叠加了北东向构造的反映。原纵断裂还发生了逆冲推覆构造作用，如尚义–赤城–大庙–娘娘庙断裂在古北口以东，长城系向北逆冲于侏罗系之上。密云–喜峰口断裂带在兴隆推覆体内部广泛发育反冲逆冲断层，它们与主逆掩断层一起组成了突起构造。

原复向斜上的南北向追踪横张断裂被改造成挤压性断裂，如蔡园–喜峰口南北向横张断裂带在这一阶段被改造成为挤压性断裂。在河北滦平县虎什哈至大河北地区，可见南北走向、西倾的断裂带切割了上侏罗统和元古宇片麻岩，并发育挤压片理和挤压泥，应是原蓟县–兴隆南北向断裂被改造成压性断裂的反映。

5.4.2　褶皱干涉样式

以往的研究认为燕山地区在燕山运动第一幕，至少发育了三条北东向向斜构造带[71,83~87]。由于每两条向斜带之间的部分应是北东向背斜构造带，据此推测，燕山地区至少存在着三条北东向向斜构造带和两条北东向背斜构造带。那么，燕山地区东西向复向斜在这三条北东向向斜构造带和两条北东向背斜构造带的叠加下，便形成了一系相间排列的短轴状背斜和短轴状向斜。短轴状的背斜与向斜相间排列成为六列斜列式北东向褶皱雁阵，使燕山段显示为一个具有 Ramsay 第一类褶皱干涉样式的第二种褶皱类型的区域构造格局。

　　具体来说，在原东西向复向斜的次级向斜之上叠加了三条北东向向斜构造带，形成了一系列由北东向断裂控制的火山-沉积盆地：①百花山—昌平—密云—滦平—张三营北东向向斜构造带叠加在复向斜南翼和北翼的次级向斜之上而形成了西山向斜盆地和张三营向斜盆地，叠加在轴部裂隙盆地之上而形成了滦平盆地；②蔚县—后城—塔镇北东向向斜构造带叠加在复向斜南翼和北翼的次级向斜之上而形成了蔚县向斜盆地和沽源向斜盆地，叠加在轴部裂隙盆地之上而形成了后城盆地；③宣化—沽源北东向向斜构造带叠加在复向斜北翼次级向斜之上而形成了沽源向斜盆地，叠加在轴部裂隙盆地之上而形成了宣化向斜盆地。其叠加在复向斜南翼次级向斜之上所形成的盆地可能由于后期太行山构造的影响，现已隆起而不出现。在燕山东段，由于秦皇岛隆起的影响，北东向向斜盆地已发育不太明显。在宽城—平泉见一条北东向向斜构造带，其叠加在轴部纵断裂盆地之上而形成了承德向斜盆地，叠加在南翼次级向斜之上而形成了蓟县盆地。从附图可以看出，复向斜南翼的次级向斜被分割成为蔚县盆地、西山盆地和蓟县盆地；轴部纵断裂上的盆地被分割成为宣化盆地、后城盆地、滦平盆地和承德盆地等；复向斜北翼的次级向斜被分割成为张北盆地、沽源盆地和张三营盆地。由于秦皇岛隆起的影响，燕山地区显示出从东向西盆地的范围从小变大，如沽源盆地和宣化盆地范围最大，是因为处于相对下降的环境。西山盆地、张三营盆地和滦平盆地范围相对较小，则是由于较靠近秦皇岛隆起。蓟县盆地最靠近秦皇岛隆起处，其出露范围最小。在冀东地区，由于受到围场-秦皇岛断裂的影响，只出露轴部纵断裂以南地区的褶皱干涉样式。

　　北东向背斜构造带叠加在原复向斜的长条形东西向次级背斜之上，则形成了短轴状背斜。具体表现为：复向斜南翼的次级背斜被叠加成为了涞水背斜和滦县背斜，其他背斜可能被第四纪地层覆盖。复向斜北翼次级背斜被叠加成为了康保背斜和围场背斜。前面论述了复向斜轴部次级背斜被轴部纵断裂所裂开，而分为南翼和北翼。在这一阶段，轴部次级背斜的南翼和北翼同样也被叠加成为了短轴背斜。轴部次级背斜南翼被叠加了北东向构造而发展成为了阳原背斜、八达岭背斜、密云背斜、马兰峪背斜和青龙背斜，轴部次级背斜北翼被叠加了北东向构造而发展成为了崇礼背斜、丰宁背斜和大庙背斜。

　　在背斜与向斜的叠加部位则成为了背斜与向斜的过渡地带，如在密云一带迁西群中的超基性岩体呈北东向带状展布，延伸约 30 km，北东端被中生代盆地切断，西南端被中元古界长城系不整合覆盖，明显与遵化一带迁西群中的超基性呈东西向分布不同，便应是受到北东向构造的叠加而成为了密云背斜与马兰峪背斜的过渡地带。再如，塔镇盆地可能是复向斜北翼次级背斜叠加了北东向向斜所成的盆地。

　　上述褶皱干涉样式大致排列如表 5-1 所示。

表 5-1　褶皱干涉样式大致排列

北翼次级背斜	康保背斜		塔镇向斜		围场背斜	
北翼次级向斜	张北向斜		沽源向斜		张三营向斜	
轴部次级背斜北翼	崇礼背斜		丰宁背斜		大庙背斜	
轴部裂隙盆地	宣化向斜		后城向斜	滦平向斜	承德向斜	
轴部次级背斜南翼	阳原背斜	八达岭背斜	密云背斜	马兰峪背斜	青龙背斜	
南翼次级向斜	蔚县向斜		西山向斜	蓟县向斜	建昌营向斜	
南翼次级背斜			涞水背斜		滦县背斜(?)	

在燕山地区，燕山期的褶皱形态常表现为背斜宽缓歪斜，向斜翼陡槽平，两者的结合部位发育次级褶皱、挠曲或走向断层等特征，即明显的宽缓箱状褶皱特征。例如，在北京西山，可见以元古界或下古生界为核的背斜和以上古生界的砂、泥质岩组成的向斜。背斜常比较宽缓，或成箱状，其层内广泛发育着强烈压扁的斜卧或平卧褶皱、钩状褶皱和香肠构造，以及褶皱了的香肠层[88,89]。与小褶皱轴面平行发育着流劈理，在泥质岩中表现为板理，在钙质岩中呈纹带状，它们不同程度地置换了原始层理。向斜一般十分紧密甚至倒转，常具强烈发育的轴面流劈理。在向斜转折端，劈理的发育常使层理模糊不清。这两套地层反映了在强烈水平挤压下的褶皱，以灰岩为主体的下古生界较以泥质岩、粉砂质岩及泥质砂岩为主的上古生界韧性小，因而形成了典型的背斜宽、向斜尖的形态。而且，由宽缓背斜和紧闭向斜又组成了侏罗山式褶皱构造，如北京西山梨园岭–史家营复式向斜（图5-8）。这一褶皱构造特征应为褶皱干涉样式构造。

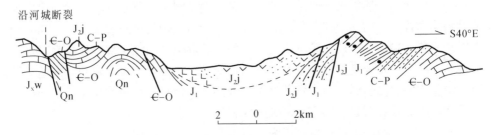

图 5-8　北京西山梨园岭—史家营复式向斜横剖面图
（据 1989 年河北省区域地质志，有修改，1989）

$J_x w$. 雾迷山组；Qn. 青白口系；ϵ-O. 寒武奥陶系；C-P. 石炭二叠系；J_1. 下侏罗统；
$J_2 j$. 九龙山组；$J_2 t$. 髫髻山组

在燕山地区，基底地层出露特征也与褶皱干涉样式有一定的关系。一般来说，燕山地区变质地层出露地方为短轴状背斜的轴部，盆地则是短轴状向斜盆地。而且，短轴状背斜和向斜的东端受到北东向构造的影响，常向北稍稍移动，使东西向短轴状背斜和向斜成为了北东东向构造。秦皇岛出露大面积变质岩，则是背形的转折端处于相对隆起状态。由于秦皇岛隆起的影响，现冀东地区的背斜出露范围较大，或者已相互连接在一起，如马兰峪背斜、青龙背斜和滦县背斜就已连在一起。

再有，根据物探资料，燕辽造山带重力异常宽缓，高低相间，梯度大、长椭圆状或等轴状，轴向有东西向、北东向和北西向三组。航磁为正、负相间的高值异常区，强度高、梯度大，局部异常走向以东西向为主，北东、北西向次之。可以看出，物探资料也大致反映了褶皱干涉样式。

1. 复向斜南翼次级背斜上的叠加构造

由于复向斜南翼的次级背斜与华北平原相连，其叠加北东向构造所形成的短轴背斜可能受到后期构造的影响而出露不太明显，现只出露涞水背斜和滦县背斜。

涞水背斜原称马头穿褶束，在百花山向斜之南，两者同期连生，共用翼部以挠折形式过渡。其整体为一斜歪背斜，其轴部呈现波状起伏。核部由太古界组成，中新元古界组成极不对称的两翼。北翼宽缓，岩层倾角 10°～15°，并显示一些平缓的小型穹窿和构造盆地；南翼倾角 40°～50°，伸展不远即被南界断裂所截。侵入体呈岩床、岩脉及小型岩株出露。

滦县背斜因为靠近秦皇岛背形的转折端处，现已与秦皇岛背形的转折端连为一体，成为了秦皇岛隆起的一部分。

2. 复向斜南翼次级向斜上的叠加构造

复向斜南翼次级向斜被叠加了北东向构造而形成了蔚县盆地、西山盆地和蓟县盆地。

蔚县盆地为一北东东向向斜构造，其两翼宽展，形态简单，是南翼次级向斜中最大的一个向斜盆地。其北以阳原南山正断裂为界，南缘为蔚广正断裂，总体构成一个向东倾没、北缓南陡的向斜盆地。该向斜发育北东东向纵断裂，其向斜盆地内还发育有月山向斜。由于靠近太行山断裂带，具过渡性质。

西山盆地位于北京西山百花山、青水尖、妙峰山一带，为一北东东向翼陡底平的箱状向斜，两翼被次级褶皱复杂化，而成为一个近东西向的大型复式向斜。同时发育北东东向纵断裂。该复向斜西南段由百花山向斜、马栏背斜、庙安岭向斜、田安沟背斜、王平村向斜等一系褶皱构成，总体走向为北东东向，单个背斜或向斜的走向则为北东向。一般向斜为开阔箱状，背斜则小而窄。背斜与向斜的过渡地带常发育挠曲构造，甚至地层发生倒转现象。百花山向斜轴部为中侏罗统髫髻山组，向斜轴面向南东倾，越近轴部地层倾角越大甚至直立倒转，并出现逆断层。往东北即为妙峰山向斜，主要为一系列轴向北东紧密排列的倒转背斜、向斜组成的褶皱带。

蓟县复向斜的北部为马兰峪背斜，东部为山海关隆起，南界为涞源-乐亭断裂带，西以夏垫断裂为界。主要由中新元古界组成，在唐山一带出露石炭二叠系。由于蓟县复向斜靠近山海关隆起，受其后期隆起的影响可能较新的沉积岩系被剥蚀而出露较老的沉积岩系。一般是两翼出露中新元古界，作为沉积中心的唐山出露石炭系。

3. 轴部次级背斜南翼上的叠加构造

原轴部次级背斜南翼沿怀安、怀来、延庆、怀柔至马兰峪一带的太古界-古元古界呈断续出露，被叠加了北东向构造从而形成了阳原背斜、八达岭背斜、密云背斜、马兰峪背斜和青龙背斜。

阳原背斜原称天镇台穹，主体位于山西境内。轴部在阳原北山，为太古界结晶基底，中元古界团山子组及高于庄组超覆其上作为两翼地层，由此构成了一个复背斜。复背斜两翼边缘发育逆冲方向相背的断裂。该背斜的其他构造可能在山西境内。

八达岭背斜原称八达岭穹褶束，是 1920 年由叶良辅先生命名的南口大背斜[90]。为一北东东向、南陡北缓的倒转复式背斜，在后城盆地之西南。核部为零星出露的太古界，两翼为中新元古界。该背斜受八达岭岩体侵入的影响，在平面上呈向南突出的弧形。两翼被次级褶皱复杂化，为连续的中型复式褶皱系列，轴向长可达数十千米。次级向斜翼陡平，背斜宽缓斜歪，褶皱的地层均含有中侏罗统，并被土城子组不整合覆盖。该背斜燕山中、晚期侵入体极为发育，以致破坏了该复式褶皱的形态。仅从太古代基底的断续分布才勾画出背斜的轴线。

密云背斜原称密云台穹，其核部为太古界，四周为中元古界不整合环绕。其东、北两侧断裂构造较为强烈，东侧发育一系列北西西向纵断层，北侧发育近东西向叠瓦状压性断裂，动力变质带密集成群。

马兰峪背斜是燕山中段构造格局中一个醒目的构造单元，位于北京以东，青龙—滦县以西，北抵古北口—平泉一带，南至宝抵—滦南一带，整体为一近东西向、向西倾伏，四周被断裂所截，枢纽线起伏不平的宽缓箱状复背斜（图 5-9）。由于枢纽线向西倾伏，因而在平面上呈东宽西窄的"舌状"。长约 100 km，核部宽 20~30 km。核部在马兰峪至金厂峪一线，宽约 20 km，由太古界组成，并被中生代中晚期侵入岩侵入。中侏罗世末的酸性侵入岩大体沿轴线呈串珠分布。南、北两翼依次由中新元古界、古生界及中下侏罗统组成，但南、北两翼及其西部转折端一带地层都以非常陡的产状向背斜外部倾斜，而稍远离背斜地层产状又显著变缓，在西南端表现最为醒目。北翼发育以中侏罗统为核部的次级向斜，并被两组断裂所破坏，一组是近东西向的基底主干断裂，主要表现为自南向北逆冲，兼右行扭动性质；另一组为北东向的燕山期新生断裂，多表现为压扭性，左行扭动。受北东向断裂的影响，近东西向的主干断裂被新生的北东向断裂节节错移而出现弯曲现象。西部转折端附近为近南北向展布的黄崖关断裂。背斜核部东段发育北西向冷口断裂。马兰峪背斜过去被认为是印支期或燕山早期南北向收缩构造变形的产物，在 20 世纪 90 年代后期以来被不少研究者认为是伸展变质核杂岩构造[91~97]，并被作为中国东部中生代大陆伸展构造变形的典型变形形式[98、99]。但近来的研究发现，它不具备典型变质核杂岩应有的大规模低角度拆离断层及上覆岩系中的高角度断层系列和下伏岩系顶部的低角度韧性剪切带等基本构造要素[100~102]。在马兰峪背斜北翼、南翼及西部转折端一带开展的构造变形研究都表明它是近南北向缩短变形期间形成的、基底与盖层共同卷入变形的大型褶皱构造[103]。据此笔者认为，马兰峪背斜应是在印支运动期间所形成的复向斜轴部次级背斜的南翼，在燕山运动一幕被叠加了北东向构造而成。

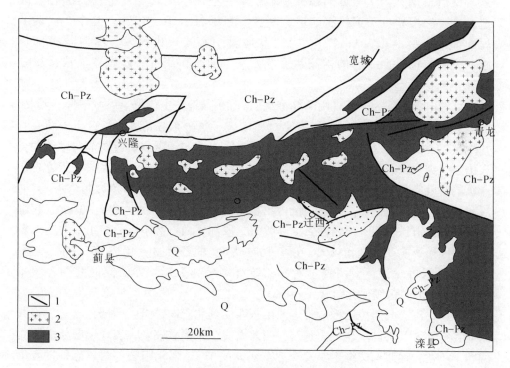

图 5-9　马兰峪背斜构造简图（据李海龙等[103]）

Q. 第四系；J₃t. 土城子组；Ch-Pz. 中元古界—古生界；1. 逆冲断层；2. 中生代侵入岩；

3. 太古界—古元古代结晶基底

青龙背斜由于受到秦皇岛隆起的影响，已成为了马兰峪背斜的东延部分。

4. 轴部纵断裂盆地上的上叠盆地

轴部纵断裂盆地在这一阶段被叠加了北东向构造后，从西向东被分割为宣化向斜盆地、后城向斜盆地、滦平向斜盆地和承德向斜盆地，显示出单个盆地北东向展布与东西向盆地群带状分布，具有上叠盆地性质的特征。

宣化向斜盆地为一北东东向箱状向斜构造，其南北两翼为东西向相向逆冲的断裂所控制。其核部为中新元古界及侏罗系，太古界沿两翼断续分布。其两翼发育次级褶皱和断裂而复杂化。该向斜南翼涿鹿一带的太古界及中元古界发育了较紧密的褶皱束，南翼东部可辨认出两个背斜间夹一个向斜，短轴状，走向北东60°。受轴部纵断裂影响，发育有与主断裂平行的近东西向及北西向断裂束。北西向断裂规模不大，多具剪切性质，部分被岩脉充填。北翼太古界受东西向轴部纵断裂影响，在万全一带自西向东发育了三个中生代陆相盆地。三者横向并列，自西向东分别堆积早—中侏罗世含煤建造及类磨拉石建造，中—晚白垩世类磨拉石建造，晚侏罗世酸性火山岩建造。其中，前两者属山前拗陷型堆积，东侧的火山岩盆地属中心式火山喷发。沿向斜核部偏南，发育有同轴向平行的逆掩断层带，系由褶皱作用进一步发展而成，属延伸性逆断层类型。

后城向斜盆地为一不规则的箕型火山-沉积盆地，主体位于后城中部。其北、西界分别为轴部纵断裂及紫荆关-上黄旗断裂，盆南东缘角度不整合于中新元古代地层之上，受基底构造控制明显。主要出露中元古代碳酸盐岩建造及中侏罗世火山岩、类磨拉石建造。受到北东向构造的影响，在常胜庄—老虎头一带发育次一级的常胜庄背斜，其轴迹从老虎头至常胜庄由近东西向展布转为北东45°方向展布，向东被北西向断层所截。区内出露较完整，长约8 km，宽2~3 km，核部地层为蓟县群铁岭组一段，两翼为铁岭组二段和青白口群下马岭组组成。南东翼由于受断层影响产状变化较大，倾角10°~70°；北西翼倾角10°~30°。根据背斜构造剖面图可知，背斜两翼不对称，转折端呈圆弧形，轴面倾向北西，倾角60°~80°，为斜歪倾伏背斜（图5-10）。

承德—滦平向斜位于构造带走向由东西向到北东向转折的地区，与马兰峪背斜北翼相邻。其轴向呈北东向延伸，西北翼缓，东南翼较陡，表现出明显的不对称状。承德盆地北部边缘主要发育近东西向的丰宁-隆化断裂；两翼分别发育了古北口-承德-平泉逆冲断裂和大庙-娘娘庙断裂断层，应是承德向斜的配套逆冲断裂。承德盆地内发育有一条逆冲断层，使中新元古代石英砂岩和碳酸盐岩层逆冲到北侧的土城子组之上（图5-11）。盆地东部转折端南侧，以及南翼西段的鞍

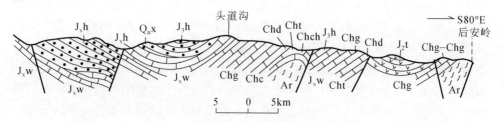

图 5-10 后城向斜盆地横剖面图 (据 1989 年河北省区域地质志, 有修改)

Ar. 太古界; Chc. 常州沟组; Chch. 串岭沟组; Cht. 团山子组; Chd. 大红峪组; Chg. 高于庄组; J_xw. 雾迷山组; J_xh. 洪水庄组; Q_nx. 下马岭组; J_2t. 髫髻山组; J_3h. 后城组

图 5-11 承德盆地和寿王坟盆地地质图 (据 1989 年河北省区域地质志, 有修改)

匠–孟家庄逆冲构造和及大营子–潘家店逆冲断层也都表现为基底变质岩系和上覆长城系盖层一起向南逆冲于古生界和土城子组地层之上。在土城子中晚期, 承德–滦平盆地内部南段发育的逆断裂切割地表, 形成新的古北口–大杖子逆冲断裂系，并在逆冲系向南扩展过程中形成背驮于古北口-大杖子逆冲断裂上盘的背驮式盆地。古北口-承德-平泉逆冲断裂西段被 132～129 Ma 的花岗质岩体侵入[70]，据此可见断裂形成于晚侏罗世。盆地核部为一套早侏罗世陆相含煤建造，直接不整合于太古界之上。北翼主要由土城子组地层组成，在骆驼山、鸡冠山到椴树洼南山一线以北被张家口组酸性火山岩所覆盖。在北翼的六沟、西山嘴、前营子、大石庙、大贵口一带分布着主要由长城系团山子组、大红峪组和高于庄组组成的断片。南翼由长城系和部分蓟县系、髫髻山组及土城子组组成。承德向斜转折端在东部沙金沟一带仰起，主要由比较完整的长城系和部分蓟县系地层组成。根据沉积相带及相序分析，承德-滦平盆地与寿王坟盆地的土城子组沉积在早-中期应为统一的盆地。现今承德盆地南部的鹰手营子剖面和寿王坟盆地的密石梁西等剖面的中段均发育 3～4 层灰岩或泥灰岩，层位可做对比。

值得一提的是，承德盆地中的土城子组砾石成分以花岗质（片麻岩等）为主，而北部盆地基底恰好大面积发育太古宙片麻岩。土城子组在空间上表现出明显的变化，自北向南分别为砾岩相、砂岩与泥岩互层相及粉砂岩、泥岩相等沉积相带。这应说明在整个盆地发展过程中沉积物主要来自于西北部，其沉积碎屑主要来自盆地北侧因逆冲体堆垛作用而形成的隆升和剥蚀区[3、104]。但承德盆地南翼的土城子组古水流方向在层序的上、下部分发生了明显的变化，其下部古水流方向同盆地北区一样，为自西北向东南，盆地中的沉积物主要来自于西北部，应表明盆地北侧处于隆升剥蚀区[3、104]。笔者推测，承德盆地土城子组下部沉积物应来自于中侏罗世末期形成的内蒙古地轴。而上部则变为自东南向西北，这似应表明由于秦皇岛隆起造成了这一古水流方向的改变。

5. 轴部次级背斜北翼上的叠加构造

原轴部次级背斜被叠加了北东向构造后，发展成为崇礼背斜、丰宁背斜和大庙背斜。

崇礼背斜主要为太古界基底出露区，并发育太古代—古元古代中基性岩，海西晚期超铁镁质岩、花岗岩，以及燕山期花岗岩等。西端被古近纪玄武岩覆盖，东端与丰宁背斜过渡处为零星出露的中侏罗世晚期类磨拉石建造及晚侏罗世火山岩建造，与北侧拗陷区的上侏罗统为不整合接触。

丰宁背斜的范围包括以往的东卯断块，以太古界为核部，构造线近东西向。太古界普遍混合岩化，片麻理模糊不清。发育太古代闪长岩体、海西晚期超铁镁质岩、花岗岩及燕山期花岗岩，岩体沿大庙-娘娘庙断裂的两侧呈串珠状分布。燕山一期其东部受北东向构造影响而发育了北东向火山岩盆地，侵入了南猴顶花岗岩基（126.25 Ma）。

大庙背斜原称大庙穹断束，呈近东西向带状展布，发育一系列褶皱和断裂。

核部发育太古界—中新元古界，南翼与承德向斜盆地相邻，发育早侏罗世小型陆相含煤建造及中侏罗世类磨拉石和中性火山岩建造，北翼发育早白垩世含油页岩建造及火山岩建造。并发育多期侵入体，以大庙-娘娘庙基性-超基性岩带为主要特征。有太古代花岗岩、闪长岩，中元古代花岗岩、基性-超基性岩，海西晚期超基性岩、花岗岩，以及燕山期花岗岩等，均呈近东西向密集成群出露。在丰宁-隆化断裂和承德逆冲断层，以及下店子-平泉断裂之间还存在一个盖层被剥蚀掉的基底卷入变形的大型背斜构造[56]，它是大庙背斜的次级构造。该背斜在平泉县东南的南双洞一带又发育次一级的南双洞背斜，长约 12 km，宽约 4 km。背斜轴迹呈东西向展布，并向北东向偏转（图 5-12）。其东、西向均呈圈闭状态，为一规模较小的短轴背斜。核部由蓟县系雾迷山组-青白口系组成，两翼为寒武系—三叠系。该大型背斜的东段南翼又发育一个以石炭系为核部的小型向斜构造。北翼最新地层为三叠系刘家沟组。在背斜的转折端处，层间滑脱褶皱十分发育。根据背斜卷入的最新地层为三叠系，而背斜的东北部和西北部又被髻髻山组火山岩及土城子组所覆盖。因此，该背斜应形成于燕山运动第一期。

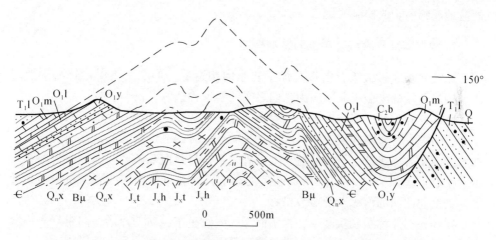

图 5-12　南双洞口背斜剖面图（据 1989 年河北省区域地质志，有修改）

Q. 第四系；T_1l. 刘家沟组；C_2b. 本溪组；O_1m. 马家沟组；O_1l. 亮甲山组；O_1y. 冶里组；€. 寒武系；Q_nx. 下马岭组；J_xt. 铁岭组；J_xh. 洪水庄；J_xw. 雾迷山组；βμ. 辉绿岩

6. 复向斜北翼次级向斜上的叠加盆地

原复向斜北翼次级向斜被叠加了北东向构造后形成了张北盆地、沽源盆地和张三营盆地，而在沽源盆地与张三营盆地之间发育了上黄旗穹断束。张北盆地在靠近康保背斜附近的土城子一带，见东西向断裂被北西向断裂节节错移。在近东西向小型断凹内，发育中侏罗世晚期含煤建造，直接不整合于太古界之上，厚

538 ~ 1 767 m，自西向东增厚。晚侏罗世陆相火山岩建造也有零星分布。据此说明该盆地属于复向斜的北翼次级向斜盆地。

沽源向斜以前称沽源陷断束，为太古代基底上的中生代断裂凹陷区，东侧大致以北北东向的紫荆关–上黄旗断裂为界，连同西、南界断裂组成菱形平面。南界为太古界组成的轴部次级背斜北翼。该盆地由于位于背形的西北翼，处于缓慢下降的部位，而成为了后期阜平–围场火山岩带大规模流纹岩、流纹质凝灰岩、熔结凝灰岩面式喷发的轴部地区。该向斜由南而北发育一系列背、向斜，如在其东部发育了北东向的白沙梁背斜、森吉图背斜、大滩向斜等。并发育一系列北东向断裂，可能为向斜的配套断裂。据此，该向斜可能是一个北东向宽缓复向斜。

张三营向斜为一平面上近似北宽南窄的倒梯形北东向盆地，堆积了晚侏罗世酸性熔岩，盆地东部及南部太古界零星分布，燕山期侵入体比较发育。

在沽源盆地与张三营盆地之间，原南北向小滦河断裂被叠加了北东向背斜而发育成为"长梁"状的上黄旗穹断束。该穹断束主要由太古界混合岩、变质岩、少量二叠系变质砂砾岩，间有大面积海西期和燕山期花岗岩组成，其上发育北东向的大西台子向斜和孙家营复背斜。该穹断束分隔东西两侧盆地，并对东西两侧的盆地起到一定的控制作用。

7. 复向斜北翼次级背斜上的叠加构造

原复向斜北翼次级背斜被叠加了北东向构造后，形成了康保背斜和围场背斜。围场西端的半截塔断凹应为它们之间的盆地构造。

康保背斜包括以前称为土城子台拱部分。轴部在土城子一带出露太古界结晶基底，两翼发育海西晚期岩体。南翼在土城子一带因靠近张北向斜盆地而发育中侏罗世晚期含煤建造，直接覆盖在太古界之上，自西向东增厚。晚侏罗世陆相火山岩也有零星分布。受康保–围场断裂的影响以发育近东西向断裂为主，在平面上多处被北西向的次级断裂节节错移。

围场背斜原称围场拱断束，在平面上，大致呈东西向的矩形，向东延入内蒙古。其轴部由太古界组成，太古界普遍遭受混合岩化作用，片麻理模糊不清。其上被北东向断裂叠加而发育了一个断陷盆地，零星发育有中侏罗世晚期类磨拉石建造及晚侏罗世火山岩建造。

半截塔凹陷现称塔镇向斜，它发育了后窝铺背斜、苏家店向斜和漠河沟门背斜等褶皱构造而成为了一个北东向宽缓复向斜。该向斜还发育了北东向、南北向及北西向断裂。太古界和燕山期侵入体零星出露，主要出露上侏罗统地层。并伴有强烈而广泛的酸性、碱性中基性火山喷发及岩浆侵入活动。

5.5 辽西地区的构造形迹

5.5.1 断裂

辽西地区在背形构造阶段，原东西向纵断裂被扭转成为了北东向断裂后，并且由于受到太平洋应力场的影响较大，因而辽西地区断裂构造极为发育，并以逆断层为主，规模较大。在这一扭转过程中，由于受到围场-平泉-秦皇岛断裂的影响，辽西地区的纵断裂与燕山地区的纵断裂发生了错动，致使许多原来是同一条断裂的断裂被误以为不是同一条断裂，辽西地区的纵断裂也就不被所认识，如药王庙-南票-松岭山脉-骆驼山-哈尔套断裂应是复向斜轴部次级背斜南翼上的纵断裂，佛爷洞-老爷庙-朝阳-北票-旧庙断裂应是原复向斜轴部次级背斜北翼上的纵断裂，沟门子-喀左-木头城子断裂是原复向斜北翼次级向斜上的纵断裂，凌源-中三家-西官营子断裂应是原复向斜北翼次级背斜上的纵断裂。

由于构造运动的持续发展，上述纵断裂还发生了逆冲推覆作用，形成了一系列北东向逆冲推覆构造，一般发育于各构造盆地边缘，控制着各期火山岩的分布。如在朝阳、北票北部，可见建平群逆冲于侏罗系之上，在建平南、朝阳大庙一带见建平群逆冲于中新太古界之上。这些推覆构造还使中元古界、古生界、北票组推覆叠加形成了叠瓦式构造。关于逆冲推覆构造发生的时间，在东官营子附近，沿逆冲断层带发育有 20～50 m 宽的构造角砾岩，主要为太古宙片麻岩，其次为硅质岩、白云岩等，胶结物以泥质为主。构造角砾岩中未发现断裂下盘义县组火山岩的物质成分，表明构造角砾岩的形成时代早于义县组，据此推测其逆冲推覆作用至少在土城子期已经开始出现[105]。

前述燕辽造山带在燕山运动一幕期间被扭转了 50°～60°，那么，据此推测辽西地区原共轭断裂中北东向一组将被扭转成为近南北向，而北西向一组则被扭转成近东西向。洪作民[106] 曾在凌源县、葫芦岛红石砬子等地见到棋盘格式构造，并将北北西向张扭性断裂称为大义山式构造，将北东东向压扭性断裂称为泰山式构造，便很可能是原共轭断裂被扭转的结果。

原横张断裂则应被扭转成为北西向断裂。现在辽西地区，隐约还可以辨认出一些北西向断裂，如沿中三家-娘娘庙-兴城、哈尔套-锦州、北票-义县和于寺-北镇一带都断续发育着北西向断裂。典型的如北票-义县断裂，自北票西部平顶山，经东官营子、土城子、北票，向南东过上园、义县前杨柳屯至百兰北结束，呈北西向延伸。而且，北西向原横张断裂还切割了原纵断裂，如在阜新-义县盆地东缘可见这一构造现象。

5.5.2　盆岭构造

前面论述了燕山地区在燕山运动一期形成了褶皱干涉样式，这一构造样式推测在辽西地区可能也存在过。但辽西地区一直处于被扭转过程，使得褶皱干涉样式的形成时间可能较为短暂，以致褶皱干涉样式发育不完全。而且，由于辽西地区的北部被海西槽区所限定，辽西地区复向斜在被扭转成北东向的过程中只能在原有的空间内发生扭转作用，因此复向斜的南北范围只能在原有范围内被压缩。这一压缩的结果使得辽西地区的整个复向斜只能隆起，而这一隆起的结果造成了复向斜中的背斜和向斜发展成为了山脉隆起、飞来峰及阶梯状或对称的地堑、地垒相间的同沉积盆地，或地层沿北东向断裂推覆构成叠瓦状构造或背驮式构造，而形成由紧闭背斜和西北翼倒转、东南翼缓倾的倒转向斜组成的侏罗山式褶皱。从区域上看，侏罗山式构造样式仅限于土城子组及之前的地层，而在义县组不发育。而且，这一构造阶段所形成的褶皱也呈现出北东向雁列式排列，主要呈现为一种盆地、山脉相间的北东向复式向斜形态之盆地群，以及在凌源、建昌、喀左、朝阳、北票等地的侏罗纪盆地西缘，发育一系列逆冲断层和推覆体构造，在剖面上构成叠瓦状构造和飞来峰、天窗，呈现背驮式扩展方式特征，很可能便是褶皱干涉样式的反映。再有，由于辽西段在被扭转成北东向的过程中，它持续地受到压应力的作用，因此它被最大限度地挤压，使得原次级背斜发生了滑脱作用而发育了许多滑脱构造，特别是沿沉积盖层与基底间发生了滑脱作用，同时又侵入了岩浆岩而形成了变质核杂岩。

根据现阶段的认识，辽西地区复向斜的南翼次级背斜发展成为了绥中隆起和医巫闾山变质核杂岩，南翼次级向斜被发展成为了阜新–义县盆地，轴部次级背斜南翼发展成为了松岭山脉隆起，轴部纵断裂盆地发展成为了金岭寺–羊山盆地，轴部次级背斜北翼发展成为了建昌–汤神庙盆地、娄子山飞来峰、凤凰山隆起和旧庙隆起，北翼次级向斜发展成为了喀左–四官营子盆地和朝阳–北票盆地，北翼次级背斜发育成为了帽子山隆起和建平复背斜。

1. 南翼次级背斜上的隆起

南翼次级背斜发育绥中隆起和医巫闾山隆起。

1) 绥中隆起

由于地处秦皇岛附近，随着隆起运动的持续发展，现成为了秦皇岛隆起的一部分。其基底由太古界混合花岗岩及建平群大营子组构成，在隆起的周边有中新元古界分布。早元古代有房胜沟花岗岩及花岗闪长岩体呈岩株状侵入，晚古生代石炭纪有葫芦岛花岗岩侵入，中生代燕山期为区内岩浆活动时期，沿其北界要路沟–葫芦岛断裂有碱厂、圣宗庙等岩体侵入，呈近东西向或北东向串珠状分布，其岩性为石英二长花岗岩、花岗闪长岩、钾长花岗岩等。

2）医巫闾山隆起

位于阜新—义县一线以东，医巫闾山山脉中段，是东部下辽河平原与西部山区的分界线。该隆起为一复背斜，其东为下辽河白垩纪断陷盆地，西为阜新-义县盆地（图 5-13）。总体呈北东向展布，北起彰武以南，南至葫芦岛市，长约 200 km，宽 30 km 以上。显示明显的 3 层结构。基底为太古代建平群瓦子峪杂岩和大营子杂岩，变质相为高级绿片岩相。盖层不发育，仅在隆起的东西两侧有中元古界长城系上部、蓟县系下部层位和青白口系零星出露。古生界具典型的地台特征。中侏罗世时，该隆起的核部侵入了医巫闾山岩体及山岳沟花岗岩株。其中，医巫闾山花岗岩为一个复式岩体，主要由花岗闪长岩、二长花岗岩、白云母花岗岩组成。单颗粒锆石 U-Pb 同位素定龄为（164 + 9.5）Ma，锆石 SHRIMP 年龄为（153±5）Ma、（159±4）Ma 和（163±4）Ma[58、107] 及（124 ± 1）Ma[108]，LA-ICP-MS 年龄（153±2）Ma 和（163±3）Ma。晚侏罗世时，围绕着医巫闾山岩基周缘发育了呈环形展布的拆离韧性剪切带，其西侧控制了义县盆地的发育[109、110]。该剪切带以初糜棱岩、糜棱岩、超糜棱岩为主要标志。整个剪切带产状变化较大，出露宽度为 1~5 km。受环形剪切带影响，其变质核部及韧性流变层的面理分布构成一个穹隆形状，东侧和南侧剪切带糜棱面理主要向东、向南缓倾，出露较宽；北侧剪切带面理逐渐从北西向向北东向变化，并且产状由陡逐渐变缓，出露宽度最窄；西侧剪切带面理主要向西或北西倾，倾角约 40°，出露宽度与北侧相近。其西侧被后期核杂岩隆升过程中发育的瓦子峪剪切带所切割，现今整条拆离剪切带呈不完整的长环形分布。在拆离剪切带及其下盘变质基底中侵入了大量长英质岩脉，这些岩脉主要围绕在环形拆离韧性剪切带之内分布，越靠近核部岩体，侵入的岩脉越多。在剪切带外侧（上盘）很少出露，剪切带本身是含岩脉变质岩区与无岩脉区之间的一个明显界线。野外观察表明，接近剪切带时，岩脉总体变形强烈，远离剪切带时变形减弱。据此表明它们属于同变形侵位岩脉。岩脉的锆石 U-Pb 定年揭示该核杂岩的活动时间为 157~149 Ma[111]。结合同时期燕辽造山带大量岩浆活动特征，以及该隆起南部出现了较多北东—北北东向矿物线理暗示该隆起可能于晚侏罗世。

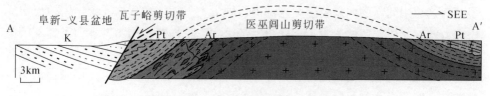

图 5-13　医巫闾山变质核杂岩构造简图（据张必龙等[112]）

此外，在锦州一带可见一个北东向构造带，如北东向松山-石山站背斜和松山-锦县断裂带等，据此推测锦州一带应是上述两个构造单元之间的鞍部。

2. 南翼次级向斜上的盆地

原复向斜南翼次级向斜发育了阜新–义县盆地。该盆地东有医巫闾山，西有松岭山脉，二山夹持，地貌上为一北北东向对称带状的山间谷地。盆地东西宽 $8 \sim 20$ km，南北长 120 km，总面积 2 000 km²。盆地轴向大致呈北东向，受北部槽区的影响，越近北东端越向东弯转。盆地边缘均为断层所限，东侧和西侧盆缘断裂是原来基底断裂发育而成的同沉积断裂，总体表现为一个典型的双断型地堑盆地。盆地基底为前中生代地层，缺失早中生代和古生代地层。

3. 轴部次级背斜南翼的隆起

轴部次级背斜南翼发育了松岭山脉隆起。松岭山脉断块隆起东侧为阜新–义县盆地，西侧是金岭寺–羊山盆地。东西两侧以北北东正断层与盆地分界。主要由太古界、长城系、蓟县系、青白口系、寒武系、早中奥陶统、中石炭统——二叠系和早中三叠系等组成。松岭山脉隆起的主体部分在侏罗纪时期被认为曾经是金岭寺–羊山盆地的组成部分，这应意味着轴部次级背斜南翼在其被分裂出来成为一个独立构造单元的过程中，它与轴部纵断裂盆地经历了共同的构造历程。随着轴部纵断裂的裂开，轴部纵断裂盆地逐渐扩大，轴部次级背斜的北翼和南翼才逐渐地独立发育出来。

另外，在南票、药王庙一带出露的基底岩系及中新元古界沉积地层也应属于轴部次级背斜南翼的地层，但由于受到秦皇岛隆起的影响，现已与秦皇岛隆起连接在一起而成为了其一部分。所以，现今轴部次级背斜南翼上的构造单元相对较少。

4. 轴部纵断裂盆地

金岭寺–羊山盆地是辽西地区轴部纵断裂盆地，是辽西地区最大的中生代盆地。现呈北东向展布，长约 180 km，最宽处约 40 km，面积约为 7 200 km²。该盆地是叠加在古生代拗陷之上的断陷盆地，为箕状构造。早中生代沉积大体上构成了两边老、中间新的向斜构造。东部南段缺失上三叠统和下侏罗统，中段仅出露中侏罗统，北段仅残留少量上三叠统上部沉积。中侏罗统相当发育，下侏罗统缺失。在西部中段三叠系发育较全，但上三叠统仅发育在早期。南票地区主要发育下中三叠统红砬组及后富隆组和中侏罗统海房沟组。上部兰旗组为钙碱性火山岩建造。土城子组为红色复陆屑式火山–沉积岩系发育完整，厚度大。其西缘为佛爷洞–老爷洞–朝阳–北票–旧庙逆冲断层，常见到前中生代地层逆掩在早–中侏罗世地层之上形成了推覆体构造。据此可以看出轴部次级背斜两翼的裂开与轴部纵断裂盆地的发展是逐渐形成的。

5. 轴部次级背斜北翼的隆起和盆地

轴部次级背斜北翼受到推覆构造的影响，使得从北向南发育旧庙隆起、北票大青山飞来峰、朝阳凤凰山飞来峰、娄子山飞来峰、建昌大黑山飞来峰等大型飞来峰及建昌-汤神庙盆地。飞来峰西缘逆掩断层被下白垩统九佛堂组地层覆盖，踪迹不明。

（1）建昌-汤神庙盆地，位于辽西喀左、建昌一带，东接金岭寺-羊山盆地最南端，北连喀左盆地，西侧为凌丰-铁杖子隆起，呈北东向带状展布。盆地面积 3 972 km²，其中沉积岩分布面积 2 600 km²。中侏罗世初海房沟组沉积时期，受北东向断裂的差异活动控制，沿断裂形成一些小规模断陷。在这些断陷内沉积了一套主要为冲积-洪积相组合的沉积物，夹有火山岩喷发。随后构造活动加剧，发生大规模火山喷发，髻髻山组（兰旗组）火山岩主要出露于盆地北西侧南段向北至王宝营子一带，沿盆地西北缘呈狭窄的条带状分布。该组下伏地层为北票组或直接超覆于前三叠系之上。晚侏罗世，由于气候逐渐变得干燥起来，盆地内普遍沉积了一套土城子组红色河湖相沉积物，是建昌盆地主要发育地层。侏罗纪末，燕山运动第一幕形成了北东向汤神庙向斜，沿轴向延伸约 40 km，发生褶曲的岩层主要有红砬组、兴隆沟组、北票组、兰旗组和土城子组。该盆地发育了多条控制盆地展布的盆缘断裂，如汤神庙西缘的佛爷洞-老爷洞-朝阳-北票-旧庙断裂、太阳山-塔子山逆冲断层和后城子逆冲断层[113]等压性、压扭性断裂，使前中生界逆冲于中生界侏罗系或更老地层之上，形成了分隔建昌-汤神庙盆地和喀左-四官营子盆地的凌丰-铁杖子隆起。

（2）娄子山飞来峰是沿喇嘛洞-章吉营-北票-化石戈断层上发育的最大一个飞来峰，由元古宇和古生界组成。从朝阳市南一直延伸到建昌玲珑塔，长达90 km，最宽处可达 25 km。该飞来峰上发育的北东向西大柏山-娄子山逆冲断裂，使平缓的中、新元古代地层和古生代地层其下掩伏有中生代早期沉积的早、中侏罗世、晚侏罗世地层和义县组。在吴大成沟南，见古生界逆冲于土城子组之上，且使其直立倒转。团山子（瓦房店锰矿）之南的中元古界、古生界逆冲于兰旗组之上，并使兰旗组倒转。西缘逆掩断层被九佛堂组覆盖，踪迹不明。

（3）凤凰山飞来峰，由前中生代地层组成。其西面以正断层与朝阳盆地相隔，东面由金岭寺-羊山西缘逆冲断层与金岭寺-羊山盆地相隔。金岭寺-羊山西缘逆冲断裂由北东向雁行排列的逆冲断层组成。北段北票附近的逆冲断层被翁文灏命名为南天门断裂，并做了详细描述。中段朝阳大黑山—凤凰山一带，中元古界、古生界逆冲在兰旗组之上，强烈的逆冲作用在凤凰山隆起上造成三条逆冲断层，使中元古界、古生界、北票组叠次推覆形成叠瓦状构造，并在大井家沟、长宝营子、帽山形成飞来峰。它们被其北侧与阜新组之间的断裂切截。

（4）旧庙隆起，西以化石戈断裂为界，东到柳河断裂，包括阜新北部和彰武西部地区。由太古界建平群小塔子沟组、大营子组构成。片麻理走向呈北东东向—东西向，发育北东向冲断层。缺失元古界至古生界。

6. 北翼次级向斜的上叠盆地

北翼次级向斜盆地主要沉积了晚侏罗世地层，早中侏罗世地层只是在次级向斜盆地的边缘分布，明显呈现为一盆地状态，但也可分为喀左–四官营子盆地和朝阳–北票盆地。

（1）喀左–四官营子盆地基本继承了北翼次级向斜盆地特征，呈北东向展布。盆地中部主要沉积上侏罗统，沿盆地四周发育中下侏罗统。

（2）朝阳–北票盆地位于朝阳市以西，是北翼次级向斜的北东部分。盆地内早中生代地层较为发育，下三叠统红砬组主要分布于林杖子、史台子及西北缘小兴隆沟一带，沿上二叠统石千峰组所形成的背斜两翼出露。主要由灰白、粉红色钙质、砂质胶结灰岩质砾岩夹砂岩组成。其下与石千峰组为连续沉积，其上被后富隆组花色砂岩平行不整合覆盖。兴隆沟组主要见于泉盛合、马营子、小南沟以北及桃树园以南，底部为砾岩，上部为灰黑色至灰绿色安山岩，其上被北票组平行不整合覆盖。北票组多被后期断层所切割，沿北东向分布于锣锅杖子、朱杖子、边杖子、下扣及口花林一带，由砂岩、砂页岩及页岩夹煤层组成。其上被义县组火山岩覆盖。海房沟组零星出露于腊海沟坎家杖子西山，由砾岩、火山碎屑岩及少量中基性火山岩组成。兰旗组主要分布于大黑山、大陈家梁子、大窝铺北及碾房院以南。土城子组中部的砾岩段主要见于王楼山及后赵沟以东，在两家子以南，下段紫红色页岩及中部砾岩均有出露。其沉积相带及富煤带均显示了北东向展布、北西向分异的特点，表现出控盆构造的初始方向即为北东向条带状向斜盆地。

7. 北翼次级背斜的上叠构造

北翼次级背斜发育成为了帽子山隆起和建平复背斜。

（1）帽子山隆起上发育了杨杖子–瓦房店逆冲断层，其逆冲断层的上、下盘都发育伴生的背斜。其上盘在井上村西部发育向南倒转的背斜，核部由长城系高于庄组组成。其下盘的背斜核部地层为蓟县系雾迷山组，总体轮廓可由青白口系的分布状况大致反映出来，只是由于后期北北东向逆冲作用和褶皱的改造而变得较为复杂。在大榆树林—沈家屯—榆树底下北部一带，可见北东向褶皱和逆冲断层改造了早期北西西—东西向背斜构造。郭杖子—北庄户—牛营子一带，见北西西向背斜及其对应的向斜被低角度逆冲断层所覆盖，其转折端在牛营子东南部的红石砬山一带保存完好，应是原共轭断裂中的北西向一组。牛营子–郭家店逆掩断层上盘发育有水泉沟飞来峰、郭家店–牛营子飞来峰、郭家店–牛营子构造窗和南营子飞来峰等，向北延伸被义县组覆盖，但错断了海房沟组和兰旗组。构造窗出露海房沟组。南营子飞来峰由元古宙地层和古生代地层组成，向北延伸截止于大凌河，向南延伸到黄土坡南。飞来峰东侧逆掩断层被义县组和九佛堂组覆盖，没有出露。从飞来峰西侧出露的中侏罗世海房沟组推测飞来峰下掩伏的地层应为早、中侏罗世地层。

（2）建平复背斜由太古界小塔子沟组及大营子组构成变质岩基底。其片麻理呈北东东—东西向。中元古界长城系仅在西部有零星出露，缺失中元古界蓟县系至古生代地层。海西期、燕山期有大量钙碱性花岗岩侵入。燕山早期和晚期花岗岩类岩株大致呈北东向分布。在叶柏寿一带可见叠加了后期的北北东向褶皱。

5.6　土城子组与褶皱干涉样式的关系

近年在燕辽造山带晚侏罗世的地层、构造等地质问题的研究中，大家发现晚侏罗世土城子组在确定东亚大地构造体制由挤压体制向伸展体制转折、陆相侏罗系与白垩系界线、热河生物群时代等重大地质问题的研究中，扮演着极为重要的角色[29,34,36~38,70,83,114~130]。一方面，土城子组与之前的下中侏罗统及之后的白垩系都呈现出不同的沉积特征。土城子组为一面状沉积体，而其之前或之后的地层沉积则较为复杂。另一方面，土城子组虽是一面状沉积体，却存在着沉积分异现象和多个沉积中心。各个盆地沉积的地层结构也千差万别，既存在以陆相沉积地层为主，火山岩较少发育或不发育的盆地；也存在以发育火山岩系地层与沉积岩系地层交互产出为主的盆地；还存在以火山堆积地层为主，不夹或极少夹沉积地层的盆地。而其火山地层与沉积地层之间不仅存在垂向的上下互层关系，而且存在横向上的指状交互的复杂地层关系。因此，土城子组被认为是在盆地基底差异性隆升的条件下形成。而且，土城子组上部普遍发育的巨型–大型板状–槽状交错层理风成砂岩等，被作为盆地基底差异性隆升的证据[131]。

但土城子组的盆地基底差异性是如何形成的，有什么构造意义？一般认为土城子组表现为从由北向南的挤压构造背景下沉积了巨厚粗碎屑沉积物的大型推覆构造带的前缘拗陷盆地[3,34,129,132,133]；发展成为沉积了巨厚河–湖相沉积物的伸展断陷盆地[14,74,83,134~136]。笔者认为，土城子组岩石组合和厚度在区域上不同地区变化较大，如后城盆地土城子组下部为紫红色砂砾岩，中部为砂岩、粉砂岩，上部为砾岩，出露厚度 791 m。滦平盆地自下而上主体岩性变化规律为底部与顶部为紫红色砾岩，下部与上部为含砾粗砂岩、粗砂岩，中部泥质粉砂岩、泥岩，出露厚度约 1 400 m。承德盆地下部为紫红色砾岩，中部为砂岩、含砾粗砂岩，上部为粉砂岩、泥岩，出露厚度 1 740 m。土城子组这一沉积特征应反映了次级向斜被分化为各个独立盆地，或次级背斜向下拗陷，成为了短轴背斜，并在两个短轴背斜之间出现了盆地的情况。换句话说，土城子组的盆地基底差异性特征是由叠加褶皱形成的短轴背斜和短轴向斜所造成的基底差异。

再有，土城子组底部砾岩的堆积反映了沉积早期以强烈断陷为特征，冲积扇和辫状河流沉积体系正是在这种构造环境下形成的；中部和上部的细粒沉积物指示着盆地在不断地扩大，沉积环境由早期冲积扇-辫状河流向曲流河-湖泊沉积体系转变。上述特征似乎意味着土城子组从小型山间盆地向大型盆地发展，即从差异性隆升所造成的地形高低起伏向平原化发展。换句话说，土城子组末期似乎存在一次构造夷平化过程。

辽西地区土城子组的砾石成分的垂向变化表明，在晚侏罗世早期剥蚀区母岩组合以下、中侏罗统的火山喷出岩为主，至晚侏罗世晚期则主要为太古宇-古元古界花岗质结晶岩石和中元古界-古生界碳酸盐岩等沉积岩等组合，向上新地层岩石不断减少，而老地层岩石则逐渐增加，基底岩性与物源的分带特征相耦合，显示出从晚侏罗世早期到晚期，较深部的岩石逐渐出露地表被剥蚀的揭顶剥蚀特点。据此推测辽西地区在土城子组末期也存在着构造夷平化过程。

5.7　岩浆活动

燕辽造山带晚侏罗世岩浆侵入活动与北东向构造带有关，在乌龙沟-上黄旗-林西深断裂带内或分布于紧邻深断裂带的两侧，侵入岩呈串珠状分布，以酸性岩为主，形成了闪长岩-石英闪长岩和石英二长岩-二长花岗岩岩株，构成了一个规模巨大的北东向带状展布的杂岩带。在张家口、承德到平泉一线以南，八达岭杂岩体（138 Ma，SHRIMP 锆石 U-Pb）、峪耳崖岩体、小寺沟岩体和牛心山岩体等构成了呈北东向延伸、模规巨大的岩带。再有，大河南杂岩体（136 Ma）也呈北东向延长，与北东向的逆断层平行。在辽西地区晚侏罗世侵入岩包括马鞍山岩体（156 Ma）、朝阳沟岩体（150 Ma）和大尖山岩体，则似乎与原向斜的纵断裂有关，但因纵断裂已被扭转成为了北东向，所以，上述侵入岩也应与北东向构造带有关。

再有，燕山地区还发育一条西起宣化水泉，向北东经后城、赤城元通寺、丰宁石人沟后沟里、滦平沙窝地直到承德平顶山一带[4]的规模不大的、东西向带状中酸性火山岩和侵入岩脉构成的岩浆活动带。其火山岩主要为来自富集地幔的钾玄岩系列和部分壳源高钾酸性组合[14]，如北京四海岩体为高钾钙碱性系列、富钾质拉斑系列和过渡型高钾钙碱性系列 3 种岩石组合的混合，延庆以碱性系列和向碱性系列过渡的高钾碱性系列、钾玄岩系列为主[137、138]，河北围场小桌子山地区土城子组中上部发育的流纹岩具富硅钾特征[139]。其侵入岩则为复杂岩浆杂岩体，如王安镇岩体至少五个侵入序次形成，八达岭杂岩体由里长沟闪长玢岩（168 Ma）、大东沟石英二长闪长岩（156.6 Ma）、孟家营子二长花岗岩（141.2 Ma）等侵入岩组成，滦平地区侵入土城子组的斑状石英正长岩，以幔源物质为主的碱性岩系，富硅贫铝，后又被辉绿岩脉、煌斑岩脉、闪长斑岩岩脉等侵入[5,140]。

参 考 文 献

[1] 邵济安，刘福田，陈辉，等. 大兴安岭–燕山晚中生代岩浆活动与俯冲作用关系. 地质学报，2001，75（1）：56-63.

[2] 李伍平，李献华. 燕辽造山带中段中晚侏罗世中酸性火山岩的成因及其意义. 岩石学报，2004，20（3）：501-510.

[3] 和政军，王宗起，任纪舜. 华北北部侏罗纪大型推覆构造带前缘盆地沉积特征和成因机制初探. 地质科学，1999，34（2）：186-195.

[4] 河北省地质矿产局. 河北省区域地质志. 北京：地质出版社，1989：192-218.

[5] 辽宁省地质矿产局. 辽宁省区域地质志. 北京：地质出版社，1989：227-251.

[6] 张川波，何元良. 辽宁北票附近中侏罗世晚期的沙漠沉积. 沉积学报，1983，1（4）：48-60.

[7] 西田彰一. 北票炭田及じ其の周边汇发达す为中生界の一二事实就いて. 地质调查所汇报，1942：107.

[8] 翁文灏. 中国东部中生代以来之地壳运动及火山活动. 地质学报，1927，6（1）：9-36.

[9] 中国地质调查局. 华北地块北缘总报告. 北京：地质出版社，2006：140.

[10] 内蒙古自治区地质矿产局. 内蒙古自治区区域地质志. 北京：地质出版社，1991：237-270.

[11] Swisher C C，汪筱林，周忠和，等. 义县组同位素年代新证据及土城子组 $^{40}Ar/^{39}Ar$ 年龄测定. 科学通报，2001，46（23）：2009-2013.

[12] 杨进辉，吴福元，邵济安，等. 冀北张-宣地区后城组、张家口组火山岩锆石 U-Pb 年龄和 Hf 同位素. 地球科学，2006，31（1）：71-80.

[13] Cope T D. Sedimentary Evolution of the Yanshan Fold Thrust Belt, Northern China. California：Stanford University，2003：1-91.

[14] 邵济安，孟庆任，魏海泉，等. 冀西北晚侏罗世火山-沉积的性质及构造环境. 地质通报，2003，22（10）：751-761.

[15] 邵济安，何国琦，张履桥. 燕山陆内造山作用的深部制约作用. 地学前缘，2005，12（3）：137-148.

[16] 张宏，袁洪林，胡兆初，等. 冀北滦平地区中生代火山岩地层的锆石 U-Pb 测年及启示. 地球科学，2005，30（6）：707-720.

[17] 张宏，韦忠良，柳小明，等. 冀北-辽西地区土城子组的 LAICP-MS 测年. 中国科学：（D辑），2008，38（8）：960-970.

[18] 王五力. 辽宁西部中生代叶肢介化石. 北京：地质出版社，1987：135-201.

[19] 张文堂，陈丕基，沈炎彬. 中国的叶肢介化石. 北京：科学出版社，1976：1-325.

[20] 郑少林，张武，丁秋红. 辽西中上侏罗统土城子组植物化石的新发现. 古生物学报，2001，40（1）：67-81.

[21] 蒲荣干，吴洪章，郭盛哲，等. 辽宁西部中生界孢粉组合及其地层意义——辽宁西部中生代地层古生物（2）. 北京：地质出版社，1985：121-212.

[22] 张永忠，张建平，吴平，等. 辽西北票地区中—晚侏罗世土城子组恐龙足迹化石的发现. 地质论评，2004，50（6）：561-566.

[23] 柯舒文，洪大卫，提姆科普，等. 河北省后城组新发现之小型兽脚类足迹. 古脊椎动物学报，2009，47（1）：35-52.

[24] 张旗，钱青，王二七，等. 燕山中晚期的中国东部高原埃达克岩的启示. 地质科学，2001，36（2）：248-255.

[25] 张宏仁. 燕山事件. 地质学报，2000，72（2）：103–111.

[26] 谢家荣. 北平西山地质构造概况. 中国地质学会会志，1936，15：61-74.

[27] 黄汲清. 中国地质构造基本特征的初步总结. 地质学报，1960，40：1-37.

[28] 赵宗溥. 燕辽造山带中生代地层及燕山运动时期的构造基本形态. 地质月刊，1959，4：23-28.

[29] 任纪舜，陈廷愚，牛宝贵，等. 中国东部及邻区大陆岩石圈的构造演化与成矿. 北京：科学出版社，1990.

[30] 马杏垣，刘和甫，王维襄，等. 中国东部中、新生代裂陷作用和伸展构造. 地质学报，1983，（1）：22-32.

[31] 鲍亦冈，谢德源，陈正邦，等. 论北京地区燕山运动. 地质学报，1983，57：195-204.

[32] 崔盛芹，李锦蓉，赵越. 论中国及邻区滨太平洋带的燕山运动. 国际交流地质学术论文集（2）. 北京：地质出版社，1985，221-234.

[33] 王鸿祯，杨森楠，李思田. 中国东部及邻区新生代盆地发育及大陆边缘区的构造发展. 地质学报，1983，57（3）：213-223.

[34] 赵越. 燕山地区中生代造山运动及构造演化. 地质论评，1990，36（1）：1-13.

[35] 翁文灏. 中国东部中生代造山运动. 中国地质学会会志，1929，8（1）：33-44.

[36] 赵越，张拴宏，徐刚，等. 燕山板内变形带侏罗纪主要构造事件. 地质通报，2004，23：854-863.

[37] 崔盛芹，李锦蓉，吴珍汉，等. 燕山地区中新生代陆内造山作用. 北京：地质出版社，2002，1-386.

[38] 任纪舜，王作勋，陈炳蔚，等. 中国及邻区大地构造图（1/500万）及简要说明书——从全球看中国大地构造. 北京：地质出版社，1999.

[39] 董树文，张岳桥，龙长兴，等. 中国侏罗纪构造变革与燕山运动新诠释. 地质学报，2007，81（11）：1449-1461.

[40] 马寅生，崔盛芹，曾庆利，等. 燕山地区燕山期的挤压与伸展作用. 地质通报，2002，21（4–5）：218-223.

[41] Grabau A W. Migration of geosynclines. Bulletin of the Geological Society of China, 1924, 3（3-4）：207-349.

[42] Grabau A W. The Sinian System. Bull Geol Soc China, 1922, 1, 1-4.

[43] Kao C S, Hsiung Y H, Kao P. Preliminary notes on the Sinian stratigraphy of North China. Bull Geol Soc China, 1934, 13, 243-276.

[44] Li J S. The Geology of China. T. Murby & Co. 1939.

[45] 黄汲清. 关于震旦运动. 地质论评, 1947, 12 (Z1): 95-99.

[46] 邓晋福, 赵国春, 苏尚国, 等. 燕辽造山带燕山期构造叠加及其大地构造背景. 大地构造与成矿学, 2005, 29 (2): 157-165.

[47] 李晓勇, 范蔚茗, 郭锋, 等. 古亚洲洋对华北陆缘岩石圈的改造作用: 来自于西山南大岭组中基性火山岩的地球化学证据. 岩石学报, 2004, 30 (3): 557-566.

[48] 李伍平, 路凤香, 孙善平, 等. 北京西山东岭台组火山岩起源及其构造背景探讨. 岩石学报, 2000 (3): 345-352.

[49] Zorin Y A, Belichenako V G, Turutanov E K, et al. The Siberia transect. *International Geology Review*, 1995, 37 (2): 154-175.

[50] Zorin Y A. Geodynamics of the western part of the Longolia- Okhotsk collisional belt, Trans-Baikail region (Russia) and Longolia. *Tectonophysics*, 1999, 306: 33-56.

[51] 李伍平, 路凤香, 李献华, 等. 北京西山髫髻山组火山岩的地球化学特征与岩浆起源. 岩石矿物学杂志, 2001, 20 (2): 123-133.

[52] 武广, 李忠权, 李之彤. 辽西中侏罗统海房沟组埃达克岩的确认及地质意义. 成都理工大学学报 (自然科学版), 2003, 30 (5): 457-461.

[53] Gao S, Ridhnick R L, Yuan H L, et al. Recycling lower continental crust in the Yanliao orogenic belt. Nature, 2004, 432: 892-897.

[54] 翟明国, 朱日祥, 刘建明, 等. 华北东部中生代构造体制转折的关键时限. 中国科学 (D 辑), 2003, 33 (10): 913-920.

[55] 姜耀辉, 蒋少涌, 赵葵东, 等. 辽东半岛煌斑岩 SHRIMP 锆石 U-Pb 年龄及其对中国东部岩石圈减薄开始时间的制约. 科学通报, 2005, 50: 2161-2168.

[56] 吴福元, 徐义刚, 高山, 等. 华北岩石圈子减薄与克拉通研究的主要学术争论. 岩石学报, 2008, 24: 1145-1174.

[57] Yang F Q, Wu H, Pirajno F, et al. The Jiashan Syenite innorthern Hebei: Arecord of lithospheric thinning in the Yanshan Intracontinental Orogenic Belt. Journal of Asian Earth Sciences, 2007, 29 (5/6): 619-636.

[58] Zhang X H, Mao Q, Zhang H F, et al. A Jurassic peraluminous leucogranite from Yiwulushan, Liaoxi, North China Graton: Age, origin and tectonic significance. Geological Magazine, 2008, 145 (3): 305-320.

[59] Jiang Y H, Jiang S Y, Ling H F, et al. Perogenesis and tectonic implications of Late Jurassic shoshoitic lamprophyre dikes from the Liaodong Peninsula, Ne China. Mineralogy and petrology, 2010, 100 (3-4): 127-151.

[60] Zhang B L, Zhu G, Jiang D Z, et al. Evolution of the Yiwulushan metamorphic core compex from distributed to localized deformation and its tectonic implications. Tectonics, 2012, 31 (4).

[61] 高德臻, 胡道功. 北京西山髫髻山向斜的形成与构造演化. 见: 李东旭. 北京西山地质构造系统分析. 北京: 地质出版社, 1995, 21-28.

[62] 武广, 李忠权, 李之彤. 辽西地区早中生代火山岩地球化学特征及成因探讨. 矿物岩石, 2003, 23: 44-50.

[63] 董树文, 张岳桥, 陈宣华, 等. 晚侏罗世东亚多向汇聚构造体系的形成与变形特征. 地球学报, 2008, 29 (3): 306-317.

[64] 赵越, 杨振宁, 马醒华. 东亚大地构造发展的重要转折. 地质科学, 1994, 29 (2): 105-119.

[65] 赵越, 徐刚, 张拴宏, 等. 燕山运动与东亚构造体制的转变. 地学前缘, 2004, 11 (3): 319-328.

[66] 董树文, 吴锡浩, 吴珍汉, 等. 论东亚大陆的构造翘变-燕山运动的全球意义. 地质论评, 2000, 46 (1): 8-13.

[67] 邵济安, 张吉衡. 燕山地区早中生代陆壳的改造——兼论印支运动. 地学前缘, 2014, 21 (6): 302-309.

[68] 中国地质科学院地质力学研究所: 华北地块北缘构造区、带划分及其基本特征, 1994.

[69] 赵越, 徐刚, 胡健民. 燕山中生代陆内造山过程的地质记录. 中国地质科学院地质力学研究所, 2002.

[70] Davis G A, Zhang Y D, Wang C, et al. Geometry and geochronology of Yanshan belt tectonics. 见: 北京大学地质系. 北京大学国际地质科学学术讨论会论文集. 北京: 地震出版社, 1998, 275-292.

[71] 郑亚东, Davis G A, 王琮, 等. 燕山带中生代主要构造事件与板块构造背景问题. 地质学报, 2000, 74 (4): 289-302.

[72] 张长厚, 吴淦国, 王根厚, 等. 冀东地区燕山中段北西向构造带: 构造属性及其年代学. 中国科学 (D辑): 地球科学, 2004, 34: 600-612.

[73] 徐正聪, 王振民. 河北燕山地区地质构造基本特征. 中国区域地质, 1983, 3: 39-55.

[74] 徐德斌, 胡建中, 李志忠. 河北尚义中生代盆地后城组沉积环境分析. 地球科学, 1995 (20) (增刊II): 51-55.

[75] 渠洪杰, 孟庆任, 张英利. 燕山构造带承德地区晚侏罗世盆地火山-沉积地层充填过程和构造演化. 地质通报, 2006, 25 (11): 1326-1337.

[76] 武汉地质学院, 成都地质学院, 南京大学地质系, 河北地质学院. 构造地质学. 北京: 地质出版社, 1979.

[77] Wang Y, Zhou L Y, Li J Y. Intracontinental supermposed tectonics: A case study in the Western Hills of Beijing, eastern China. Geological Society of America Bulletin, 2011, 123 (5/6):1033-1055.

[78] 张长厚, 张勇, 李海龙, 等. 燕山西段及北京西山晚中生代逆冲构造格局及其地质意义. 地学前缘, 2006, 13 (2): 165-183.

[79] 葛孟春, 任建业. 北京西山的推覆构造. 见: 张吉顺, 单文琅. 北京西山地质研究. 武汉: 中国地质大学出版社, 1990.

[80] 单文琅, 王方正, 傅昭仁, 等. 论北京西山南部盖层构造演化. 地球科学, 1989, 14 (1):37-44.

[81] 邵济安, 张长厚, 等. 关于华北盆山体系动力学模式的思考. 自然科学进展, 2003,

13 (2) :131-135.

[82] 张长厚, 陈爱根, 白志达. 河北省兴隆煤田及邻区厚皮逆冲推覆构造与隐伏煤田问题. 现代地质, 1997, 11 (3): 305-312.

[83] 李忠, 刘少峰, 张金芳, 等. 燕山典型盆地充填序列及迁移特征: 对中生代构造转折的响应. 中国科学 (D 辑), 2003, 33 (10): 931-940.

[84] Ren J, Li S, Lin C. Late Mesozoic intracontinental riftingand basin formation in eastern China. Journal of China University of Geosciences, 1997, 8 (1): 40-44.

[85] 白志民, 葛世炜, 鲍亦冈. 燕辽造山带中生代火山喷发及岩浆演化. 地质论评, 1999, 45 (增刊): 534-540.

[86] 吴福元, 杨进辉, 张艳斌, 等. 辽西东南部中生代花岗岩时代. 岩石学报, 2006, 22 (2):315-325.

[87] 张岳桥, 董树文, 赵越, 等. 华北侏罗纪大地构造: 综评与新认识. 地质学报, 2007, 81 (11): 1462-1480.

[88] 马杏垣. 北京西山的香肠构造. 地质论评, 1965, 23 (1).

[89] 宋鸿林. 北京西山谷积山箱形背斜倾伏端构造研究. 地质学报, 1996, 46 (1).

[90] 叶良辅. 北京西山地质志. 农商部地质调查所, 1920.

[91] 秦正永. 燕山地区与变质核杂岩-伸展构造有关的金、银矿找矿远景探讨. 前寒武纪研究进展, 1997, 20: 37-44.

[92] 牛树银, 孙爱群, 李红阳. 冀东幔枝构造外围主拆离滑脱带控矿的研究进展. 地质论评, 2001, 47: 595-596.

[93] 陈先兵. 冀东马兰峪变质核杂岩控矿的初步认识. 有色金属矿产与勘查, 1999, 8: 321-324.

[94] 傅朝义. 河北省变质核杂岩. 地质找矿论丛, 1999, 14: 10-16.

[95] 孙冀凡, 牛树银, 曾垣荣, 等. 幔枝构造外围主拆离带型金矿特征——以尖宝山金矿为例. 内蒙古地质, 2001, (1): 16-23.

[96] 肖成东, 杨伦, 魏晓英, 等. 冀东变质核杂岩中银金矿床地质地球化学特征. 北京大学学报 (自然科学版), 2002, 38: 245-251.

[97] 孙爱群, 牛树银, 李红阳. 冀东 "长城式" 金矿的成因探讨. 地球学报, 2002, 38: 435-442.

[98] Yan D P, Zhou M F, Song H L, et al. Mesozoic extensional structures of the Fangshan tectonic dome and their subsequent rocking during collisional accretion of the North China Block. J Geol Soc London, 2006, 163: 127-142.

[99] 王涛, 郑亚东, 张进江, 等. 华北克拉通中生代伸展构造研究的几个问题及其在岩石圈减薄研究中的意义. 地质通报, 2007, 26: 1154-1166.

[100] Coney P J. The regional tectonic setting and possible cause of Cenozoic extension in the North America Cordillera. In: Coward M P, Hancock P L. Continental Extensional Tectonics. Geol Soc Spec Publ, 1987, 28: 177-186.

[101] Davis G A, Lister G S. Detachment faulting in continental extension: Perspectives from the southwestern U. S. Cordillera. Geol Soc Am Spec Pap, 1988, 218: 133-159.

[102] Lister G S, Davis G A. The origin of metamorphic core complex and detachment faults formed during Tertiary continental extension in the northern Colorado River region, U. S. A. J Struct Geol, 1989, 12: 65-94.

[103] 李海龙, 张长厚, 邹云, 等. 冀东马兰峪背斜南翼与西部倾伏端盖层构造变形特征及其构造意义. 地质通报, 2008, 27: 1698-1708.

[104] 和政军, 李锦铁, 牛宝贵, 等. 燕山-阴山地区晚侏罗世强烈推覆隆升事件及沉积响应. 地质论评, 1998, 44 (4): 407-418.

[105] 马寅生. 燕山东段-下辽河盆地中新生代盆岭构造及应力场演化. 北京: 地质出版社, 2004.

[106] 洪作民. 试论辽西走向滑动断层体系及其意义. 长春地质学院学报, 1986, (3): 53-61.

[107] 杜建军, 马寅生, 赵越, 等. 辽西医巫闾山花岗岩锆石 SHRIMP U-Pb 测年及其地质意义. 中国地质, 2007, 34 (1): 26-33.

[108] 罗镇宽, 苗来成, 关康, 等. 辽宁阜新排山楼金矿岩浆锆石 SHRIMP 定年及其意义. 地球化学, 2001, 30 (5): 483-488.

[109] 张晓晖, 李铁胜, 蒲志平. 辽西医巫闾山两条韧性剪切带的 ^{40}Ar-^{39}Ar 年龄: 中生代构造热事件的年代学约束. 科学通报, 2002, 47 (9): 697-701.

[110] Darby B J, Davis G A, Zhang X H, et al. The newly discovered Waziyu metamorphic core complex, Yiwuülshan, Liaoxi Province, Northeast China. Earth Science Frontiers, 2004, 11 (3):145-155.

[111] 张必龙, 朱光, 姜大志, 等. 辽西医巫闾山变质核杂岩的形成过程与晚侏罗世伸展事件. 地质论评, 2011, 57 (6): 779-798.

[112] 张必龙, 朱光, 谢成龙, 等. 辽西医巫闾山晚侏罗世伸展事件的时限: 来自同构造岩脉的年代学证据. 高校地质学报, 2012, 18 (4): 647-660.

[113] 孙宇, 鲍强. 辽西地区盆地中生代构造演化. 露天采矿技术, 2011 (1): 20-22.

[114] 牛宝贵, 和政军, 宋彪, 等. 张家口组火山岩 SHRIMP 定年及其地质意义. 地质通报, 2003, 22 (2): 40-141.

[115] 张长厚. 初论板内造山带. 地学前缘, 1999, 6 (4): 295-308.

[116] 张长厚, 吴淦国, 徐德斌, 等. 燕山板内造山带中段中生代构造格局与构造演化. 地质通报, 2004, 23 (9): 864-875.

[117] 葛肖虹. 华北板内造山带的形成史. 地质论评, 1989, 35 (3): 254-261.

[118] 赵越, 崔盛芹, 郭涛, 等. 北京西山侏罗纪盆地演化及其构造意义. 地质通报, 2002, Z1 (4-5): 28-34.

[119] 宋鸿林. 燕山式板内造山带基本特征与动力学探讨. 地学前缘, 1999, 6 (4): 309-314.

[120] 朱大岗, 等. 燕山地区中生代岩浆活动特征及其与陆内造山作用关系. 地质论评, 1999, 45 (2): 163-171.

[121] 邓晋福, 赵国春, 赵海玲, 等. 中国东部燕山期火成岩构造组合与造山深部过程. 地质论评, 2000, 46 (1): 41-48.

[122] 邵济安, 牟保磊, 张履桥, 等. 华北东部中生代构造格局转换过程中的深部作用与浅

部效应. 地质论评, 2000, 46 (1): 32-40.

[123] Davis G A. The late Jurassic "Tuchengzi/Houcheng" Formtion of the Yaishan fold thrust ~ belt: An analysis, 燕山地区褶皱冲断带和盆地中的晚侏罗世上城子组/后城组形成分析. 地学前缘, 2005 (4): 331-346.

[124] 王思恩. 中国东部侏罗—白垩纪生物地层. 中国东部侏罗纪-白垩纪古生物及地层. 北京: 地质出版社, 1989, 143-195.

[125] 王思恩. 中国北部陆相侏罗系与英国海陆交互相侏罗系的对比研究——兼论中国北部侏罗系的划分和对比. 地质学报, 1998, 72 (1): 11-21.

[126] 季强, 姬书安, 任东, 等. 中国辽西中生代热河生物群. 北京: 地质出版社, 2004.

[127] 柳永清, 李佩贤, 田树刚. 冀北滦平晚中生代火山碎屑 (熔) 岩中钻石 SHRIMP U-Pb 年龄及其地质意义. 岩石矿物学杂志, 2003, 22 (3): 237-244.

[128] 田树刚, 庞其清, 牛绍武, 等. 冀北滦平盆地陆相侏罗系—白垩系界线候选层型剖面初步研究. 地质通报, 2004, 23 (12): 1171-1180.

[129] 刘少锋, 张金芳, 李忠, 等. 燕山承德地区晚侏罗世盆地充填记录及对盆缘构造作用的指示. 地学前缘, 2004, 11 (3): 245-254.

[130] 张宏, 柳小明, 高山, 等. 辽西凌源地区张家口组的重新厘定及其意义——来自激光 ICPMS 锆石 U-Pb 年龄的制约. 地质通报, 2005, 24 (2): 110-117.

[131] 许欢, 柳永清, 刘燕学, 等. 阴山-燕山地区晚侏罗世——早白垩世土城子组地层、沉积特征及盆地构造属性分析. 地学前缘, 2011, 18 (4): 88-106.

[132] 郭华, 吴正文, 刘红旭, 等. 燕山板内造山带逆冲推覆构造格局. 现代地质, 2002, 16 (4):339-346.

[133] 和政军, 牛宝贵, 张新元. 晚侏罗世承德盆地砾岩碎屑源区分析及构造意义. 岩石学报, 2007, 23 (3): 655-666.

[134] 马寅生, 崔盛芹, 赵越, 等. 华北北部中生代构造体制的转换过程. 地质力学学报, 2002, 8 (1): 15-25.

[135] 渠洪杰, 张英利. 承德地区土城子组沉积特征及构造意义. 大地构造与成矿学, 2005, 29 (4): 465-474.

[136] 孙立新, 赵凤清, 王惠初, 等. 燕山地区土城子组划分、时代与盆地性质探讨. 地质学报, 2007, 81 (4): 445-455.

[137] 汪洋, 姬广义. 北京四海地区髫髻山组-后城组火山岩岩石化学特征. 北京地质, 2003, 15 (1): 1-11.

[138] 汪洋, 姬广义. 北京延庆北部地区后城组火山岩岩石化学特征与成因探讨. 北京地质, 2004, 16 (1): 16-25.

[139] 中国地质科学院地质研究所. 西老府幅区域地质调查报告. 2009: 33-36.

[140] 河北省地质局. 滦平县幅区域地质调查报告. 1995: 74-83.

第6章　背形被破坏阶段

白垩纪时，由于太平洋构造应力场被进一步扭转，燕辽造山带的背形构造又被叠加了一个北北东向向斜，同时发育了不同方向的高角度正断层及其所控制的断陷盆地及变质核杂岩构造等，原有的构造形迹被改造、破坏，使该区构造现象进一步复杂化。

6.1　地　　层

早白垩世，燕辽造山带均为陆相沉积，主要沉积了张家口组、义县组、九佛堂组和阜新组。张家口组系河北区测队 1959 年根据巴尔博 1929 年 "张家口斑岩" 创名[1,2]，指白旗组安山岩之上，下白垩统大北沟组含狼鳍鱼层之下的一套酸性-亚碱性火山岩地层，命名地点在河北省张家口市北。张家口组广泛分布于冀北及相邻地区，以流纹质熔结凝灰岩、流纹岩和石英粗面岩为主，间夹安山岩、粗安岩和少量紫红色砂砾岩层。产有河流相含煤及油页岩陆源粗、细碎屑岩，岩性、岩相横向变化大。有些地方底部常见有厚几十米或百米的砾岩、含砾粗砂岩等。由于前期逆冲推覆构造造成地壳加厚，导致部分上地壳物质进入地壳中部、下部，在受到来自深部的玄武质岩浆加热后，部分熔融形成（狭义）花岗质成分的岩浆，形成了广泛分布的流纹岩、玄武岩、安山岩及少量碱性火山岩为主的玄武安山岩-安山岩-粗安岩组合。张家口旋回火山喷发活动以北北东向中心式、面式火山喷发为主，夹杂着少许的火山溢流和爆发。其分布广泛，甚至可以出现上千平方千米的泛流式流纹岩，构成了泛流式流纹岩高原的重要组成部分。张家口组已获得大量的同位素年龄，较多的全岩 K–Ar 年龄为 130 ~ 110 Ma，但 Rb-Sr 等时线年龄为 145 ~ 156±9 Ma，U-Pb 一致线年龄为 146.2 Ma，^{40}Ar-^{39}Ar 坪年龄和等时线年龄为 138 ~ 141.4 Ma。牛宝贵等[3]在张家口火山岩底部获得 135 Ma 的锆石 U-Pb SHRIMP 年龄。据此认为张家口组时代应为早白垩世，其活动时限大致为 140 ~ 145 Ma[4]。以前认为张家口组与下伏土城子组为整合接触或指状交互关系①②，但在赤城、后城一带，可见张家口组与土城子组这二者地层产状不一致，以大角度相交，在土城子组顶界面还存在古剥蚀面。而且，张家口

---

① 河北省区调大队，1∶20 万赤城幅区调报告（修编修测），1990 年。
② 河北省区调大队，1∶20 万丰宁幅区调报告（修编修测），1992 年。

组的分布明显受控于土城子组及以下地层为基底的盆地构造。因此，张家口组与土城子组明显呈不整合接触关系，或不整合于古老片麻岩之上。

在辽西地区，张家口组是近年 1：25 万区调从原义县组中分离出来的地层单元，为含狼鳍鱼层（义县组）之下的一套酸性-亚碱性火山岩为主夹少量沉积岩系的地层，呈北北东向沿断裂带分布，角度不整合覆于晚侏罗世土城子组或前中生代基底岩系之上，其上被早白垩世义县组角度不整合覆盖。含双壳类、昆虫类、介形类、腹足类、叶肢类、植物类、爬行类、哺乳类、两栖类化石。本书张家口组包括 1：20 万凌源幅原土呼噜组和原金刚山组及其对应的要路沟组，原狭义义县组则仍作为义县组。

辽西地区义县组原称义县火山岩系，由室井渡 1940 年创名，原指发育于义县附近，以褐色或褐灰色角闪安山岩、辉石安山岩为主，集块岩、角砾岩、凝灰岩为次的一套岩石组合，称为"义县火山岩类"，厚度大于 2 000 m。不整合覆于花岗岩之上，与上覆金刚山层呈整合接触，时代归中晚侏罗世。此后，对义县组划分与使用比较混乱。有认为义县组属于晚侏罗世[5~10]，也有认为属于早白垩世[11~21]。1965 年辽宁省区调队在 1：20 万凌源幅区调工作中对这套地层进行了划分，自下而上划分为义县组、金刚山组和吐呼噜组，时代置于晚侏罗世。1979 年王五力等将义县组、金刚山组、吐呼噜组和建昌组合并为大义县组，简称义县组，时代置于早白垩世，《辽宁省区域地质志》采用了这一划分方案。由于建昌盆地的原小义县组直接覆于土城子组紫红色泥岩之上，与土城子组呈整合或假整合接触。岩性下部为粗面岩，上部为流纹质岩石，其岩石类型、同位素年龄（K-Ar 112 Ma）与冀北张家口组相当，时代同属于早白垩世，而与冀北义县组相差较大。据此认为辽西地区义县组在张家口组之上。而义县组地层时代主要集中在 140~110 Ma，如王东方 1982 年对义县组底部火山岩 K-Ar 和 Rb-Sr 等年龄测定，分别为 136.9 Ma 和 140 Ma，辽宁区调队在锦州温滴楼义县组上部流纹岩中采集了 7 个测定 Rb-Sr 等时年龄为 125±5.3 Ma，沈阳地矿所对义县刘龙台、三道壕、闻家屯、阜新八家子、旧岭等地义县组下部安山岩、玄武岩 K-Ar 全岩年龄测定为 139.2±6.1 Ma，对北票、义县等地义县组上部安山岩、流纹岩 K-Ar 等时年龄测定为 117.1±5 Ma[13]，其生物化石组合和同位素年龄反映出其时代为早白垩纪。因此，义县组应为早白垩世地层。

辽西地区的义县组广泛分布于各个中生代盆地中，以阜新-义县、开鲁、铁岭、彰武、建昌、三十家子及宁城等盆地最发育。其底部为具底砾岩性质的粗粒复陆屑式建造，下部为含碱质较高的钙碱性大陆火山岩建造，上部为重要含煤岩系，属灰色复陆屑式建造。强烈的火山活动不仅分布面积广，喷发期次多，厚度大，岩性复杂，沿北北东向走滑断层和某些北北西、北东东、北西向断裂带呈裂隙式或中心式中基性火山喷发。总体由三个从爆发-溢流相的火山韵律组成，总厚 713～4 000 m。在喷发的间隙期，出现了多次短暂的湖盆环境，沉积了多层富含热河生物群、鸟化石和植物化石的灰白色凝灰质砂页岩，以明显的角度不整合覆盖于长城系大红峪组或上侏罗统土城子组之上，如在娘娘庙东侧义县组火山岩不整合在已经褶皱变形的土城子组组成的大平房背斜之上。

　　在燕山地区，张家口组之上原称滦平群，或称热河群，为大规模构造岩浆活动期后，地壳相对平静时期发育的以湖相沉积为主的厚达数千米的含油页岩（煤）细碎屑岩建造和中（基）性火山岩建造，并有含狼鳍鱼为代表的热河生物群。滦平群与辽西的义县组、九佛堂组、阜新组均为同一含热河生物群的地层，岩性、岩相和上、下层位一致，对比较好。因此，河北区调队（1966～1974 年）采用了辽宁省的划分方案。但后来考虑到地层对比上的一些困难，1975 年河北区调二队又对冀北地区与之相应的地层名称分别改称大北沟组、西瓜园组、化吉营组。1989 年，《辽宁省区域地质志》将义县组、金刚山组、吐呼噜组三者合并，统称"义县组"。大体在同一时期或稍晚河北省在区调填图中又将地层名称作了修订，将原大北沟组、西瓜园组、化吉营组称为广义的花吉营组。进入 20 世纪 90 年代随着全国地层清理工作的展开，才恢复了义县组。

　　燕山地区义县组沿紫荆关–上黄旗深断裂发育，多发育于该断裂以东，以及尚义–赤城–大庙–娘娘庙断裂以北的丰宁、滦平、承德、平泉、围场、棋盘山等地，以围场、平泉一带最为发育，沽源、京西、山海关等地也有少量分布。主要为一套中性安山岩–粗安岩–粗面岩组合，及少量的基性火山活动，局部夹中酸性–酸性和弱碱性火山熔岩、火山碎屑岩及多层沉积岩的一套岩石组合，富含热河生物群。覆盖于张家口组之上，与上覆九佛堂组呈上下叠置或横向相变关系，属同期异相堆积。燕山地区与辽西地区的义县组在地层和古生物组合面貌相似，唯一区别仅仅体现在各自的化石组合方面，如义县组含以 *Eosestheria*，*Ephemeropsis*，*Lycopteria*，*Cypridea*，*Arguniella*，*Probaicalia* 等为代表的化石组合，大北沟组含以 *Nestoria*，*Abrestheria*，*Darwinulla*，*Keratestheria luanpingella*，*Eoparacypris* 为代表的化石组合。喀左盆地上三官庙一带义县组化石组合为 *Abrestheria* sp.，*Eosestheria*，*Cypridea*，*Darwinula*，*Arguniella*，*Probaicalia* 等，宁城盆地大新房子一带义县组化石组合为：*Nestoria* sp.，*Eosestheria*，*Ephemeropsis* 等，但这只是表明义县组内 *Eosestheria*，*Ephemeropsis*，*Cypridea*，*Arguniella* 存在与 *Nestoria* sp.，*Abrestheria* sp.，*Darwinula* 混生现象。

　　辽西地区义县组之上为九佛堂组，主要发育于九佛堂、朝阳七道泉子、阜新沙海、清河门一带，其沉积范围远小于张家口组。主要为粉灰色、灰黄色、灰绿色中厚层–厚层中粗粒砾岩，夹灰紫色、灰绿色、灰黑色含砾粗砂岩、粉砂质泥岩、油页岩薄层或透镜体，局部地段为湖相细碎屑沉积，含典型的热河生物群。厚 206～2 685 m。沉积物较细，基本以湖相泥岩和粉砂岩为主，钙质和凝灰质量分数较高，是湖盆快速沉降期的产物，沉积速度为 200 m/Ma。平行不整合覆于义县组之上，与上覆阜新组为整合接触。顺带提一下，根据岩性组合，建昌盆地中原 1 : 20 万凌源幅所划分的义县组、金刚山组、土呼噜组可与河北省张家口组对比，但根据其所含的热河生物群组合，又与上覆九佛堂组无任何差别。而且，根据盆地演化规律及古气候分析，该套地层与上覆九佛堂组应属同一盆地、同一气候条件下的产物。因此，它应属于九佛堂组。

燕山地区南店组是一套湖相沉积，其下部为紫红色厚层凝灰质砾岩与紫红色薄层粉砂岩互层；中部为灰绿、灰黑色页岩、砂质页岩、粉砂岩和泥岩，夹砾岩、凝灰岩和煤线；上部为紫红色和灰紫色砾岩，夹少量紫红色粉砂岩、砂岩及页岩，厚大于 1 700 m。与下伏义县组平行不整合接触，化石组合以 *Lycoptera*，*Eephemeropsis*，*Eoesestheria* 为代表。其岩性组合、化石特征，以及时代含义均与九佛堂组一致。

辽西地区九佛堂组之上是阜新组，主要发育在阜新一带，其次在黑山八道壕、建昌冰沟等地也有出露。与下伏九佛堂组整合接触，上被中上白垩统孙家湾组整合或平行不整合覆盖。该组是主要的含煤地层之一，其岩性以阜新一带为代表，自下而上可分三个岩性段：一段以砂岩、页岩为主，夹砾岩，含有下部煤层群。厚 50 ~ 450 m。二段以砂岩、砂砾岩为主，含有四个煤层群，在其上下有较发育的砂质页岩层，厚 200 ~ 400 m。三段为砂砾岩、夹砂岩、页岩和薄煤层，厚大于 1 400 m。该组 1 : 20 万凌源幅 1965 年称为冰沟组，本次采用《华北地区区域地层》1997 年的建议称为阜新组。

燕山地区与阜新组相当地层是青石砬组，青石砬组为一套含煤碎屑岩层，主要分布在丰宁县青石砬、万全县黄家堡、宣平堡，崇礼县五十家子和沽源小河子等地。其下部为灰白色砾岩、中粗粒含砾砂岩与长石砂岩，夹黑灰色砂质页岩、炭质页岩、泥岩、黏土岩、粉砂岩及煤线；中部为灰色和深灰色黏土岩、页岩、碳质页岩、砂岩，夹砂砾岩和煤层；上部多灰白色和黄褐色巨厚层砾岩，夹粗砂岩、砂岩及黑灰色炭质页岩和黏土岩。厚 628 m。其上被南天门群平行不整合覆盖。

辽西地区中晚白垩世沉积了孙家湾组，主要分布在阜新孙家湾，往西南延伸至锦州一带，往北东延伸到务欢池一带，其次在于寺、北票—黑城子一线，黑山八道壕等地也有出露。以角度不整合或平行不整合覆于阜新组或其他不同层位之上。岩性较简单，以紫红色砂岩、砾岩为主，夹页岩。砾岩胶结疏松，砾岩成分复杂，分选差，次棱角状至圆状。一般 3 ~ 500 m，大者可达 2 m 以上。孙家湾组与南天门群同是一套巨厚层河流相紫红色砾岩，其沉积层序，上、下层位关系，岩性、岩相组合均可对比。

燕山地区中晚白垩世沉积了南天门群的洗马林组和土井子组，其分布有限，仅在张家口万全一带有堆积。主要为河流相紫红色巨厚层砂砾岩，夹交错层砂岩、粉砂岩及泥岩，向上砂砾岩减少，砂岩、泥页岩逐渐加厚，顶部砂砾岩极少见，总体厚度不大，属于干旱条件下局部小型的前盆地类磨拉石建造，整合于滦平群青石砬组之上，被新近系汉诺坝组玄武岩覆盖。

6.2　燕山运动第二幕

早白垩世（大约 136 Ma）[4]，Izanagi-Kula 板块继续以北北西向向欧亚板块东缘斜向俯冲[22]，华北克拉通与西伯利亚板块在南南东—北北西向的持续水平挤压和左旋扭作用下发生了最后缝合[23]，燕辽造山带发生了燕山运动第二幕。燕山运动第二幕相对于燕山运动第一幕来说，已不太强烈。在野外，可见早白垩世的褶皱比较简单，平缓开阔，属开启型向斜构造，说明已进入相对平静的调整期。在承德盆地及其相邻地区可见髫髻山组火山岩和花岗岩、晚侏罗世的推覆构造和褶皱被早白垩世张家口组火山岩不整合覆盖（图6-1）。

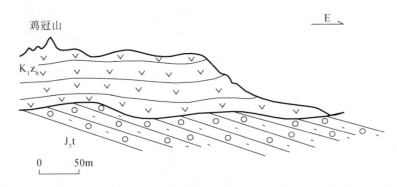

图 6-1　承德市鸡冠山不整合示意图（据 1989 年河北省区域地质志，有修改）
K_1z_h. 张家口组；J_3t. 土城子组

燕山运动第二幕的构造应力场已转为北北东向，构造应力性质为拉张伸展环境[24,25]。燕辽造山带普遍叠加了倾向南东、倾角较陡或呈铲状的区域性北北东向伸展正断层，以幅度大、数量多、延伸长、切割深为特征。北北东向断裂多为左旋压性叠瓦状高角度断层，多成群出现，其规模一般较小，延伸仅数千米、冲断面北倾，切穿了以前各时代的各级构造单元和各个构造，并造成了上侏罗统与白垩系之间的区域性不整合关系。特别是这些伸展正断层切割了北东向构造，造成与北东向构造相互过渡的假象。

燕辽造山带叠加了北北东向断裂，形成了一系列由伸展正断层控制的断陷盆地[26,27]，控制并影响了白垩系[1]。在燕辽造山带中，义县期前后形成的盆地明显不同。义县期前形成的盆地属于继承性盆地，盆地多分布于中上元古界—古生界出露范围内，呈北东向展布，褶皱平缓开阔，盆缘西北侧逆断裂发育，明显受到印支期所形成的断裂或凹陷控制。义县期以后形成的盆地，属上叠式盆地，既叠加在前期形成的盆地之上，也可叠加于古老地层之上。盆地方向改为北北东向，盆地数量增加，表现为箕状构造形态。而且盆地与盆地之间差别也较大，说明早白垩世时结束了晚侏罗世的面状沉积，开始出现新的一期地形分化。在九佛堂组沉积时期及其之后[28~30]，又进一步发育了伸展断裂控制的断陷盆地，但这一期的断陷盆地分布范围明显小于下伏义县组和张家口组火山岩的分布范围，意味着燕辽造山带的伸展作用进一步减弱。正是因为白垩纪盆地向小型化发展，其沉积物不仅在单一盆地内岩性、岩相变化较大，且具侧向迁移特征，因而造成白垩纪地层分组复杂，对比困难。

白垩纪末期，全区普遍上升遭受剥蚀，未见明显的变形作用，表明燕山运动已处于结束阶段。前期的拗陷盆地及其两侧发生宽缓平缓型褶皱变形，属开启型向斜构造，与前期轴向相同，两翼倾角更加平缓，一般为10°~15°。并伴有同生断裂，形成一系列箕状断陷盆地。个别小型盆地具有上叠性质，轴向北北西向。燕辽造山带沉积了一套巨厚砂砾岩为主的红色岩系，称为孙家湾组。该组仅局部发育，属山前河流冲洪积扇相堆积，无火山活动迹象，区域应力作用的构造现象少见，为近水平岩层，表明构造活动已趋于宁静阶段。

顺带说一句，近年来，一些学者根据中生代岩浆岩地球化学特征等研究，提出中国东部曾经存在燕山晚期高原的假说[31~39]，认为该高原的大规模抬升发生在中—晚侏罗世期间，并在早白垩世之后塌陷。据此似乎可以推测，背形构造阶段对应于高原抬升，而叠加了北北东向阶段对应于高原塌陷。

6.3 背形构造

6.3.1 背形继续被扭转

燕山运动第二幕，燕辽造山带的构造应力场继续了前期的反转运动，使得背形继续作逆时针扭转，成为了北北东向。张家口期火山活动由南东向北西逐渐变强，其喷发强烈部位呈现向北西向迁移，并超覆在北纬41°以北的长期稳定区。在野外可见：①在丰宁县西北出露一连串近南北向排列的大型浅成超浅成岩体，由南而北依次为白草坪、东猴顶、牛圈子坎、同生永和大十八台等岩体，与张家口组火山岩既有侵入接触，又有渐变过渡，说明两者为同期同源产物。岩体由南西向北东呈帚状构造的撒开方向变小。②从兴隆雾灵山、千层背，向东经寿王坟、小寺沟至平泉洼子店，分布了由石英闪长岩、花岗闪长岩、二长闪长岩、二长花岗岩及少量正长岩、钠铁闪石英碱正长岩、碱性花岗岩组成的一些岩体，产于张家口旋回承德—滦平火山带的外缘相对隆起的部位,主要沿中心式火山通道侵位,与这一地区张家口组火山岩同受帚状构造控制,构成一条东西—北东向弧形侵入岩带。③古北口-承德-平泉断裂的两侧,由东南向西北发育四条由近东西向、北东到北北东向的髻髻山旋回火山喷发带,该带显示向北东向撒开,向南西向收敛的组合图式(图6-2),并以丰宁南猴顶花岗岩隆起为砥柱形成了一个较大的帚状构造。④单个盆地的喷发中心也有向北西迁移的趋势,如在承德,由南东向北西张家口期火山岩依次发育在寿王坟盆地、承德-六沟盆地、滦平盆地和大蓝营盆地中。上述超岩体及火山岩的分布特征反映了燕辽造山带还在继续着逆时针转动有关的转动。⑤在滦县背斜之上发育了一系列褶皱,其褶皱轴向自南而北呈北北东—北东—近东西向的弧形,弧顶指向北西。这一构造特征也应是燕山地区连续向北西旋转的反映。

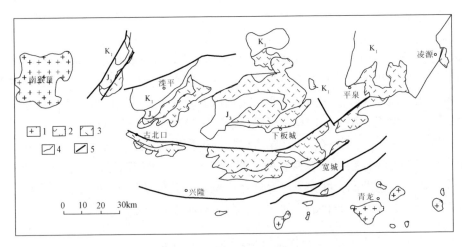

图6-2 平泉—丰宁中生代火山盆地旋转示意图
(据1989年河北省、北京市、天津市区域地质志,有修改)
1. 侵入岩;2. 火山岩;3. 火山-沉积岩系;4. 地质界线;5. 断裂

而且,叠加的北北东向构造也显示出逆时针转动的左旋挤压扭动特征,如紫荆关断裂带、平泉-八里罕断裂、朱碌科-中三家断裂、朝阳-药王庙断裂等都显示出逆时针转动的左旋挤压扭动特征。

应该注意的是,这时的扭转不是地层单元被扭转,而是火山喷发活动的岩浆源呈现出扭转现象,再者是叠加了北北东向断裂而表现出构造应力场被扭转,但前期被扭转成北东向地层界线和构造线则还保留了北东向构造特征,也即未被扭转。所以,在燕山地区,北北东向断裂切割了前期的北东向断裂。在辽西地区,可见北东向断裂基本沿着地层界线发育,而北北东向断裂则切割了不同的地质单元及前期构造成分。

在辽西地区，由于北北东向构造与北东向构造相互叠加的结果使辽西地区呈现出由盆地、褶皱、断裂，以及岩浆岩向南东突出的弧形构造特征。在地貌上，自南东向北西构成四条弧形山脉和四条弧形凹带相间出现。最外侧的医巫闾山在锦州以北作北北东向—南南西向展布，过锦州在葫芦岛、绥中一带为弧形山脉，构成一个向南东突出的弧状山地；其内侧自阜新、经义县、杨家杖子西侧，向南西延伸至六股河上游形成一个向南东突出的西河–女儿河平原谷地。第二个弧形山脉为松岭黑山，北起牤牛河之东王府之西，过清河门，奔巴图营子、娄子山向建昌南西西延伸，似与河北都山相连；其内侧是牤牛河–大凌河上游谷地，自黑城子向南延经北票、朝阳、喀左，越过叨尔登，与都山北侧的谷地相连。第三条弧形山脉为大青山脉，自大青山向南南西延伸经建平、凌源与平泉、承德之南的东西向山脉相连构成一个向南东突出的弧形山脉；其内侧是建平–凌源弧形低地。最内侧为作弧形伸展的努鲁儿虎山，其内侧是黑水–宁城低地。

6.3.2　秦皇岛处继续上升

随着秦皇岛处继续上升，使得绥中背斜、滦县背斜、马兰峪背斜和青龙背斜等构造连成一体，秦皇岛背形转折端的范围达到最大。而且，靠近秦皇岛隆起处的建昌营–永安火山岩盆地也继续隆起，成为了一些小型的残留盆地，其张家口组便显示出被剥蚀程度较深的残留状态。而秦皇岛周边的建昌盆地西部、四官营子盆地西侧及凌源三十家子盆地南端等盆地的张家口组被剥蚀程度则较浅。

在野外，还可见张家口组在单个盆地上，靠近背形转折端处为粗碎屑沉积，向外过渡为湖相沉积，如建昌盆地，张家口组一段在建昌县北沟—要路沟—魏家岭—牛角沟一带至喀左县于杖子—石家庄一带为扇三角洲沉积，夹少量浅湖相泥岩。往北至建昌县谷家岭—上胡仙沟一带相变为以浅湖相细碎屑沉积为主，夹少量粗碎屑沉积。而且，由南向北张家口组厚度分别为 580 m、2 091 m、3 521 m[40]。上述情况应是背形的转折端还在继续上升，远离转折端则处于下降状态的沉积表现。

而且，这一时期在燕山地区的张家口、辽西地区的阜新等地白垩系较为发育，似乎意味着背形的两翼处于下降状态。

再有，在秦皇岛附近的南翼基底地层与盖层之间的接触带发育了众多层面滑脱构造。这一现象意味着转折端地层顺层面向背斜转折端滑动聚集，使得燕辽造山带原来发育的次级背斜进一步被发展成为一系列变质核杂岩，而成为了云蒙山、喀喇沁和医巫闾山等变质核杂岩[41~50]。

6.3.3　地质体继续向背形的核部集中

燕山运动第二幕，燕辽造山带由于继续作逆时针方向扭转，背形核部地质体继续向承德—凌源一带走滑、集中，如在平泉、承德一带，见东西向断裂除挤压外还出现平移活动，移动方向主要是北盘向西，南盘向东，显示了地质体向背斜核部滑动聚集。在辽西地区，凌源一带的地质体表现出较大的走滑距离，向东到了朝阳一带，其走滑断层的走滑距离便相对较小，如佛爷洞-中三家-朱碌科断层平错了建平群、中上元古界、古生界、侏罗系，其左旋位移量可达 40 ~ 50 km[41]。凌源-东官营子逆冲断层，错断了古山子断裂、高家杖子断裂，其水平断距达 23 km[51]。朝阳-药王庙断裂带在金岭寺-羊山盆地中部平移错动使地层反扭移动 17 km[13]。河防口断裂的滑移距离只有 10 km[52]。这一位移现象也应是地质体向平泉、凌源一带集中的表现。由于地质体继续向背形的核部集中，以致承德、凌源一带地层受到进一步的挤压，因而继续发育飞来峰、天窗等构造。

6.3.4　原向斜继续南翼上升、北翼下降

早白垩世，燕辽造山带继续表现出南翼上翘、北翼下降的渐渐倾斜过程。在燕山地区，早白垩世盆地主要分布于尚义-崇礼-赤城-大庙-平泉断裂北侧，张家口组沿张家口、沽源、围场、棋盘山、赤城、丰宁、滦平、承德及下板城等地分布，其火山岩自西向东减薄，活动减弱，显示出张家口一带为最大倾伏。例如，丰宁大蓝营、两间房一带的张家口组厚 780 m，隆化地区的张家口组厚 686 m，大石庙、石门沟一带张家口组厚 352 m，滦平盆地郝营一带张家口组厚 290 m，承德东部前片石一带，厚仅 88 m。尚义-崇礼-赤城-大庙-平泉断裂以南的张家口组主要见于京西和山海关、秦皇岛等地，宣化和蔚县、涿鹿有少量分布，火山活动规模小、强度弱，以中心式喷发为主，多为酸性火山岩及火山碎屑岩，火山间歇多，间歇时间长，沉积活动普遍，显示出从蔚县—百花山—延庆一带，其沉积厚度逐渐变大，如蔚县向斜张家口组分布零星，厚 237 ~ 487 m；百花山向斜张家口组，厚度增加到 500 m；延庆小张家口一带，张家口组厚度达 1 797 m，显示出向北逐渐倾斜的特征。与九佛堂组相当的南店组在尚义-崇礼-赤城-大庙-平泉断裂以北沉积盆地较多，沉积范围较大；以南则沉积盆地较少，地层厚度较小。

单个盆地上，燕山地区每一盆地的南部地层相对较老、地层厚度较薄，盆地的北部地层相对较新、地层厚度较厚，也显示出张家口组地层厚度，由南向北增多、增厚的趋势。例如，万全盆地东南部和南部的洗马林组下部为紫红、砖红和灰绿色粉砂质泥岩、粉砂岩，与下伏青石砬组整合接触，或直接覆盖在其他老地层之上。中部主要为灰绿色、黄绿色粉砂质泥岩，紫红色粉砂岩，夹黄褐色薄-中厚层中粗粒砂岩。上部为黄褐色巨厚层砾岩，夹灰绿色粉砂岩、泥岩和紫红色粉砂质泥岩。厚大于 98 m。万全盆地西部洗马林至榆林沟一带，洗马林组下部不出露，中部主要为灰白色砾岩、细砾岩、含砾粗砂岩，夹灰绿色和黑灰色粉砂质泥岩及紫红色泥质粉砂岩；上部为黄褐色巨厚层砾岩，夹暗绿色、暗紫色和砖

红色粉砂质泥岩、泥质粉砂岩；顶部为砖红色和暗紫色粉砂质泥岩和泥质粉砂岩。厚 103～200 m。沽源盆地在尚义–平泉断裂处，下中侏罗统比较集中，主要为河湖相含煤砂页岩和河流相红色砂（泥）砾岩地层，且自南向北减少。盆地北部的上侏罗统和下白垩统分布广泛。而且，上侏罗统以酸性火山岩为主，呈现出自东向西、自南向北增多、增厚的特征，使该盆地呈现为南翘北拗的箕状特征。承德盆地上三叠统和中、上侏罗统主要出露于盆地南部，以河湖相含煤碎屑岩及河流相红色砂砾岩为主，间含溢流相中基性火山岩。上侏罗统和下白垩统则主要发育于盆地北部。围场盆地的上侏罗统也呈自西向东减少、变薄，自南向北增多、增厚；而下白垩统大面积出露于围场和棋盘山地区。宣化盆地和蔚县盆地的南部都以下侏罗统为主，北部除下侏罗统外，中侏罗统较为普遍，同时有少量的上侏罗统和上白垩统。

中晚白垩世，燕山地区继续了前期的南翼上升、北翼下降的特征，使得绝大部分前期含油页岩盆地消失。燕山地区的南天门群主要零星分布于张家口、万全一带，此外阳原灰泉堡、怀安、丰宁青石砬、抚宁燕河营等地也有少量分布，应意味着张家口、万全一带向下作最大的倾斜，而燕河营盆地则处于上升状态，因而其沉积较薄。而且，南天门群土井子组主要沿汉诺坝至土木路一线以南的土井子、南天门、黄家堡、沙家庄至洗马林等地分布，而南翼只在阳原、怀安、蔚县和宣化等地有零星出露，也显示出南翼上升、北翼下降的构造特征。

辽西地区在保持了前期向斜两翼处于较为均衡的上升状态下，但也呈现出原向斜南翼上升、北翼下降的构造特征。一方面，从现今地质图上就可以看出，辽西地区向斜两翼都出露相同层位的太古界。但另一方面，辽西地区张家口组主要分布凌源–三十家子盆地、喀左–波罗赤盆地、老爷庙盆地、铁营子盆地、四家子盆地、北票盆地和四合屯盆地等地区，以凌源–三十家子盆地最为发育。上述盆地是由正滑断裂控制的地堑–半地堑式盆地，其北西侧下降较深，东南侧下降较浅，意味着背形的南翼被抬升，北翼下降。单个盆地上，如阜新–义县盆地的含煤复陆屑式建造也自西向东渐次超覆，聚煤中心为盆地内次级凹陷，靠近盆地东缘断裂带变为山麓洪积相粗粒复陆屑式建造。八道壕盆地、于寺–紫都台盆地、勿欢池盆地、乌兰木头盆地等盆地也都显示其北翼还在继续下降。再有，受北北东向断裂控制的九佛堂组沉积盆地呈西超东断的半地堑式，也反映了南翼上升、北翼下降的特征。例如，建昌盆地的杨树沟—洋沟一带及以南的九佛堂组均为粗碎屑沉积，往北至上胡仙沟一带为浅湖相沉积，反映了由南向北向湖心发展的趋势。

此外，白垩纪时沉积物沿着张家口至阜新一带发育，似乎意味着背形的两翼及其核部处于下降状态，才能接受沉积。但由于继续了原向斜的南翼上升、北翼下降，导致了北翼的盆地范围都比南翼的盆地范围较大。从附图可以看出，燕山地区以北翼张家口盆地和沽源盆地的范围较大，而南翼西部的盆地比东部的盆地

范围较大。图 6-3 从剖面 B 至剖面 A 显示了辽西地区白垩纪向北逐渐下降，赤峰
-凌源和阜新一带盆地发育，盆地范围比秦皇岛一带的盆地较为扩大。

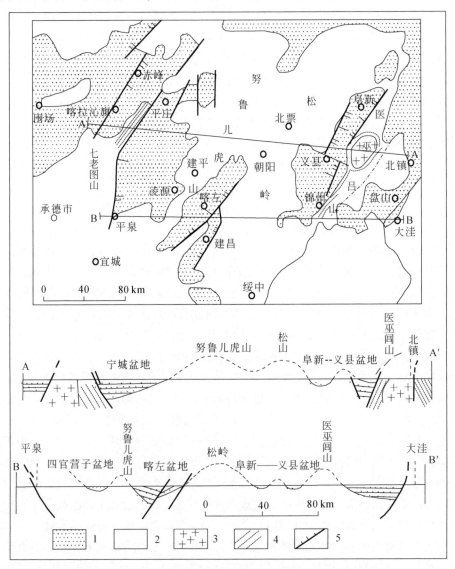

图 6-3　辽西白垩纪盆地构造示意图（据马寅生，2003 年）
1. 白垩纪盆地范围；2. 隆起剥蚀区；3. 燕山期花岗岩体；4. 糜棱岩带；5. 同沉积正断层

6.3.5　轴面断裂发展成为断裂带

围场-平泉-秦皇岛断裂带在白垩纪时还进一步发育了许多北西向断裂，如
从隆化、承德、宽城、青龙、包神庙、永安盆地一带可见到断续分布的北西向断

裂存在，与围场–平泉–秦皇岛断裂带呈平行分布，构成了一条北西向断裂带（附图）。建昌县佛爷洞–四合堂–九佛堂–四官营子北西向正断层，沿承德县张营子乡往南东方向到六沟乡、小范杖子乡东侧也发育了一条北西向的张营子–六沟走滑断层[53]，上述断层与轴面断裂构成了轴面断裂带。

6.4 燕山地区的构造特征

6.4.1 叠加了北北东向断裂

随着燕辽造山带进一步叠加了北北东向构造，燕山地区可能又形成了一个新的北北东向向斜构造。这一新的北北东向向斜沿着太行山—大兴安岭附近的阳原、尚义、张家口一带，及沿海第二隆起带的秦皇岛至阜新一带隆起而出露了太古界，成为了新的向斜两翼。燕山中部地区处于下降状态，则成为了新的向斜盆地。北北东向的紫荆关–上黄旗断裂可能作为这一新生向斜的轴面断裂。紫荆关–上黄旗断裂自紫荆关经涞源乌龙沟、涿鹿大河南、赤城、丰宁上黄旗、围场御道口延入内蒙古，总体走向北东 25°。乌龙沟以南，在阜平一带断裂消失在太古代变质岩区内。该断裂的破碎带宽达百米以上，由碎裂岩及糜棱岩化角砾岩组成。见脉岩沿带贯入又被切断，反映了断裂的多次活动性质。在赤城一带将东西向的尚义–平泉断裂错断，东盘相对北移，水平断距约500m。在上黄旗一带，受其影响，出露以太古界–混合岩为主，间有大面积海西期和燕山期花岗岩组成的北北东向长梁。在上黄旗北，该断裂被一北西向断层错移后，继续呈北北东向延伸，直至御道口一带，消失于下侏罗统含煤地层中。值得一提的是，在棋盘山一带发育一条北东向断裂，由于在上黄旗北与紫荆关–上黄旗断裂相交，而被认为是紫荆关–上黄旗断裂的东支。笔者认为，所谓紫荆关–上黄旗断裂的东支很可能是原先北东向向斜的伴生断裂。

此外，青龙–滦县断裂北起青龙，向南沿青龙河经青龙、滦县，隐入华北平原。大体沿古元古代地层呈走向北东 25°左右分布，总体向西北陡倾，倾角65°~75°。沿断裂带发育 50~100 m 的破碎带，破碎带由碎裂岩组成，最宽可达200~300 m，其内糜棱岩化及片理化岩发育，具压扭性。该断裂造成了除了双山子群沿断裂出露外，还使沿断裂有早白垩世火山喷发和燕山期花岗岩侵入。在总体性质、成因、产状，以及发展历程等类似于太行山断裂，仅规模较小而已。而且，该断裂可能向北与北北东向叨尔登–张家营子断裂相连，或说是后者的南延部分。据此，似乎该断裂应是北北东向向斜上发育的一条对背形构造产生较大影响的北北东向纵断裂。

而北西向断裂成为了新生的北北东向向斜的横张断裂。燕山运动第二期的 A

型花岗岩，虽然丰宁岩区受北东向断裂控制，寿王坟岩区受帚状构造控制，昌黎岩区继承了更老的北东向构造。但如果把这三个岩区的 A 型花岗岩联系起来考虑，恰好组成一条北西向的 A 型花岗岩带。也许这一花岗岩带是花岗岩沿着北西向横张断裂侵入所致。而且，北西向横张断裂还发育成为了断陷盆地。在野外，见张家口期的盆地方向虽有北东、北北东、北西、南北和东西向等，但基本以呈北西向展布的为特征。这些断陷盆地发育了张家口期中心式火山喷发和大北沟期裂隙式喷溢。此外，在燕山地区还有不少北西向褶皱叠加在区域北东东向的褶皱之上，如昌平薛家石梁杂岩体周围的北西向叠加褶皱[54]，也应是与北西向断裂有关的构造。而且北西向断裂又常水平错移新生的北北东向断裂，使其在走向上多呈弯曲波状。

这一新生的北北东向向斜还发育了北东东向断裂与北北西向断裂两组共轭扭裂面，这两组扭裂面互相交叉组成棋盘格式，并具有以下特点：①个体规模不大，一般长数千米，最长十余千米；②具等距性；③伸展平直，多成群出现，可错移任何方向的断裂，一般显示左行扭动；④北东东向断裂具压性特征，北北西向断裂具张性特征；⑤主要形成于侏罗纪末，大部分属于新生断裂，常发育成现代河谷或被岩浆侵入呈岩枝状。

燕山地区原东西向纵断裂在叠加了北东向断裂的基础上，又叠加了北北东向断裂，从而形成了一系列向东南突出的联合弧，如尚义–崇礼–赤城–大庙–娘娘庙–佛爷洞–老爷洞–朝阳–北票–旧庙断裂至承德以东，经小寺沟、平泉以北，见近东西向断裂自西向东被北北东向新生断裂节节向北错移，从东西向转为北东向又转为北北东向。最为显著的一个弧形带位于平谷向东经蓟县至迁西，由三个弧顶向南突出的正弦状弧形构造带组成。其主体为中、新元古界，卷入的最新岩系为侏罗—白垩系。在迁西以东，自金厂峪向南东，经建昌营，沿长城也见一弧形构造带。因滦县–芦龙北北东向构造带的干扰，弧的东半部不完整，且纬度略向北偏移，但呈正弦状构造。平坊–桑园断裂在平泉以南，断裂走向为北东向；而在平泉以北，其走向被扭转成为北北东向，由此形成了明显向南东突出的联合弧。这些弧形构造限制了早白垩世上叠性陆相盆地的分布，并控制了早白垩世的火山喷发。

原复向斜上的东西向纵断裂受北北东向断裂的影响，造成东西向纵断裂在有些地段出露不全，如尚义–崇礼–赤城–大庙–娘娘庙断裂受北北东向太行山断裂的影响，在崇礼县麻地营村西，自太古界向西进入中—上白垩统后，破碎带在地表消失，或仅以一般的节理裂隙群代替。特别是原复向斜的纵断裂被紫荆关–上黄旗断裂切断后，位于紫荆关–上黄旗断裂以西的丰宁–隆化断裂以西部分由于处于下降盘而被早白垩世地层所掩埋而不出露。密云–喜峰口断裂在密云以西受北北东向褶皱带影响，构造形迹微弱，至涿鹿以西又见其形迹。也许正是这一情况造成了上述两条纵断裂在燕山西段不出露，而不被人们所认识。

而且，北北东向断裂还对前期构造单元造成了破坏，如沿宽城县小龙须门—平泉县党坝乡一带呈北北东向展布的党坝-小龙须门断裂，切割了中元古界、下古生界、髫髻山组、土城子组、义县组及燕山期岩体。

6.4.2　滑脱构造

燕山地区相对于辽西地区来说，不太发育北北东向走滑断层，但却发育一系列滑脱构造。如在青龙县小马坪乡西北至宽城县东华尖东北部一带，发育了比较典型的安石达-马杖子滑脱断层、马圈子北-大石岭滑脱断层及蔡家沟-落地庄滑脱断层。这些滑脱断层发育于大红峪组与太古界之间的角度不整合，被认为是在角度不整合接触带附近发生的局部差异滑动构造所造成[40]。

（1）安石达-马杖子滑脱断层沿安石达-下板城北的梁根—上板城—陈地沟—马杖子一带呈北东—南西向展布，倾向北西，倾角30°~50°。其北西盘为长城系常州组粗砂岩，南东盘为太古界片麻岩。以前被认为是上述两套地层之间的角度不整合，1∶5万郭杖子幅区域地质报告最先厘定为滑脱断层。在常州沟组含砾粗砂岩与太古界片麻岩之间发育一套糜棱岩化岩石中夹有常州沟组砂砾岩的碎裂岩。滑脱带发育2~3m厚断层泥，断层泥具有明显的两期定向排列劈理，劈理显示该断层早期逆冲，后期滑脱。

（2）马圈子北-大石岭滑脱断层沿马圈子北的杨树底下—西石岭—榆树沟—吴杖子呈近东西向平面蛇曲状展布，总体向北倾，倾角30°~45°。该断层被多条北北东向左行走滑断层错开，其东段被马圈子-大屯右行走滑断裂截切。断层上盘为长城系大红峪组，下盘为太古界变质岩系，故以前被认为是角度不整合，是大红峪组直接超覆在太古界之上。在接触带附近发育有断层滑动产生的断层泥，断层泥具有劈理化定向排列特征，指示着上覆地质体相对向下滑动，为典型的正滑构造。

（3）蔡家沟-落地庄滑脱断层沿青龙县蔡家沟—落地庄一带呈北东向展布，倾向南东，倾角65°~80°。其下盘为大红峪组，上盘为太古界。沿滑脱带局部有早燕山期花岗斑岩脉侵入，滑脱面被一系列近南北向断层左行错开蔡家沟-落地庄滑脱断层。

6.4.3　褶皱干涉样式被破坏

燕山运动第二幕，当燕山地区北北东向断裂叠加在前期形成的短轴状背斜和短轴状向斜之上时，使得褶皱干涉样式出现了某些改变。如燕山西段可能受到北北东向构造的影响较小，其褶皱干涉样式从南到北保留了较为明显的北北东向排列；燕山东段由于受到北北东向构造强烈的影响，其褶皱干涉样式则呈现为近南北向排列。燕山西段受到了北北东向太行山断裂的影响，原来东西向构造线被改造成北西西向，以致在北京西山、下花园等地可见盆地的西端向北推移。而且，在褶皱干涉样式之上叠加了由北北东向断裂控制的盆地，而在北京到兴隆一带可见一些盆地中的下、中侏罗统沉积方向为北东东向，上侏罗统至白垩系沉积方向改为北北东向。这些盆地常呈现出东缓西陡的不对称现象，似乎意味着西部还在继续下降。

对褶皱干涉样式影响最大的莫过于紫荆关–上黄旗断裂，该断裂造成了其东西两盘在地层出露形态明显不同。该断裂以西的西盘处于下降状态，整个复向斜南北出露范围变宽，其南界达到涞源—易县一带。其东盘处于上升状态，则整个复向斜的南北出露范围较窄。而且，位于西盘的次级背斜显示出出露形态变窄的状态。从附图可见，由轴部背斜两翼形成的崇礼背斜、阳原背斜和八达岭背斜的出露形态明显小于东盘由轴部背斜两翼形成的丰宁背斜、大庙背斜、密云背斜、马兰峪背斜和青龙背斜等的出露形态。但次级向斜则显示出变宽的出露范围，如西盘的沽源盆地和张北盆地的出露范围明显大于东盘的塔镇盆地和张三营盆地，蔚县盆地的出露范围则明显大于西山盆地，至转折端一带的南翼次级向斜盆地由于秦皇岛上升的影响而呈现为残留盆地状态。而且，受该断裂影响，该断裂的东西两盘具有不同的构造形态。东盘出露较为广泛的基底岩系，西盘则主要出露晚侏罗世及以后的地层。东盘一般发育北东向乃至北北东向构造线，西盘则一般发育东西向或北东东向，并且发育北西向构造。而且，处于西盘的张家口、赤城、沽源一带的张家口组堆积了厚达 3 212 m 的流纹岩、斑流岩、石英斑岩及少量粗面岩和火山碎屑岩，而东盘次级向斜的丰宁、承德、滦平、围场、棋盘山、隆化及下板城等地张家口组虽出露广泛，但地层厚度逐渐减薄，其堆积厚度一般几百米，最厚 2 902 m，最薄仅 54 m。并多以裂隙式喷发的碱性火山岩及火山碎屑岩，且间歇多、间歇时间长，沉积夹层发育。由于紫荆关–上黄旗断裂的东、西两盘处于不同的升降状态，严重地破坏了燕山地区 Ramsay 褶皱干涉样式，以致不被人们所认识。

北西向的康保–宝坻断裂也对北东向向斜造成了较大的破坏。从附图可以看出，紫荆关—怀柔一带的燕山期岩浆岩与丰宁—张三营一带的燕山期岩浆岩可能原为同一条岩浆带，受到康保–宝坻断裂的影响呈现出左行错开现象，而且该断裂造成了丰宁背斜的西端被扭转成为北东向。而康保一带由于处于北翼下降状态，其西盘的下降幅度相对比东盘较大，因而燕山期岩浆岩带呈现出左行特征。其他的如北西向的宣化–昌平断裂也对前期构造造成了影响。

秦皇岛隆起中的原滦县背斜受到北北东向构造的影响，发育了北北东向隔档式褶皱。其背斜紧密，走向断层发育；向斜宽缓，状若构造盆地。青龙背斜的东部则叠加了老窝铺–南庄倒转背斜和亮子沟–马脊梁倒转向斜。老窝铺–南庄倒转背斜轴迹总体呈北西西—南东东向，略向北东突出的弧形构造，长达 13 km。亮子沟–马脊梁倒转向斜的轴迹与老窝铺–南庄倒转背斜的轴迹近平行，是一近同斜的倒转向斜。向斜核部由蓟县系雾迷山组组成，两翼由蓟县系杨庄组和高于庄组成。北东翼产状 20° ~ 35° ∠ 35° ~ 45°，南翼产状 35° ~ 50° ∠ 40° ~ 50°，轴面倾向北东，倾角约 40°。长约 11 km。马兰峪背斜受秦皇岛继续抬升的影响，其东段则与青龙背斜连为一体。其北翼发育了宽城凹褶束，在兴隆煤田一带发育了一系列北北东向高角度逆掩断层，排列成为叠瓦状构造。在万泉寺—汤河口一带的古子房、槽碾沟、西帽湾等处，发育了一系列飞来峰，它们由雾迷山组或大红峪组岩块构成，下伏中下寒武统或下侏罗统煤系。南翼的原蓟县复向斜则成为了蓟县凹褶束，核部发育了遵化穹褶束。此外，在该背斜南翼冀东一带还发育了许多次级构造，如莲花院箱状背斜、铁厂尖棱背斜、杨柳庄向斜、青龙山背斜及相关的逆冲断裂等。许多研究者也对其作了研究，具体可参考有关文献[55~61]。

　　靠近秦皇岛处的原复向斜南翼次级向斜盆地也由于隆起的影响而成为了残留盆地，如蓟县复向斜盆地发展成为了蔡园盆地、建昌营盆地、青龙大巫岚盆地、河潮营盆地和后石湖盆地等。这些残余盆地还受到后期构造的影响，进一步复杂化。例如，蔡园盆地和建昌营盆地原应属于同一个盆地，由于位于秦皇岛背形的转折端附近，处于上升剥蚀状态，而成为了两个独立的残余盆地。而且，这两个残余盆地又受到北西向台营镇–桃林口断裂的影响，在远离断裂处地层产状平缓且稳定，倾向北东向或北北东向，倾角一般小于 30°。而在靠近断裂处，地层产状转而向南西倾斜，倾角自南西向北东发生系统性变化，依次由 20° ~ 50° ~ 70° ~ 75°变化，至断层附近地层发生倒转。因此，在构造上为一系列不对称向斜构造。建昌营盆地之上叠加了柳江盆地，柳江盆地是一轴向近南北向的不对称向斜，长约 14.2 km，宽 3 ~ 4 km。其核部由中侏罗统髫髻山组成，两翼由新元古界、古生界及下侏罗统北票组组成。东翼产状稳定，北票组在 10°左右，髫髻山组 15° ~ 20°。西翼较陡，北票组一般在 70°左右。向斜轴面西倾，局部直立或倒转。

　　蔚县盆地与西山盆地之间受到紫荆关–上黄旗断裂的影响，发育了大河南抬斜地块。该断块平面上呈北北东向带状，断块的南、北两端分别侵入了燕山晚期的两个大型侵入杂岩体，即大河南岩体和王安镇岩体。两岩体之间，自东向西由太古界、中新元古界及寒武奥陶系迭次排列构成走向北北东向、向北西向倾斜的单斜系列。其西侧蔚县盆地为北东东向，东侧西山盆地为北东向。

　　西山盆地的核部叠加了北北东向褶皱，其东南边缘由于房山岩体侵入扩张的影响，产生了北北东向的弧形褶皱及构造鼻。怀柔汤河口东北部化稍营–二道河断陷盆地，发育了怀柔河防口断层、南口–沿河城断裂，以及房山北部的辛开口断层。

　　阳原背斜在灰泉堡、刘田庄和武家山一带叠加了北北东向盆地，并沉积了土井子组。土井子组主要岩性为砾岩、砂质泥岩和泥岩。厚108~226 m。怀安红泥洞一带的土井子组主要为紫红色砂质泥岩和泥质砂岩，夹紫灰色砂岩、砾岩透镜体，不整合于太古界之上，厚度大于28 m。

八达岭背斜的核部叠加了北北东向褶皱，发育了山间拗陷型陆相盆地，沉积了零星分布的张家口组。

密云背斜叠加了北北东向云蒙山背形。背形核部侵入了早白垩世花岗岩，花岗岩四周为太古宙片麻岩、中新元古代和古生代沉积岩、侏罗纪火山岩及火山碎屑岩。沿花岗岩两侧发育环云蒙山韧性剪切带；在东南侧为大水峪挤压-伸展型韧性剪切带、浅层次河防口低角度正断层及滑脱构造等不同层次的伸展变形构造。而低角度正断层下盘发育一套糜棱状深层次的岩石组合，上盘为浅变质及未变质岩石。在西北侧为崎峰茶滑脱构造及较浅层次韧性-脆性右行平移正断层。因上述构造特征而被认为是一个变质核杂岩或花岗岩穹窿构造。而且，密云背斜西部受到太行山断裂左行的影响，向北水平推移了10~20 km，造成马兰峪背斜的西段向西北弯曲。

宣化向斜除了由于崇礼背斜西端形成了断陷盆地而与张北向斜连为一体外，在持续的逆冲推覆作用下宣化下花园鸡鸣山逆掩断层形成了叠瓦式逆冲推覆带，并逆冲在变形的下寒武统府君山组、下中侏罗统下花园组和髫髻山组之上，后者呈倒转向斜，而呈现出典型的"侏罗山式"薄皮构造（图6-4）[62]。在宏观地貌上，由于铁岭组硅质灰岩坚硬，抗风化能力强，形成山峰。而逆冲断层下盘的下中侏罗统岩性质软，抗风化能力弱，因而形成低谷。自南向北沿路看到一排山一排谷间列地貌的多次重复，山是推覆构造上盘由中新元古界岩石组成的山，谷是被推覆构造掩覆下盘的中生代火山沉积盆地。

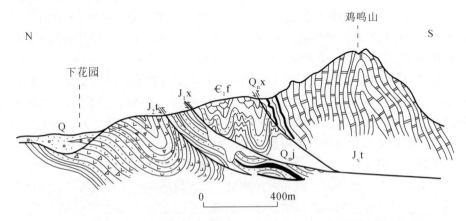

图6-4　宣化下花园鸡鸣山推覆构造剖面图（据1989年河北省区域地质志有修改）
J_1x. 铁岭组；Q_nx. 下马岭组；Q_nj. 景儿峪组；ϵ_1f. 府君山组；J_1x. 下花园组；J_2t. 髫髻山组

　　后城盆地被叠加了北北东向构造之后，被分割成为了雕鹗断陷盆地、凤山盆地和石人沟盆地。凤山盆地和石人沟盆地均受边界正断层控制，呈半地堑状的断陷盆地，主要充填了下白垩统火山岩、火山碎屑岩和沉积岩。同时，后城盆地被叠加了北北东向熊洞沟背斜。背斜两翼出露的地层为中元古代常州沟组-雾迷山组，核部为古元古代白庙组。熊洞沟背斜的两翼不对称，北翼倾角较缓，为 18°~30°，被东西向断层和北东向断层所切割；南翼倾角较陡，为 45°~70°，被北西向断层切割。轴迹近东西向展布，呈弧线形，在区内长约 10 km。转折端近圆弧形，轴面倾向北北东，倾角 50°~60°，根据褶皱位态分类，该褶皱为斜歪倾伏背斜。

　　承德-滦平盆地主要受北缘红旗-岗子张性断层和西缘小白旗-付家店断层的控制，盆地呈高度不对称，整个盆地呈向西北方向逐渐加深的箕形单斜，总体表现为一个半地堑式盆地。在滦平东侧，沿次级断裂发育有小型的带状陆相盆地，沉积了张家口组，同时伴随大量的火山碎屑岩沉积。其火山岩和花岗岩的岩石地球化学分析显示它们形成于岩石圈伸展构造环境中[63]。盆地北部和西部边缘以冲积扇砾岩和扇三角洲砂岩、砾岩沉积为主，盆地中心为湖泊细粒砂岩沉积。其西界被北北东向同生生长断裂控制。河流相砂岩和砾岩主要分布于盆地的东南部。由于承德-滦平盆地较靠近处于上升状态的秦皇岛处，因而其沉积物的主体来自于南部的断层下盘，断层下盘抬升首先剥蚀最顶部的张家口组和髫髻山组火山岩等，然后剥蚀下部的前寒武系变质岩，显示为一个揭顶过程。而且，由于构造上升的影响，承德-滦平盆地到了土城子组沉积晚期，逆冲活动进一步向南扩展，在断裂北侧新产生的狭长带状的隆起区，将原盆地分隔成承德-滦平和寿王坟两个盆地（图 6-5）。而寿王坟盆地普遍堆积了 100~500 m 厚的碳酸岩碎屑为主的砾岩。承德盆地的东部在北北东向平坊-桑园断裂的控制下又发育了早白垩世平泉盆地，堆积了湖相碎屑岩建造及陆相火山岩建造，厚达 5 000 m。而且，承德向斜盆地两翼还出现断裂对冲现象。张长厚等[64]研究认为，形成于土城子组之后，张家口组火山活动之间，于 139~136 Ma 的承德向斜北翼的大庙-六沟逆冲断层和南翼的吉余庆-影北山逆冲断层，是两条断层运动学方向相反的逆冲断层。在这一阶段发生自承德向斜核部分别向向斜之外向南、向北逆冲而成为了背离向斜逆冲断层。向斜北翼逆冲断层向北逆冲使大红峪组和高于庄组地层向北逆冲于土城子组之上，并导致断层下盘土城子组地层形成小规模的牵引向斜构造。向斜南翼逆冲断层向南逆冲使串岭沟组及上覆地层向南逆冲于髫髻山组之上。

　　张北盆地之上叠加了尚义盆地。尚义盆地具有比较典型的非对称相带分布，自北向南具有明显地从粗砾质变为粉砂质沉积特征。在剖面上，在靠近冲断带一侧的下部至中部沉积相序具有向上变粗的特征。该盆地北东侧，土城子组被上白垩统洗马林组和土井子组角度不整合覆盖。盆地北侧发育一系列大规模向南逆冲

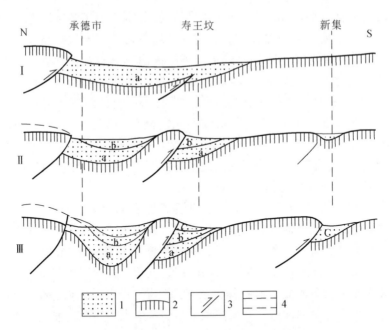

图 6-5　承德、寿王新集盆地形成演化示意图（据和政军[65]）
1. 盆地堆积；2. 盆地基底；3. 同沉积逆冲断裂；4. 推测剥蚀面

到晚侏罗世地层之上的逆冲断裂，是控制尚义盆地形成和演化的主要构造，使尚义盆地具有区域上晚侏罗世燕山冲断带与前缘盆地群特征。总体上反映出非稳定构造背景的构造砾岩特征。

沽源盆地受到强烈的断裂活动影响，主要发育了北西向和北北东向两组断裂系统，形成了北北东向的大滩坳陷和森吉图盆地，沉积了早白垩世中性火山岩间夹含煤、油页岩建造。同时受北北东向断裂控制，喷溢了大量的中-基性熔岩。大滩坳陷由上侏罗统中酸性火山岩—下白垩统中性火山岩间夹含煤、油页岩建造大面积覆盖，总厚近万米，整体呈南翘北拗的箕状。森吉图盆地的张家口组一段底部多为玄武岩及玄武质角砾岩，向上过渡为灰紫色杏仁状安山岩与紫红色气孔状安山岩互层，夹砂页岩透镜体；二段为粉砂质黏土岩、页岩、含劣质油页岩、凝灰质砂岩、凝灰质砾岩、流纹质层凝灰岩、层凝灰角砾岩和流纹质凝灰岩；三段主要为燧石安山岩、杏仁状安山岩及安山质熔岩角砾岩和安山质角砾熔岩。厚 661 m。

值得一提的是，由于沽源盆地和张北盆地处于紫荆关-上黄旗断裂的西盘，呈现下降状态，同时又处于原向斜下降的北翼，在双重下降叠加的影响下，使得这两个盆地相连接在一起，成为了一个范围宽广的盆地。在崇礼-康保可能存在着一条北西向断裂，作为这两个盆地的分隔断裂。沽源盆地可能还向北发展，包括了复向斜北翼次级背斜的一部分，即康保次级背斜的东部属于下降的塔镇盆地。因而，沽源盆地的北部边缘在内蒙古境内，成为了燕山地区白垩纪时最大的沉积盆地。但这两个盆地之间发育了张北-沽源北东向断裂使这两个盆地的白垩系迥然不同，其西侧张家口组直接覆盖在海西期岩体或太古界之上，厚仅千米左右，以酸性熔岩为主，流层产状紊乱，多近东西向。东盘张家口组发育齐全，厚达 7 000 m 左右的火山碎屑岩占绝对优势。而且，由于晚侏罗世和白垩纪地层的覆盖，其构造成分被掩埋而出露较少。

张三营盆地叠加了北北东向断裂，使盆地在平面上呈现为近似北宽南窄、走向北北东向的倒梯形箕状单斜盆地。

塔镇盆地受到北北东向断裂的影响在继承前期向斜构造的基础上发育了花吉营凹陷和西龙头凹陷，沉积了湖相碎屑和中基性火山岩，并普遍发育了断裂构造。在沽源盆地与塔镇盆地之间，前期形成了"长梁"又叠加了北北东向上黄旗断裂，塔镇盆地中北东向构造与其斜交。而长梁上还发育了许多紧密排列的次级横向平移断裂或正断裂，其走向在北西西—南东东向至北西—南东向之间，基本垂直于长梁的边界。而且，长梁上还发育了四岔口、青石砬两个断陷盆地。

围场背斜主要叠加了三条北北东向断裂，组成"川"字形。其中，西、中两条断裂在南段合一，成为"Y"形。三条断裂造成太古界依附于断裂呈带状相间分布，三条隆起带之间发育两个断陷盆地，堆积了白垩纪地层，如围场背斜之上的清泉盆地，总体上呈现为一两翼倾角 15°～25°，轴向偏东，北东 40°～60°，长 10～20 km 的向斜。在上石盒一带的义县组一部多灰白色和灰褐色巨厚层砾岩，夹砂岩和凝灰质砂砾岩；中部为黑色含油页岩夹灰绿色泥岩、页岩。厚 336 m。其上的九佛堂组下段主要为灰褐色和灰色粉砂质页岩、灰黑色页岩、浅灰色凝灰质页岩、凝灰质粉砂岩，夹含油页岩；上段主要为灰绿色安山砾岩、黄褐色砾岩，夹含砾粗砂岩、砂岩、粉砂质页岩及凝灰岩。厚约 1 244 m。

6.5　辽西地区的构造形迹

6.5.1　断裂

燕山运动第二幕，与燕山地区只在冀东一带发育滑脱构造不同，辽西地区被叠加的北北东向断裂常发展成为走滑断裂系和伸展断裂系。一般来说，北北东向断裂在平面上连续性较差，均由几条斜列的断裂组成。走滑断层产状具有明显的一致性，有别于逆冲断裂和伸展正断层。它具有左行平移性质，位移距离较大，并具有走滑挤压特点。新生北北东向走滑断裂斜切了早期的北东向逆冲断裂和正断层，并与北东向断裂呈现交接、复合等现象，或改造，或利用，或叠加了前期的北东向断裂，或改变了北东向断裂的性质、走向和倾向等，而破坏了北东向断裂的出露形态。例如，沿金岭寺-羊山盆地西缘分布的北东向佛爷洞-老爷庙-朝阳-北票-旧庙断裂，在章吉营以北部分被改造成为了北北东向断裂，在老爷庙一带又被北北东向断裂所错断，由此在地表呈现南东凸出的弧形[66,67]。喀喇沁核杂岩中的北北东向楼子店-八里罕在大城子北截切了北东向楼子店-大城子韧性剪切带，并且将楼子店-大城子剪切带的北段改造成北北东向断裂，作为楼子店-八里罕断裂的北段。上店-东风正断层也截切、归并了喀喇沁-美林韧性剪切带，并且，两条断裂相互叠加的结果，造成了上店-东风正断层虽然总体走向北北东向，但地表上呈波状弯曲。发育于绥中凸起上的西平坡-葫芦岛断裂，受北北东向断裂的影响成为了断续的北东向断裂。甚至，有些北东向断裂还发生了倒转，如朝阳西大柏山-娄子山逆冲断层受北北东向走滑断层归并改造，在吴大成沟南，古生界逆冲于土城子组之上，并使其倒转。团山子之南的中元古界、古生界逆冲于兰旗组之上，并使兰旗组倒转。

而且，北北东向走滑断裂还截切了其他早期构造单元，如在大榆树林—沈家屯—榆树底下北部一带，可见一被北北东向褶皱和逆冲断层截切了早期北西西—东西向背斜构造，使得该背斜被分为两个部分。位于杨杖子-瓦房店逆冲断层上盘的部分，核部由长城系高于庄组组成，在井上村西部呈现为向南倒转的背斜。位于杨杖子-瓦房店逆冲断层下盘的部分，核部地层为蓟县系雾迷山组，其总体轮廓可由青白口系的分布状况大致反映出来，只是由于后期北北东向逆冲作用和褶皱的改造而变得较为复杂。笔者认为，走滑断层的出现似乎意味着辽西地区地层又一次经历了强烈的压缩，但地层却没有了可移动的空间，便只有通过走滑使其叠加在一起。在辽西地区，比较典型的北北东向走滑断裂有：

（1）王宝营子-中三家-朱碌科断层带，沿王宝营子、中三家、朱碌科一带向北延入内蒙古昭盟教来河谷，向南延入河北省可能与青龙-滦县断裂相接。由断续相连呈雁行排列的北北东向走向滑动断层组成，地貌为北北东向沟谷。沿断裂带发育挤压片理、构造透镜体、挤压扁豆体、劈理、糜棱岩。断层面上的擦痕，伴生构造均显示左行走滑、位移量大的特征。该断裂带斜切过喀左-四官营子盆地，其上盘即南东盘为原地系统，即喀左-四官营子盆地的义县组和九佛堂组；下盘即北西盘为外来系统，为中新元古界、古生界，形成了飞来峰、构造窗等。在凌源、建平等地可见该断裂带切割了北东向凌源-中三家-西官营子断裂带，并错断了年龄为 128～132 Ma 的岩体。在建平县东部平错建平群、中新元古界、古生界、侏罗系，其错移距离达 23 km。野外可见喀左-四官营子盆地中九佛堂组的沉积岩相、砾石成分在靠近断层处为中元古界剥蚀下来的白云岩、灰岩砾石，砾石直径从断层边缘向远离断层方向变小[68]，显示正断层接触和同沉积断层的特点。其西侧为叨尔登-凌源-张家营子断裂，是牛营子-郭家店盆地东缘的逆冲推覆断裂带。该断裂还控制了下白垩统火山岩喷发和花岗岩侵入，侵入岩多呈小的岩株分布于断裂两侧。因此，其走滑时间应为早白垩世。

（2）八家子–药王庙–朝阳–章吉营–化石戈断裂带，南起建昌八家子，经药王庙、小德营子、朝阳、北票至黑城子东，再向南延入河北省可能成为新开岭–抚宁断裂。该断裂由一系列北北东向雁行排列的逆冲断层和推覆构造构成，断层面上擦痕、伴生构造均显示左行走滑。该断裂斜切了金岭寺–羊山盆地和轴部次级背斜北翼，造成了这两个构造单元上的北东向构造呈现断续分布特征。在章吉营还截切并改造利用了北东向佛爷洞–老爷庙–朝阳–北票–旧庙断裂，使北东向断裂在章吉营以北一段被改造成为了北北东向章吉营–化石戈断裂。该断裂在朝阳以南呈断续分布，以致大家对其产生了三种不同的认识：一是将其当作南天门逆冲断裂向南部分，并延伸至河北省青龙县马圈子①，成为了汤神庙盆地西缘逆冲断层；二是向南可以分为东西两支②[69]；三是构成边杖子盆地西缘边界。但从附图可以看出，该断裂中段和南段切割了义县期形成的逆冲推覆构造和九佛堂期形成的正滑断裂，北段被孙家沟组覆盖。在八家子一带被东西向喇嘛洞–八家子断裂所截切并位移。

（3）绥中–锦州–北镇–哈尔套断裂属原复向斜南界纵断裂，现在地貌上为辽西山地丘陵与辽河平原的分界断裂。该断裂总体为一条倾向北西、倾角达 $50° \sim 60°$，由糜棱岩和各类构造片岩，岩石强烈片理化，石英定向拉长，暗色矿物定向排列组成的压扭性断裂带，构成了务欢池盆地、阜新–义县盆地东缘走滑断裂。该断裂在碱厂—松山一带，南翼次级背斜纵断裂被北北东向绥中–锦州–北镇–哈尔套断裂所截切，成为碱厂–松山断裂和稍户营子–老河土断裂，以致原复向斜南翼次级背斜的纵断裂不被人们所认识。特别是北东向碱厂–松山断裂带被截切成为多条北东向、倾向北西的压扭性断裂片断。松山以北，北北东向断裂在义县、阜新一带受到北西向断裂的截切，其他地段基本保持较完整的断裂形态。该断裂在早白垩世晚期—晚白垩世又发展成为同沉积张性断裂[70]，控制了早白垩世到晚白垩世含煤地层展布和沉积构造演化[71]。比较著名的有锦州–车坊断裂、稍口–大巴断裂等。

同时，阜新–义县盆地、朝阳盆地、北票–哈脑尔盆地、建昌盆地、喀左–四官营子盆地、平庄–马厂盆地等盆地内普遍发育了一组走向北北东向、倾向北西向，倾角较陡或呈铲状，以正断层出现的伸展断裂[72,73]。这些伸展断层控制了早白垩世小型山间地堑和半地堑盆地的发育规模、大小，以及沉积地层厚度和发育时间的长短，在剖面上相对盆地中心相向倾斜作阶梯状排列，往往一侧断裂活

---

① 吴正文，等．辽西地区侏罗纪以来构造格局演变及含油气远景评价，1998 年．
② 赵明鹏，等．南天门断裂构造特征及演化历史研究，1995 年．

动强烈，下降幅度大；另一侧活动微弱，下降幅度小；或一侧发育，另一侧不发育；或组成对称的地堑、地垒，呈现出随着盆地的发生而发生，随着盆地的消亡而消亡的特征。从上述构造现象推测，上述伸展断裂应是向斜盆地上的配套纵断裂，才能显示出上述构造特征。

6.5.2　盆岭系统

白垩纪时，辽西地区白垩系沉积比燕山地区白垩系普遍较发育，似乎意味着白垩纪时辽西地区与燕山地区相比较处于较均匀的构造状态。大约在义县期之后，120~65 Ma，相当于九佛堂组及其上覆晚白垩世地层沉积时期，辽西段发生了医巫闾幕构造运动。构造上表现为挤压作用减弱，北西—南东向的伸展作用进一步加强。新的北北东向构造叠加在前期东西向、北东向构造之上。由于辽西地区的北东向断裂是原复向斜的纵断裂被扭转成为北东向断裂而成，所以，北东向断裂与复向斜的三个长条形背斜和两个长条形向斜走向一致。但后期所叠加的北北东向构造截切了前期北东向构造，它切穿过复向斜的三个长条形背斜和两个长条形向斜，以及背斜和向斜的北东向纵断裂。这一结果既使盆地分布的范围和数量增加，也使挤压性盆地发生构造反转而形成了一系列孤立分割的小型地堑、半地堑盆地，构成了辽西地区晚中生代第二个伸展状态下的盆岭式伸展构造格局[29、30、74、75]，以致原复向斜的褶皱干涉样式几乎被完全破坏。

1. 南翼次级背斜上的隆起

1）绥中隆起

在早白垩世形成大小不等的断陷盆地，且伴有火山喷发，其中以永安盆地规模最大。永安盆地平面呈近东西向椭圆状，东西长 40 km，南北宽 20 km，面积约 700 km²。盆地由两个破火山及盖顶侵出穹窿叠置而成，剥蚀程度已达中等，发育下白垩统张家口组和/或义县组火山岩，岩性主要为安山岩、粗安岩、粗面岩、流纹岩及其火山碎屑岩，厚度大于 4 000 m。永安盆地北界为明水断裂，由南北两支断裂组成。

2）医巫闾山隆起

该隆起被扭转为北北东向，还叠加了密集的北北东向断裂，并切割了前期北东向断裂。同时在核杂岩西缘的排山楼—瓦子峪—张家堡—锦州一带又叠加了北北东向瓦子峪韧性剪切带。该剪切带除北段产状较陡之外，总体向北西向或北西西向缓倾，倾角20°~30°。该剪切带中广泛发育呈北北东向-南南西向、倾向北北西向的矿物拉伸线理，显示与拆离韧性剪切带一起经历了塑性流动变形。该剪切带又被晚白垩世控制孙家湾组沉积的高角度正断层切割，在稍户营子附近被阜新-义县盆地所掩盖。该隆起的东北部受北北东向断裂的影响形成了八道壕盆地，堆积了中酸性火山岩及含煤岩系和红层。医巫闾山岩体继续隆起，但总体抬升幅度不大，至晚白垩世时才出露地表。而且，岩体西侧基底糜棱岩中的片理面上层相对下层向下运动，即呈左行剪切；岩体北侧糜棱岩中的糜棱片理上层相对下层向下运动；东侧糜棱岩中的糜棱片理上层相对下层向下运动，即呈右行剪切。采自变质核、拆离带和变形花岗岩中的 5 个韧性剪切变形矿物的^{40}Ar-^{39}Ar 定年结果给出（116.2±0.7）Ma（黑云母）、（126.6±1.1）Ma（黑云母，拆离带）、（129.7±1.0）Ma（黑云母，前构造花岗岩）、（133.1±0.1）Ma（白云母，变质核）和（139.6±0.8）Ma（黑云母、变质核）的坪年龄。这些测年结果表明，瓦子峪韧性剪切带于早中白垩世时达到高峰。

2. 南翼次级向斜上的上叠盆地

阜新–义县盆地受到北北东向哈尔套–锦州断裂带的影响而充填了巨厚的白垩系火山岩建造、含煤建造和类磨拉石建造，总厚为 5 900 m。其沉积序列自下而上为下白垩统义县组、九佛堂组、阜新组和上白垩统孙家湾组。义县组底部粗粒复陆屑式建造，下部为钙碱性火山岩建造，分布广，厚度达 2 568 m。九佛堂组、阜新组灰色复陆屑式建造，是重要的含煤层位。孙家湾组为红色复陆屑式建造，与下伏地层呈整合或不整合接触，厚约 650 m。孙家湾组沉积之后，该盆地消亡。上述层位以角度不整合覆盖于中新元古界或太古界之上，在许多地区呈断层接触关系。据李思田研究[70]，阜新–义县盆地内发育许多九佛堂组、阜新组的同沉积北北东向正断层，通常断面较陡，在剖面上通常呈上陡下缓的犁状形态，上部倾角一般在 60°～70°，向下渐变为 30°～40°。断裂浅部为脆性断裂，深部为韧性断裂。走向大致可以分为北北东向、近南北向和北西向三组。断层平面组合形式以羽状为主，也有呈雁列状等。

受北北东向构造影响，阜新–义县盆地的西南端扩大到了锦州一带，而成为了隔断绥中隆起和医巫闾山隆起的锦州盆地。该盆地轴向呈北北东向，其南段向南西弯转而稍显为弧形，应是北北东向构造叠加在北东向构造上所致。而且，阜新–义县盆地的北东部可能受到地槽区挤压的影响使得务欢池盆地得以独立出来，成为一个独立盆地。重力基岩深度图（相当于太古宇或中新元古界顶面）显示了，阜新–义县盆地基底形态总体为北北东向较为对称的带状凹陷，在一级凹陷中还存在东梁镇、伊马图和九道岭 3 个斜列的次级凹陷[76]。

3. 轴部次级背斜南翼的隆起

轴部次级背斜南翼上的松岭山脉隆起，在这一阶段受到北西向于寺–北镇断裂及北票–义县断裂的影响，而发生了断陷，使得阜新–义县盆地向西扩大，而与金岭寺–羊山盆地连接在一起。

4. 轴部纵断裂盆地

金岭寺–羊山盆地由于伸展断裂的影响，在其西南部发展出黑山科盆地。黑山科盆地内发生了大规模中基性火山岩喷发，堆积了很厚的义县组火山岩建造。义县组呈侵入–溢流相，为玄武粗安岩及玄武粗安质角砾熔岩，呈北北东向岩舌状分布于盆地西侧的宝坻县村—六龙山一带，K–Ar年龄为112 Ma。火山喷发之后，沉降作用加强，盆地内出现了湖相、河流相及沼泽相沉积环境，发育了九佛堂组、阜新组含煤和油页岩河湖、沼泽相碎屑岩沉积地层。早白垩世末，构造运动使盆地褶皱上升，盆地消亡，遭受剥蚀，沿盆缘有逆断层发生。

金岭寺–羊山盆地西北部受南天门断裂的影响而发育了一独立的桃花吐盆地。桃花吐盆地其东界在坤头营子至杨树沟，即大黑山—大石奶山—北窑一线，以前寒武系为界。盆地内主要地层是义县组、九佛堂组和沙海组。义县组仅见于桃花山以东下桃花吐至李家铺一带，为一套灰绿、灰黄褐色安山斑岩，角度不整合于晚前寒武系之上，其东侧被南天门断裂带所切割。九佛堂组主要为黄绿、灰绿、灰白色砂页岩及砂砾岩。晚白垩世末，金岭寺–羊山盆地西缘断裂又发生了大规模的活动。西北盘古老地层逆冲于下伏孙家湾组之上，并造成其褶皱变形和直立、倒转，如三宝洼东侧断层上盘兰旗组火山岩上冲造成下盘孙家湾组砂砾岩褶皱倒转。金岭寺–羊山盆地东北部的于寺–紫都台盆地独立发展出来，接受中–基性火山岩建造及灰色复陆屑建造堆积，厚度大于6 000 m。

5. 轴部次级背斜北翼的隆起和盆地

（1）建昌–汤神庙盆地在早白垩世初，在北北西–南东东向伸展构造应力场下，其东缘叠加了北北东向的新开岭–喇嘛洞–素珠营子–老爷庙断裂，并可见该断裂向北北东断续延伸至沟门子一带。该断裂在老爷庙一带与北东向的建昌–汤神庙西缘断裂相交使盆地呈现为一个三角形。而建昌–汤神庙盆地西缘断裂中从老爷庙向南延伸到佛爷洞一段，受到北北东向断裂叠加的影响在地表呈舒缓波状弯曲展布，其断面倾向北西，倾角为50°~70°。并且，盆地中也发育了一系列北北东向伸展正断层和逆冲断层，如位于盆地东侧的马家店–尤杖子正断层，位于盆地中部的大菠菜沟–水泉子沟正断层。这些正断层使建昌–汤神庙盆地成为半地堑式盆地，呈现出西超东断的构造–沉积特点。在盆地西侧，见白垩系超覆在其下伏地层之上。而且，正断层还明显控制了盆地白垩系的沉积，应为同沉积断层。

顺带说一句，建昌–汤神庙盆地中部的宝底县—荆条沟—白草沟—谷家岭一带，分布了一套以钙质胶结的石灰质、白云质砾岩。原1:20万凌源幅将其划分为金刚山组，1:50万辽宁省地质志将其作为广义义县组中的一个岩性段，现被厘定为张家口组一段。该套砾岩中很少见到其他地区同时期的火山岩系列，从其底砾到顶砾为经过短区间搬运、具一定磨圆渐变为未经明显沉积改造的原岩破碎状巨砾。从底向顶大体可分为：①可能来源于高于庄组和雾迷山组的白云质、含硅质条带白云质砾石；②可能来源于长龙山组的砂岩、石英砂岩砾石；③可能来源于寒武纪的泥质条带灰岩砾石；④可能来源于奥陶系的竹叶状灰岩砾石。这一成分变化特征暗示着源区地层层序在剥蚀之时可能已经发生倒转。据此推测，这一地层可能是轴部次级背斜北翼发生了倒转，并遭受剥蚀而充填到该盆地中。

（2）娄子山飞来峰东缘受到北北东向构造的影响而发育了北北东向走向滑动断裂，并成为了金岭寺-羊山盆地的分界断层。飞来峰北东部分受到北东向断裂和北北东向断裂相互影响而尖灭。北东向朝阳西大柏山-娄子山逆冲断层受北北东向走滑断层的归并改造，在吴大成沟南，古生界逆冲于圭城子之上，且使其直立倒转。团山子之南中元古界、古生界逆冲于兰旗组之步，使兰旗组倒转。南段建昌大黑山东缘韩杖子-徐家屯逆冲断层，上盘雾迷山组逆冲于兰旗组之上。

（3）凤凰山飞来峰，受北北东向章吉营-化石戈断裂的影响，其北东部分尖灭，使得北票-哈尔脑盆地与金岭寺-羊山盆地连为一个盆地。大黑山-凤凰山之南发育上瓦房沟花乡营子逆冲断层，将已经倒转的兰旗组逆冲于土城子组之上，并使其倒转。

（4）旧庙隆起继续隆起。

6. 北翼次级向斜的上叠盆地

（1）喀左-四官营子盆地受到王宝营子-中三家-朱碌科断裂的影响，其盆地中发育了四官营子隆起，以及由北票组、兰旗组和土城子组等地层褶皱而成的北北东向向甘招向斜。在南杜窝棚、老爷庙、于杖子、谷家岭北、北子山、太阳山、西石灰窑子等地形成典型的推覆体构造。南杜窝棚陡立的中元古界、下古生界以 14°~20°断坪推覆于兰旗组之上，并使兰旗组倒转。红砬组又以 55°~60°断坡逆冲于兰旗组之上。在老爷庙，下奥陶统被推覆于兰旗组之上，并使兰旗组倒转。喀左公营子北子山发育四条逆冲断层，造成高于庄组以 75°断坡逆冲于雾迷山组、下马岭组之上；倒转的青白口系以 50°断坡逆冲于奥陶系之上。倒转的奥陶系、中石炭统本溪组又以 10°~30°断坪推覆于下三叠统红砬组之上，造成了飞来峰和天窗构造（图 6-6）[13]。北子山、太阳山即受此推覆作用而形成。从四官营子经九佛堂到老爷庙南侧地震剖面的构造解释[77]，还显示发育有浅层逆掩断层和飞来峰，在深部归并于一条主逆掩断层。由于后期构造的影响与建昌-汤神庙盆地连为一体，以致被作为同一个盆地来看待。

（2）朝阳-北票盆地之上叠加了哈尔脑盆地、边杖子盆地、大兴隆沟盆地和马营子盆地等。哈尔脑盆地位于金岭寺-羊山盆地西北，以南天门断裂与金岭

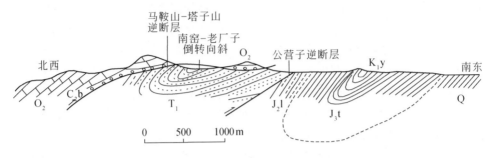

图6-6 南公营-北子山构造剖面图

O₂. 马家沟组；C₂b. 本溪组；T₁. 红砬组；J₂l. 兰旗组；J₃t. 土城子组；K₁y. 义县组；Q. 第四系

寺-羊山盆地相隔。南与朝阳盆地相接，北与黑城子盆地毗连为同一盆地，由兰旗组和土城子组构成了向斜构造。在局部拉张作用下受地幔底劈作用，沿切割较深的断裂有规模不大的基性火山喷发和零星散布的基性-中性岩浆侵入。边杖子盆地北缘边杖子至大营子一带发育五条平行展布的断裂，造成边杖子盆地北缘的中元古界逆冲于北票煤系之上，并形成马山飞来峰。南部的大兴隆沟盆地发育由北向南的逆冲断层。再向南的马营子盆地下侏罗统被其北缘的朱杖子-泉盛和逆冲断层将兴隆沟组掩盖。

7. 北翼次级背斜的上叠加构造

（1）帽子山隆起受到北北东向叨尔登-张家营子断裂和楼子店-大城子断裂的影响，其中部向下断陷而成为了凌源-三十家子盆地，其西部则发展成为喀喇沁变质核杂岩。在凌源-三十家子盆地之上又叠加了北北东向展布的牛营子-郭家店盆地。牛营子-郭家店盆地中，由髫髻山组和土城子组发生褶皱而形成了一个紧闭的向斜构造。该向斜枢纽位于邓杖村东部至小齐东杖子村一带，轴向呈北东30°，倾向南东，倾角45°～70°。延伸约30 km。其髫髻山组不整合于奥陶系—三叠系之上，在邢杖子一带又被义县组不整合覆盖。向斜南东翼由土城子砾岩组成，倾向北西，倾角50°～82°，与北票组以牛营子-郭家店断裂为界。因此，它应形成于晚侏罗世—早白垩世之间的一个紧密向斜构造。牛营子-郭家店盆地西缘发育三条逆冲断裂（图6-7）。其西边的断裂见高于庄组以40°～50°断坡逆冲于海房沟组之上；中间的断裂发生在奥陶系与高于庄组之间，断裂带中夹持洪水庄组；东边的断裂见高于庄组逆冲于海房沟组之上。在牛样子山之南三条断裂将青白口系、寒武系、奥陶系、二叠系自西向东推覆成叠瓦式构造。在牛营子-郭家店盆地的刘杖子至刀子沟一带，中元古界—古生界发育成北东向叠瓦断裂，倾向北西，向南东向逆冲，为主干逆冲叠瓦带。刘杖子西沟以北，长城系常州沟组、大红峪组、高于庄组呈长条带状断层夹片残留在断裂带中，并逆冲于南东盘北票组之上。刘杖子西沟以南，由长城系构成的断层夹片消失，断层分布于土城子组与北票组之间。牛营子-郭家店盆地东缘也发育逆冲推覆构造。在刑杖子附近，东缘逆掩断层的次级逆冲断层逆掩在水泉沟组之上，并被兰旗组覆盖。在黄土坡以北，发育走向近东西向的局部弧形断裂，倾向北北东；中新元古界向南逆冲到下古生界之上，为派生构造。长城系和部分蓟县系地层沿着它向南东逆冲于古生界及上覆郭家店组和邓杖子组之上，在西部和北部被义县组火山岩（123～124 Ma）所覆盖。上白尺沟到哈叭气一带的复式箱状背斜由 3 个次级背斜组成，且在背斜核部发育有 4 条逆冲断层，其中以发育在上白尺沟到哈叭气西北部的逆冲断层规模较大。这些逆冲断层从蓟县系雾迷山组或铁岭组开始发育，向上扩展终止于新元古界青白口系顶部。位于孟杖子-王木匠沟南东侧的逆冲断层的规模和地层效应表明它可能是上盘向南东逆冲断层的反冲断层，它们之间所夹持的部分地层显示出冲起构造组合样式。根据断层两侧的地层对比，西侧向南西具有明显的位移，为典型的左行平移断裂。大凌河北，由于受后期朱碌科-中三家走滑断层影响和早白垩世九佛堂组覆盖，牛营子-郭家店逆掩断层向北延伸踪迹呈断续分布。据此推测该逆掩断层最早活动时代为早—中侏罗世之间，喜马拉雅期仍有活动。叨尔登-张家营子断裂带还切割了鸡冠山-帽子山隆起上的北东向褶皱和断裂，如在喀左马圈山，以 12°～39°断坪将北西盘蓟县系雾迷山组、下寒武统逆冲于寒武系、中元古界之上，并被阜新组不整合覆盖而使南延踪迹不清。

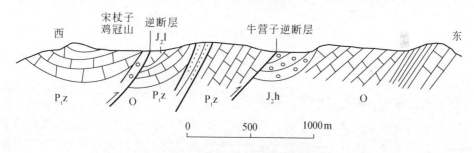

图 6-7　鸡冠山附近构造剖面图

P$_t$z. 中元古界；∈. 寒武系；O. 奥陶系；J$_2$h. 海房沟组；J$_2$l. 兰旗组

喀喇沁核杂岩北邻兴蒙造山带，整体呈北东向展布。该核杂岩具有典型的三层结构，即浅部的上拆离盘、深部的下拆离盘及其间的低角度拆离韧性剪切带。该核杂岩广泛发育晚古生代-中生代侵入岩，出露面积约占核部杂岩的 60%，构成了北东向展布的喀喇沁岩基。变质基底主要围绕着喀喇沁岩基分布，为新太古代-古元古代建平群杂岩，在东侧平庄盆地南部也有局部出露。残留的寒武纪海相盖层与早二叠世火山岩，主要分布在北部核部杂岩之上。寒武纪主要为块状结晶灰岩、砂岩及板岩，呈宽缓的北东向褶皱；早二叠世火山岩为青凤山组火山岩，上部主要为灰紫色含角砾酸性熔岩、安山岩，下部以玄武岩为主，局部有凝

灰岩。发育于喀喇沁岩基西侧的北东向喀喇沁-美林韧性剪切带，被北北东向的
楼子店-大城子断裂所截切，在北部锅底山岩体一带该核杂岩变窄，呈现为南西
宽北东窄的构造形态。而且，这两条断裂带共同构成变质核杂岩与盖层之间的拆
离韧性剪切带。从图 6-8 可以看出，该核杂岩还保留着背斜构造形态，据此推测
上述测年代表着晚侏罗世的构造变形，即背形构造阶段的变形。王彦斌等[78]及
Davis 等[79]从锅底山岩体中获得锆石年龄（254 Ma 和 253 Ma）相近，指示锅底
山岩体为中晚二叠世侵位的复式岩体，限定了喀喇沁变质核杂岩形成于该复式岩
体侵位之后。从东、西两端分别侵入楼子店-大城子与喀喇沁-美林剪切带的安
家营子岩体获得了 141 ~ 125 Ma 的锆石年龄[80,81]，限定了喀喇沁变质核杂岩韧
性变形发生在 141 Ma 之前。卷入喀喇沁-美林剪切带变形的马鞍山岩体，其侵位
年龄为 156 Ma[82]，而卷入楼子店-大城子剪切带变形的朝阳沟岩体给出了 150
Ma 的侵位年龄。

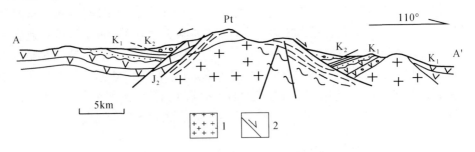

图 6-8　喀喇沁核杂岩剖面图（据林小泽[83]）

K$_2$. 上白垩统；K$_1$. 下白垩统；J$_2$. 中侏罗统；Pt. 元古代；

1. 二叠—中侏罗统；2. 断层

　　在早白垩世，喀喇沁变质核杂岩发育了众多北北东走向的中-小型脆性正断
层，以倾向北西者居多，上盘向北西下滑，常切割早期的北东—南西向线理或北
西—南东向线理等韧性变形构造。同时，该核杂岩之上还发育了平庄-马厂盆地
和小牛盆地。平庄-马厂断陷盆地位于该核杂岩东侧，是一北北东向、总体呈
"厂"字形展布。盆地被两条北北东向断裂、两条近南北向断裂和两条东西向断
裂进一步切割分隔成三个次级凹陷。盆地南侧局部残留了建平群变质基底，并自
下而上主要发育下白垩统义县组、九佛堂组和阜新组，上白垩统孙家湾组。盆地
演化自早白垩世初义县组火山喷发开始，九佛堂组沉积时期是盆地发育的顶峰时
期，湖盆沉降最深。阜新组沉积晚期盆地收缩，趋于消亡。阜新组沉积时期盆地
为沼泽环境，发育了一套含煤地层。而西侧的小牛盆地则继续下降，沉积了白垩
纪地层。

　　（2）建平复背斜在北北东向平坊-桑园断裂的影响下成为了宁城断陷盆地和
宝国老断隆。宁城盆地位于内蒙古自治区赤峰市、宁城县和辽宁省建平县境内，

东为努鲁儿虎山隆起，西侧为七老图山断隆。东以中三家断裂与宝国老断块相隔，中部受张家营子-叨尔登断裂带控制，西侧受元宝山-三座店断裂控制，沉积了白垩系中酸性火山岩建造及灰色复陆屑式含煤建造。宝国老断隆西以中三家为界，东到化石戈断裂为止，包括北票、朝阳的北部地区。基底由建平小塔子沟组及大营子组构成，中元古界长城系仅在西部有零星出露，缺失中元古界至古生代地层。海西期、燕山期有大量钙碱性花岗岩侵入。其东部发育黑城子盆地，西部发育四家子盆地。

6.6　岩浆活动

早白垩世，燕辽造山带发育与岩石圈伸展相关的强烈板内岩浆活动[84~89]，发育了正长岩-碱性花岗岩、碱性粗面岩-流纹岩等碱性岩组合[90]，被认为代表着造山运动的结束与伸展构造的开始。早白垩世早期，张家口组侵入岩体及火山活动明显受北北东向断裂控制，其侵入岩体多为与同期火山活动关系密切的浅成侵入体，如沿紫荆关-上黄旗断裂带发育了一个规模巨大的北北东向带状展布的岩体群及火山岩带。沿昌黎—山海关一带的侵入岩体与张家口旋回的建昌营—永安堡火山岩带相重叠，侵入岩以花岗岩、花岗闪长岩、闪长岩、二长岩及碱性岩为主。岩性由中基性向酸性再向酸性偏碱性演化，大体上属于钙碱性系列。侵入活动早期以大规模花岗岩侵入为主，多呈岩基状，常组成巨型花岗岩穹隆。晚期以花岗岩的分异附加相为主，形成浅成-超浅成侵入岩。

早白垩晚期，燕辽造山带在伸展构造体制下，新生的北北东向向斜中，位于向斜外弧的深部北北东向纵断裂处于张开状态，而侵入了大规模的岩浆。在燕山地区的崇礼、沽源、丰宁、承德、平泉和围场一带，发育了一条规模十分壮观的义县期侵入岩带。在隆起带上形成规模不大的圆形或椭圆形岩株，早期以中基性为主，晚期演化为中酸性，以安山岩类及高钾质安粗岩和粗面岩发育为特征，其同位素年龄为 100~133 Ma，如军都山岩浆岩带，南自太行山东麓的曲阳城南，向北楔入燕山西段，向北与上黄旗岩浆岩带相连接。平面上为一宽约 60 km，长达 340 km 的北北东向狭长带状，中酸性侵入体呈北北东向串珠状分布。辽西地区义县组侵入岩组合为闪长岩 + 石英二长岩 + 正长岩 + 碱性正长岩 + 花岗岩，以出现碱性花岗岩为特征，活动时代为早白垩世早期（126~120 Ma）[91~93]，标志着伸展作用和幔源深部岩浆活动达到高潮。

背形构造期形成的北东向向斜上的北西向横张断裂在这一阶段被张开成为了岩浆侵入通道，侵入了一系列北西向展布的侵入杂岩体或岩体。薛家石梁杂岩体主要由上庄辉长岩、薛家石梁闪长岩、黑山寨二长岩、湖门正长岩和黑熊山花岗岩构成，其 SHRIMP 锆石 U-Pb 年龄依次为 128.8±1.7 Ma、130.0±1.7 Ma、

125. 1±1.5 Ma、124. 2±1.8 Ma、123. 7±1.1 Ma。总体呈北西—南东方向展布的椭圆形，出露面积约 67 km²。组成该杂岩体的岩石从基性到酸性为渐变过渡关系。秦皇岛背形的核部从围场到平泉一带，侵入了数量较多、个体规模较大的北西向侵入岩体，如丰宁石门沟石英正长斑岩、围场十间房花岗斑岩、五道川花岗斑岩、承德烟筒山一带的花岗斑岩、平泉石洞子花岗岩、付家湾石英二长斑岩等。此外，北京的南窖闪长岩体 (128 Ma[94])、房山侵入杂岩体 (128.5 Ma[94]) 和棋盘岩辉长岩体 (133 Ma，SHRIMP 锆石 U-Pb) 也呈现为一个较窄的北西向侵入岩带。再有，发育于居庸关附近的大海坨岩体，向南发育了南口双峰式岩墙群 (114~119 Ma[95])，再向南没入第四纪平原区[95]，也呈现沿着北西向张性断裂侵入，反映了它们是在后造山伸展背景下的产物。

晚白垩世，燕辽造山带在垮塌的破火山口上又侵入了后石湖山碱性花岗岩 (全岩 Rb-Sr 年龄为 118±3 Ma[40,96])、响山碱性花岗岩 (100 Ma)[97]、雾灵山碱性杂岩 (128 Ma)、阳坊 (118±5 Ma[94])、大海坨 (119 Ma[94]) 和云蒙山 (141~145 Ma，SHRIMP 锆石 U-Pb 和单颗粒锆石 U-Pb) 等碱性侵入杂岩体。

参 考 文 献

[1] 河北省地质矿产局. 河北省、北京市、天津市区域地质志. 北京：地质出版社，1989.

[2] 李之声. 河北省岩石地层. 中国地质大学出版社，1997.

[3] Niu B G, He Z J, Song B, et al. SHRIMP geochronology of volcanics of the Zhangjiakou and Yixian Formations, Northern Hebei Province, with a discussion on the age of the Xingpanling Group of the Great Hinggan Mountains and volcanic strata of the southeastern coastal area of China. Acta Geologica Sinica (English Edition), 2004, 78：1214-1228.

[4] 牛宝贵，和政军，宋彪，等. 张家口组火山岩 SHRIMP 定年及其重大意义. 地质通报，2003，22 (2)：140-141.

[5] 李子舜，王思恩，于著珊，等. 中国北部上侏罗统的划分及其与白垩系的界线—着重讨论龙爪沟群、鸡西群、热河群的划分和对比. 地质学报，1982，56 (4)：347-363.

[6] 王思恩. 热河动物群的起源、演化与机制. 地质学报，1990，64 (4)：350-360.

[7] 王思恩. 中国北部陆相侏罗系与英国海陆交互相侏罗系的对比研究—兼论中国北部侏罗系的划分与对比. 地质学报，1998，72 (1)：11-21.

[8] 王思恩. 热河生物群的古生态与古环境—冀北、辽西叶肢介群落古生态与古环境重建. 地质学报，1999，73 (4)：289-301.

[9] 任东，郭子光，卢立伍，等. 辽宁西部上侏罗统义县组研究新认识. 地质论评，1997，43 (5)：449-459.

[10] 王宪曾，任东，王宇飞. 辽宁西部义县组被子植物花粉的首次发现. 地质学报，2000，74 (3)：265-272.

[11] 刁乃昌. 1983. 辽西地区中生代火山岩 K-Ar 同位素地质年龄的确定. 辽宁地质学报. 4 (1)：1-10.

[12] 王东方, 刁乃昌. 辽西侏罗系—白垩系火山岩系统的同位素年龄测定-兼测侏罗系与白垩系的底界年龄. 国际交流地质学术论文集——为第二十七届国际地质大会撰写（1）. 北京: 地质出版社, 1984.

[13] 辽宁省地质矿产局. 辽宁省区域地质志. 北京: 地质出版社, 1984.

[14] 中国同位素地质年表工作组. 中国同位素地质年表（第二编）. 中国同位素地质年表基点资料, GTSC62, 三叠纪—侏罗纪（王东方等）. 北京: 地质出版社, 1987.

[15] 顾知微. 热河动物化石群地质时代的研究. 见: 王鸿祯. 中国地质科学发展的回顾——孙云铸教授百年诞辰纪念文集. 武汉: 中国地质大学出版社, 1995, 93-99.

[16] 刘本培, 张世红. 侏罗—白垩纪地球圈层演化节律及相互关系. 地学前缘, 1997, 4 (3-4): 65-74.

[17] 洪友崇. 中国北方昆虫群的建立及演化序列. 地质学报, 1998, 72 (1): 1-10.

[18] 汪筱林, 王元青, 徐星, 等. 辽西四合屯脊椎动物集群死亡事件: 火山爆发的灾变记录. 地质论评, 1999, 45 (增刊): 458-467.

[19] 陈王基. 陆相白垩系, 中国地层研究二十年 (1979-1999). 合肥: 中国科学技术大学出版社, 2000, 329-345.

[20] 梁鸿德, 许坤. 冀北—辽西地区侏罗—白垩系界线. 见: 第三届全国地层会议论文集. 北京: 地质出版社, 2000, 237-242.

[21] 李佩贤, 程政武, 庞其清. 辽西北票孔子鸟 Conufciusornis 的层位及年代. 地质学报, 2001, 75 (1): 1-13.

[22] Nur, A. Break-up and accretion tectonic tectonics. In Hashimoto M, Uyeda S. Accretion Tectonics in the Circum-Pacific Regions. Terra Scientific Publishing Company. Tokoyo, 1983. 3-18.

[23] Davis G A, Wang C, Zheng Y D et al. The enigmatic Yanshan fold-and-thrustbelt of Northern China: NNE on its intraplate con tractional style. Geology, 1999. 26 (1): 43-46.

[24] 朱志澄. 变质核杂岩和伸展构造研究述评. 地质科技情报, 1994, 13 (3): 1-9.

[25] 钱祥麟. 伸展构造研究. 北京: 地质出版社, 1994.

[26] Meng Q, Hu J, Jin J, et al. Tectonics of the late Mesozoic wide extensional basin system in the China-Mongolia border region. Basin Research, 2003, 15: 397-415.

[27] Li Z H, Liu S H, Zhang J, et al. Typical basin-fill sequences and basin migration in Yanshan, North China response to Mesozoic tectonic transition. Science in China (D), 2004, 47: 181-192.

[28] Cope T, Graham S A. Upper crustal response to Mesozoic tectonism in western Liaoning, North China, and implications for lithospheric delamination. In: Zhai M, Windley B F, Kusky T M, et al. Mesozoic Sub-Continental Lithospheric Thinning Under Eastern Asia. Geol Soc London, Spec Publ, 2007, 280: 201-222.

[29] 张英利, 渠洪杰, 孟庆任. 燕山构造带滦平早白垩世盆地沉积过程和演化. 岩石学报, 2007, 23: 667-678.

[30] 张英利, 孟庆任, 渠洪杰. 燕山构造带凤山盆地早白垩世的沉积过程. 地质学报, 2008, 82: 769-777.

[31] 张旗, 王焰, 钱青, 等. 中国东部燕山期埃达克岩的特征及其构造-成矿意义. 岩石学

报, 2001, 17: 236-244.

[32] 张旗, 王焰, 王元龙. 燕山期中国东部高原下地壳组成初探: 埃达克质岩 Sr、Nd 同位素制约. 岩石学报, 2001, 17: 505-513.

[33] 张旗, 李承东, 王焰, 等. 中国东部中生代高 Sr 低 Yb 和低 Sr 高 Yb 型花岗岩: 对比及其地质意义. 岩石学报, 2005, 21: 1527-1537.

[34] 张旗, 金惟俊, 王元龙, 等. 晚中生代中国东部高原北界探讨. 岩石学报, 2007, 23: 689-700.

[35] 张旗, 王元龙, 金惟俊, 等. 早中生代的华北北部山脉: 来自花岗岩的证据. 地质通报, 2008, 27: 1391-1403.

[36] 张旗, 王元龙, 金惟俊, 等. 晚中生代中国东部高原: 证据、问题和启示. 地质通报, 2008, 27: 1404-1430.

[37] 张旗, 金惟俊, 李承东, 等. 中国东部燕山期大规模岩浆活动与岩石圈减薄: 与大火成岩省的关系. 地学前缘, 2009, 16: 21-51.

[38] 董树文, 吴锡浩, 吴珍汉, 等. 论东亚大陆的构造翘变-燕山运动的全球意义. 地质论评, 2000, 46: 8-13.

[39] 董树文, 张岳桥, 龙长兴, 等. 中国侏罗纪构造变革与"燕山运动"新诠释. 地质学报, 2007, 81: 1449-1461.

[40] 中国地质大学. 燕山板内造山带冀北辽西南地区中生代地质构造特征及其演化. 2004.

[41] Davis G A, Qian X, Zheng Y, et al. Mesozoic deformation and plutonism in the Yunmengshan: A Chinese metamorphic core complex north of Beijing. In: Yin A, Harrison T M. the tectonic evolution of Asia. Cambridge: Cambridge University Press, 1996, 253-280.

[42] Webb L, Graham S, Johnson C, et al. Occurrence, age, and implications of the Yagan-Onchayshan metamorphic core complex, southern Mongolia. Geology, 1999, 27: 143-146.

[43] 马寅生, 崔盛芹, 吴淦国, 等. 医巫闾山变质核杂岩构造特征. 地球学报, 1999, 20 (4): 385-391.

[44] Darby B, Davis G, Zhang X, et al. The newly discovered Waziyu metamorphic core complex, Yiwulushan, Liaoning Province, Northeast China. Earth Science Frontiers, 2004, 11: 145-155.

[45] 郑亚东, Davis G A, 王琮, 等. 燕山带中生代主要构造事件与板块构造背景问题. 地质学报, 2000, 74 (4): 289-302.

[46] Lin W, Faure M, Monie P, et al. Polyphase Mesozoic tectonics in the eastern part of the North China Block: Insights from the Eastern Liaoning Peninsula massif (NE China). Mesozoic Sub-continental Lithospheric Thinning Under Eastern Asia. Geological Society of London, Special Publications, 2007, 280: 153-169.

[47] Lin W, Faure M, Monie P, et al. Mesozoic extensional tectonics in Eastern Asia: The South Liaoning Peninsula Metamorphic Core Complex (NE China). The Journal of Geology, 2008. 116 (2): 134-154.

[48] Lin W, Faure M, Chen Y, et al. Late Mesozoic compressional to extensional tectonics in the Yiwulushan massif, NE China and its bearing on the evolution of the Yanshan orogenic belt. Part

Ⅰ：Structural analyses and geochronological constraints. Gondwana Research，2013. 23（1）：54-77.

[49] Wang T，Zheng Y D，Zhang J J，et al. Pattern and linematic polarity of Late Mesozoic extension in continental NE Asia：Perspectives from metamorphic core complexes. Tectonics，2011. 30（6）：TC6007，doi：10. 1029/2011TC002896.

[50] Wang T，Guo L，Zheng Y D，et al. Timing and processes of late implications for the tectonic setting of the destruction of the Yanliao orogenic belt：Mainly constrained by zircon U-Pb ages from metamorphic core complexes. Lithos，2012，154：315-345.

[51] 鲍庆忠，张立东，郭胜哲，等. 辽西中生代波罗赤盆地特征及盆地性质探讨. 地质与资源，2002，11（1）：1-8.

[52] Davis G A，Qian X，Zheng Y，et al. The Huairou（Shuiyu）ductile shear zone，Yunmemgshan Mts. ，Beijing，in International geological Congress，30th，Field trip guide. Beijing，Geological Publishing House，1996. 第 30 届国际地质大会野外路线指南.

[53] 胡健民，刘晓文，徐刚，等. 冀北承德地区张营子-六沟走滑断层及其构造意义. 地质论评，2005，51（6）：621-632.

[54] 邓晋福，赵国春，苏尚国，等. 燕辽造山带燕山期构造叠加及其大地构造背景. 大地构造与成矿学，2005，29（2）：157-165.

[55] 宋鸿林，葛梦春. 从构造特征论北京西山的印支运动. 地质论评，1984，30（1）：77-79.

[56] 赵温霞. 燕山式板内造山作用在北京西山的表现特征与若干启示. 地质科技情报，2001，20（2）：23-26.

[57] 于福生，漆家福，王春英. 华北东部印支期构造变形研究. 中国矿业大学学报，2002，31（4）：402-406.

[58] 杨庚，郭华，刘立. 辽西地区中生代盆地构造演化. 铀矿地质，2001，17（6）：332-340.

[59] Zhao W X. Represented character and several revelations about Yanshan mode intraplate orogenesis acting on the west-hill Beijing. Geological Science and Technology Informatio，2001，20（2）：23-26.

[60] Yu F S，Qi J F，Wang C Y. Tectonic Deformation of Indosinian Period in Eastern Part of North China. Journal of China University of Mining & Technology，2002，31（4）：402-406.

[61] Yang G，Guo H. Formation of structural systems in western Liaoning and regional tectonic evolution of northeastern Asia. Uranium Geology，2002，18（4）：193-201.

[62] 葛肖虹. 华北板内造山带的形成史. 地质论评，1989，35（3）：254-261.

[63] 邵济安，张履桥，储著银. 冀北早白垩世火山-沉积作用及构造背景. 地质通报，2003，22（6）：384-390.

[64] 张长厚，邓洪菱，李程明，等. 燕山板内造山带中部（承德逆冲构造）的褶皱相关断裂构造模型. 地学前缘，2012，19（5）：27-39.

[65] 和政军，牛宝贵，张新元. 晚侏罗世承德盆地砾岩碎屑源区分析及构造意义. 岩石学报，2007，23（3）：655-666.

[66] 洪作民，白尚金，全秀杰．辽西地区逆冲断层和推覆构造．辽宁地质，1985，（1）：1-12.

[67] 叶俊林，朱志澄，向树元，等．内蒙地轴南缘盖层中逆冲断层的构造样式及形成机制．地球科学-中国地质大学学报，1987，12（5）：519-527.

[68] 杨庚．辽西地区逆冲推覆构造研究．中国地质大学博士后研究工作报告，1996.

[69] 刘俊杰，周绍强．辽西西部侏罗纪陆相盆地逆冲推覆构造与石油地质特征．北京：中国华侨出版社，1997.

[70] 李思田等．断陷盆地分析与煤聚积规律．北京：地质出版社，1988.

[71] 王伟锋，陆诗阔，郭玉新，等．阜新盆地构造特征与圈闭类型．石油大学学报（自然科学版），1998，22（3）：26-34.

[72] 陈荣度，王洪战．论辽西侏罗-白垩纪断陷盆地．辽宁地质学报，1986，（1）：1-15.

[73] 卢造勋等．内蒙古东乌珠沁旗-辽宁东沟地学断面．地球物理学报，1983，36（6）：265-272.

[74] 马寅生．燕山东段-下辽河地区中新生代断裂演化与构造期次．地质力学学报，1999，5（3）：33-37.

[75] Cope T，Graham S A. Upper crustal response to Mesozoic tectonism in western Liaoning，North China，and implications for lithospheric delamination. In：Zhai M，Windley B F，Kusky T M，et al. Mesozoic Sub-Continental Lithospheric Thinning Under Eastern Asia. Geol Soc London，Spec Publ，2007，280：201-222.

[76] 江淑娥，刘晓林，张国仁，等．辽西中生代盆地特征及盆岭构造．地质与资源，2009，18（2）：81-86.

[77] 杨庚，柴育成，吴正文．燕辽造山带东段-辽西地区薄皮逆冲推覆构造．地质学报，2001，75（3）：322-332.

[78] 王彦斌，韩娟，李建波，等．内蒙赤峰楼子店拆离断层带下盘变形花岗质岩石的时代、成因及其地质意义．岩石矿物学杂志，2010，29：763-778.

[79] Davis G A. The late Jurassic "Tuchengzi / Houcheng" Formtion of the Yanshan fold thrust ~ belt：An analysis. 燕山地区褶皱冲断带和盆地中的晚侏罗世上城子组/后城组形成分析．地学前缘，2005（4）：331-346.

[80] 邵济安，张履桥，贾文，等．内蒙古喀喇沁变质核杂岩及其隆升机制探讨．岩石学报，2001，17：283-290.

[81] 李永刚，翟明国，苗来成，等．内蒙古安家营子金矿与侵入岩的关系及其地球动力学意义．岩石学报，2003，19：808-816.

[82] 欧阳志侠．华北克拉通主要变质核杂岩晚中生代花岗岩时代、成因类型对比及意义．北京：中国地质科学院硕士学位论文．2010，1-205.

[83] 林少泽，朱光，赵田，等．燕山地区喀喇沁变质核杂岩的构造特征与发育机制．科学通报，2014，59（32）：3174-3189.

[84] 姜耀辉，蒋少涌，赵葵东，等．辽东半岛煌斑岩 SHRIMP 锆石 U-Pb 年龄及其对中国东部岩石圈减薄开始时间的制约．科学通报，2005，50（19）：2161-2168.

[85] 吴福元，徐义刚，高山，等．华北岩石圈减薄与克拉通破坏研究的主要学术争论．岩石

学报，2008，24（6）：1145-1174.

[86] 徐义刚，李洪颜，庞崇进，等. 论华北克拉通破坏的时限. 科学通报，2009，54（14）：1974-1989.

[87] 李伍平，李献华，路凤香，等. 辽西早白垩世义县组火山岩的地质特征及其构造背景. 岩石学报，2002，18（2）：193-204.

[88] 吴福元，孙德有. 中国东部中生代岩浆作用与岩石圈减薄. 长春科技大学学报，1999，29（4）：313-318.

[89] Davis G A. The Yanshan belt of North China: Tectonics, adakitic magmatism, and crustal evolution. Earth Sci Front, 2003, 10（4）：373-384.

[90] Yang J H, Wu F Y, Wilde S A, et al. Petrogenesis of an alkalic syenite-granite-rhyolite suite in the Yanshan fold and thrust belt, eastern the Yanliao orogenic belt: Geochronological, geochemical and Nd-Sr-Hf isotopic evidence for lithospheric thinning. J Petrol, 2008, 49（2）：315-351.

[91] 张宏，柳小明，袁洪林，等. 辽西凌源地区义县组下部层位的 U-Pb 测年及意义. 地质论评，2006，52：63-71.

[92] Swisher C C，汪筱林，周忠和，等. 义县组同位素年代新证据及土城子组⁴⁰Ar-³⁹Ar 年龄测定. 科学通报，2001，46：2009-2012.

[93] Yang W, Li S G. Geochronology and geochemistry of the Mesozoic volcanic rocks in western Liaoning: Implications for lithospheric thinning of the Yanliao orogenic belt. Lithos, 2008, 102：88-117.

[94] Davis G A, Zhang Y D, Wang C, et al. Mesozoic tectonic evolution of the Yanshan fold and thrustbelt, with emphasis on Hebei and Liaoning provinces, Northern China. GeolSoc, America Memoir, 2001, 194：171-197.

[95] 邵济安，李献华，张履桥，等. 南口-古崖居中生代双峰式岩墙群形成机制的元素地球化学制约. 地球化学，2001，30（6）：517-524.

[96] 王季亮，李丙泽，周德星，等. 河北省中酸性岩体地质特征及其与成矿关系. 北京：地质出版社，1994，1-213.

[97] 李伍平. 燕辽造山带中生代火山岩地球化学特征及其地球动力学背景. 中国科学院广州地球化学研究所博士后研究工作报告. 2002.

第 7 章　进一步被破坏

喜马拉雅运动期间，燕辽造山带在构造性质上基本上继承了燕山运动的构造特征，即以北北东向伸展构造为主。因而，燕辽造山带进一步遭到破坏。并且，燕辽造山带从华北克拉通断裂出来，并拼贴到兴蒙造山带上，成为其增生构造。

7.1　地　　层

燕山运动后本区普遍上升，不发育古新世沉积。古近纪主要发育在坝上高原区，为一套河湖相碎屑沉积，地表出露较少。始新世初，由于新生或复活断裂的强烈活动，西部和北部山区继续抬升，仅在山麓边缘及个别山间盆地发育堆积物，称为灵山组，原称"灵山砾岩"或"灵山煤系"，1960 年由河北省地质局石油地质大队命名，代表剖面位于曲阳县灵山镇西坡村。主要隐伏于张北县两面井—单晶河一线以西，由一套黑灰色、灰色砂砾岩和灰黑、灰绿色泥岩夹 1~5 层薄层褐煤及砂岩组成，为干旱、氧化环境下的河流相红色类磨拉石建造，中部夹褐煤。主要产 *Complonia* sp.。与上覆中新统汉诺坝组玄武岩呈不整合接触，与下伏二叠系及其他老地层也呈不整合接触关系。

辽西地区古近纪古新世和始新世喷发了碱性玄武岩。在火山岩喷溢间歇期，广泛沉积了风成暗紫红色泥岩、山前残积、坡积相红色砂砾岩及沼泽相炭质泥岩和煤层，被称之为房身泡组。与前古近系地层之间为角度不整合接触。古近系上新统在凌源叨尔登、朝阳凤凰山、北票及建平县老官地等地堆积了岩性为紫色砂砾岩、粉砂岩或紫红色含砾及钙质结核的砂质黏土，具垂直节理。厚 57~80 m。以不整合覆于中生界或古生界之上，上被第四系不整合覆盖。

新近纪中新统汉诺坝组原称汉诺坝玄武岩，系 1929 年英人巴尔博命名，代表剖面位于崇礼县西山底村。主要岩石类型以橄榄玄武岩、气孔杏仁状玄武岩、辉石玄武岩为主，夹少量安山玄武岩、火山角砾岩、层凝灰岩、泥岩、页岩及褐煤层。局部地区底部见少量砾岩。不整合于白垩纪土井子组、侏罗系，以及其他地层之上，上覆上新统及第四系，呈不整合接触。该组总厚 56~508 m。生物组合主要有哺乳类：*Monosaulux changpeinisi*，*Lagomorpha* gen. et sp. Indet 等；植物：*Complonia nanmannii*，*Carpinus* sp.，*Belula miolumfera* 等。在蔚县、阳原一带与之相当的地层原称为蔚县玄武岩或蔚县组，以灰泉堡大凹山一带最发育，多呈平台地形。由致密熔岩和气孔熔岩组成，具多次间歇性喷发特征，在间歇期有黏土、砂砾和褐煤等堆积。厚约 360 m。距今 358 万～258 万年。在围场、棋盘山一带又分别称为围场玄武岩或棋盘山玄武岩，岩性为黑色致密碱性橄榄玄武岩、拉斑玄武岩等，并夹有黏土、油页岩和褐煤层。直接超覆于白垩系、侏罗系之上，与上覆上新统及第四系呈不整合接触。

上新统壶流河组由王安德于 1982 年命名，指出露于阳原-蔚县盆地，以往泛称"三趾马红土"，代表性剖面在蔚县西窑子头花豹沟。其上部由红色黏土夹砂砾岩透镜体组成，下部为深红色含角砾和钙质结核黏土夹砂砾石条带。总厚20～103 m。本组下部的含角砾黏土层，有认为是冰碛堆积，并命名为"红崖冰碛层"。在红崖村一带产 *Hipparion* sp. 及 *Chilohoriun* sp. 等哺乳动物化石，在怀来-延庆盆地的石匣一带，产介形类和腹足类。主要分布于康保、尚义、阳原-蔚县盆地和怀来-延庆盆地。

辽西地区新近纪仅发育于凌源叼尔登一带。汉诺坝组零星分布于喀喇沁盆地北部后庙沟、西水沟、十家子，西桥盆地东山头、敖包山等地附近，呈帽状覆于中低山之顶部，似层状台阶式展布，产状近水平，角度不整合于晚白垩世孙家湾组及其更老地层之上，出露面积约 15km²。岩性为灰色-灰黑色气孔状玄武岩、气孔状橄榄玄武岩、碱性橄榄玄武岩，发育柱状节理，厚度为 241m 左右。该组在 1：5 万喀喇沁旗幅区调称昭乌达组，十家子幅区调称太平地组，1：50 万编图称汉诺坝组，时代置于上新世。

燕山地区第四系主要分布于山间盆地、山麓边缘及河谷地带。下更新统泥河湾组是一套灰绿灰黄色的湖相沉积，具有钙结层，代表温暖潮湿气候。并含有大量哺乳类动物和厚壳蚌化石，称为泥河湾动物群，相当于欧洲的维拉弗朗动物群。距今 258 万～78 万年。中更新统郝家台组是一套灰黄灰绿色，含石膏、岩盐，代表咸化湖相的沉积。距今 78 万～4.7 万年。它和泥河湾组之间有砾岩层相隔，明显有一个冲刷面，代表一次沉积间断。上更新统马兰组砖红色黄土、棕红色古土壤和其上部的湖相、冲积平原相沉积，与下伏中更新统为不整合接触，距今4.7 万～1.9万年。全新统主要分布于山间盆地、山前平原及山区河谷中，为冲洪积物。

辽西地区第四系发育良好，层序完整、齐全，古生物化石亦较丰富。松散堆积物以黄土或类黄土堆积为主，冰期的冰碛、冰水沉积物，冰川外围或间冰期的河湖相的砂砾石层等也具一定的规模。河流冲洪积砂砾岩层，分布于山谷河床。在沿海地区则有海相或海陆相交互相沉积。自北西向南东地层层位表逐渐变新、厚度增大，碎屑粒度逐渐变细。涞源-乐亭-绥中-锦州-医间山前断裂北侧，第四系—新近系覆盖于中新元古界或古生界之上，基本未见古近系，或沉积较薄；南侧古近系沉积厚度可达 2 000 m 以上，下伏中生界。

7.2 喜马拉雅运动

本区在喜马拉雅山构造（65 Ma）阶段，其构造应力场继承了前期的主压应力方向，即北北东向—南南西向或近南北向。随着库拉-太平洋洋脊的最后消减，亚洲大陆再次受到强烈的挤压，前期断裂构造的进一步发展，使燕辽造山带出现了大面积的隆起和拗陷运动，及相应的夷平面，局部新近纪—第四纪地层被褶皱。最终，燕辽造山带从华北平原断裂出来，并拼贴到兴蒙造山带上成为其增生构造。

根据易明初[1]，燕辽造山带在喜马拉雅期可划分为两大阶段，即喜马拉雅早期和喜马拉雅晚期。喜马拉雅早期运动，燕山晚期所形成的地形遭受剥蚀，形成了遍及整个燕山地区的准平原化北台期夷平面[2]。如果从这一点来看，似乎喜马拉雅早期运动可以看来是燕山运动第二幕的造山期后运动，北台期夷平面及其堆积物可以看作是燕山运动第二幕造山期后的准平原化剥蚀面及磨拉石建造。从燕山地区北台期夷平面在承德以南一般发育在海拔 1 700 ~ 2 000 m 来看，原向斜的南翼还继续处于上升状态。而且，燕辽造山带古近世地层主要发育于张北及辽西的凌源叨尔登、朝阳凤凰山、北票及建平县老官地等地，似乎也是继续了前期背形的中南翼还在进一步下降接受沉积的构造环境。换句话说，喜马拉雅早期运动与燕山运动第二幕有着明显的联系。而且，从北台期段平面高度可得出，如果燕山地区不被剥蚀的话，其2000m 的高度比今天的坝上高原的海拔还高，据此也意味着南翼处于上升状态。只是由于后期的剥蚀，今天才呈现为较低的海拔。

渐新世晚期，约26 Ma，燕山及华北地区又经历了一次强烈的构造运动，即喜马拉雅晚期构造运动。该运动的构造应力场发生明显变化，由北北东向转为北东、北东东向以至东西向。燕辽造山带普遍发育了三个等距的北北西向断裂带，即朝阳构造带、滦河构造带和紫荆关-怀安构造带。北西向断裂多呈断续延伸，但呈带性很强，延续很远，似乎是前期北北东向向斜的横张断裂开始活动。该运动使古近纪地层普遍发生形变，与上覆地层呈明显的角度不整合接触，但褶皱变形不甚明显。在山缘和低山丘陵地区又开始了唐县期夷平面的塑造过程。新近纪的沉积建造基本继承了古近纪的构造格架，主要分布在古近纪的断陷区内，只是沉积范围更广些，说明继承了前期的沉积环境。而围场、凌源一带发育巨厚的玄武岩，似乎意味着背形的核部继续下降，接受沉积。由于这一期构造运动规模较小，聚合性差、离散性强，李四光教授称之为准造山运动或等同造山运动[3]。

第四纪基本继承了晚新近纪的构造应力场，但构造作用强度明显减弱。上新世与早更新世之间由于西部向东作倾斜运动，是河流发育和阶地形成时期，以西部阶地高、级别多。早更新世末期，卧牛山下更新统湖相地层的沉积粒度除普遍变粗以外，出现了自下而上由粗变细的特点，明显反映了地壳运动由强变弱的发展趋势。晚更新世末，即大约 2 万年，燕山山脉快速隆起，它不仅使原来和华北平原在同一水准面的阳原涿鹿延庆盆地抬升成千米海拔的高台，而且使整个燕山山脉最后隆升为分隔辽河水系与黄河水系的分水岭。而且，这一抬升使燕山山脉自南向北形成阶梯状抬升的地貌格架，高差随时间的延续而加大，并发展成为高原地貌景观。由于新构造运动远未结束，因此，这一地貌景观还在继续发展。

7.3　燕山地区

7.3.1　褶皱干涉样式进一步遭到破坏

燕山地区在喜马拉雅运动期，整体呈快速隆升状态。但从夷平面的发育高度可推测南翼继续上升，而从北翼发育巨厚的玄武岩可推测其处于下降接受沉积环境。由于燕山地区继承了前期构造应力场，又一次受到北东或北北东向的断陷和隆起相间的构造叠加，山体受压而强烈隆起成山，形成了永定河流域的大马群山、熊耳山、军都山和太行山等北东向隆起的山体。同时，燕山西部和北部发生了大规模基性玄武岩喷发，形成了一些新的断陷盆地，构成了次一级的盆山系统，并接受沉积，如龙关、阳原和蔚县及张北高原盆地等。原燕辽造山带的地垒-地堑地貌景观得到进一步加强，逐渐发育成为了现今东西向展布的山岳地貌[4]，原褶皱干涉样式进一步遭到破坏。

蔚县盆地之上发育一新生代断凹，称为蔚县盆地。其型式和长轴方向同北邻的阳原断凹呈箕状一致，呈北东东向，沉积物南厚北薄。

阳原背斜在上新世时，在阳原北山的南部边缘一带，出现北东东向的新断凹，习称为阳原盆地。该盆地南北两缘发育北东东向或北西向盆缘断裂，盆内主要发育北西向活动断裂。盆地内新生代堆积物南厚北薄，呈箕形。最大厚度约 800 m。

八达岭背斜之上叠加了北西向的怀来背斜。怀来背斜在新近纪时期一直受到持续的北东—南西向挤压作用。至上新世初，随着唐县期夷平面的解体，怀来背斜顶部岩层产生了较多的二次纵张断裂，造成顶部断块局部下落，演化成地形高差不一的断块山。在怀来背斜的两翼则发育了涿鹿盆地和延庆盆地。进入第四纪，在同一方向的挤压力持续作用下，怀来背斜顶部一带又发生张性断陷，使得涿鹿盆地和延庆盆地连成为一个整体而成为了矾山盆地，并接受了早更新世沉积，造成了上新统与下更新统之间的不整合接触关系，堆积了厚达 1 300 m 的第四纪地层。同时，在官厅坝西发育了平缓背斜及延庆卧牛山发育平缓背斜等，其宽度不过 10 m，在地形上不足以形成同形态的条带状微形山岗。

马兰峪复背斜之上叠加了庄果峪向斜和洪水庄向斜，并且形成了海拔 1 800 m

以上的雾灵山和都山。庄果峪向斜位于盘山花岗岩隆起的西侧，走向北北西，由蓟县系中的雾迷山组、洪水庄组和铁岭组组成，向斜宽约 2 km，长约 8 km。向斜两翼成山，轴部成谷，地形弯曲与地层导面的倾斜度基本一致，是新生代造山运动最典型的构造地貌标志，也是老地层中识别活褶皱的典型实例。

大庙背斜之上叠加了北北西向的东猴顶—七老图山向斜（图 7-1）。东猴顶顶高 2 292 m，而周围多数山顶面为 2 000 ~ 2 100 m。其山顶面保留大量的第四纪地层，据此推断它属于第四纪构造运动的结果。其东端七老图山不如前者突出，保留较差，但多数山顶高度在 1 700 m 左右，只有棒棰山为 1 807 m。在两山之间的滦河和伊逊河一带，北台期夷平面降到 1 500 m 左右。从图示可以看出它们构成了两隆一拗的地貌形变特征，据此似乎构成了一个向斜构造[5]。

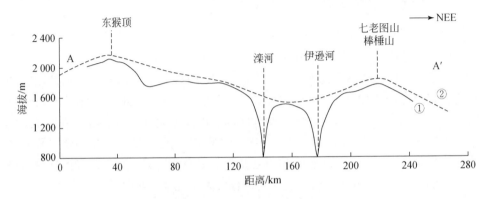

图 7-1　东猴顶—七老图山北台期夷平面形变图（据易明初）
①. 地形线；②. 北台期夷平面形变线

张北向斜在大青沟一带叠加了新的拗陷，形成了张北高原盆地。沉积了新近纪玄武岩及湖积层，主要是黏土、亚黏土、砂砾石和褐煤的沉积。依据钻孔资料，该盆地幅度自东南向北西逐渐加大，由几十米到 200 m。西北端最深，可大于 500 m。其汉诺坝组在张北以西、安固里淖以南，呈岩被状。向北至康保一带则零星分布。

张三营盆地发育了中新世玄武岩被。

康保背斜上升，遭受夷平作用，在夷平作用下残留的岗梁或孤丘部位，裸露太古界结晶基底，第四纪以冲积风积堆积为主。

围场背斜之上叠加了北北东向褶皱，褶皱形态简单，平缓开阔。并发育北北东向和北西向两组断裂，后者交切并错移前者。

7.3.2　断裂

燕山地区在喜马拉雅运动期，洋壳俯冲引起弧后地幔上拱，使得整个东亚弧后区的应力状态从挤压转为拉张，许多晚侏罗世形成的高角度逆冲断层转变为张性伸展断层[6]，同时发育了一组被称为华北系[7,8]的北北东向右旋扭动（剪压性）构造和与之共轭的北北西向左旋扭动（剪张性）断裂构造，使北台期夷平面遭到破坏。从图 7-2 所示的阳原–涞水夷平面剖面图清楚地看出，该区受北东、北北东向断裂的影响，北台期夷平面在海拔约 2 000 m 的任山和南沟东山为最高台阶，向两侧依次降为 1 600 m 的九荒坨和南涧，1 000 m 的拒马河，各级阶地高差 400 ~ 500 m，而形成了三级台阶。

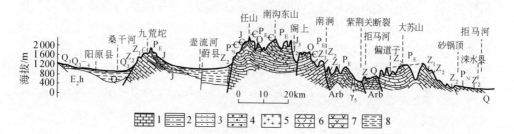

图 7-2　阳原–蔚县–涞水地形地质剖面图（据 1985 年国家地震局地质研究所，有修改）

1. 白云岩、灰岩；2. 页岩、砂质页岩；3. 砂岩；4. 砾岩；5. 花岗岩；
6. 变质岩；7. 火山岩；8. 第四纪河湖相堆积物

而且，从图 7-3 可以看出，同一级阶地高度在河流两岸有高差，似乎显示了南东盘处于上升、北西盘处于下降的状态。

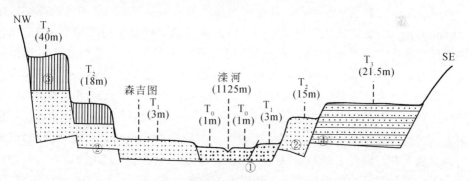

图 7-3　森吉图滦河河流阶地横剖面图（据 1985 年国家地震局地质研究所，有修改）

①. 砂砾层；②. 砂层；③. 黄土层；④. 砾岩层；T_0. 河漫滩；T_1、T_2、T_3. 阶地级次

新近纪，本区处在伸展作用下的大陆裂谷环境，部分古近纪同沉积断层发生反向逆冲活动。与稍早的伸展断层相比，后期伸展构造的展布更偏东，总体呈北东 45° ~ 50° 方向延伸。北东向断裂继承性活动明显，如张北–沽源北东向断裂，该断裂在张北以北被第四系覆盖，仅出露零星的强硅化角砾岩带片断，产状不清。张北以南，断裂通过中新世玄武岩区，基本隐伏。过玄武岩区后，断裂连续

出露，沿带动力片岩及硅质带发育。平面舒缓波状，南东盘的太古界向北西逆冲于鬶鬐山组之上。新近纪伸展断层还切割了先期伸展构造变形期间的侵入岩体，以怀来王家楼西北部麻峪口断裂、延庆西部的狼山、张家堡到黄柏寺一带切割大海坨岩体的狼山断裂、黄柏寺断裂最为典型[9]。

　　约 3 Ma 的上新世与早更新世之间，燕山地区主要受北东东—南西西向的主压应力作用，造成了东西向或新华夏系的张扭作用（前者为反扭，后者为顺扭），同时形成了以压性为主的北北西向活动构造体系[5]和由北北东向断裂的顺扭作用所产生的大量环状构造，如闪电河环状构造。中更新世与晚更新世之间的构造形变极其微弱，但间歇性地持续到全新世，它造成了中晚更新世地层中出现大量断裂构造，如汉诺坝的五十家子、前双梁娅口、施庄村、施庄南，以及延涿地堑周围的狼山蚕房营、黄土窑、窑子头、北辛堡和官厅水库管理处等地的断裂。在赤城龙门以东的分水岭处，还见东西向断裂切割了第四系黄土堆积层。

7.4　辽西地区

　　喜马拉雅运动期间，辽西地区褶皱变形微弱，断裂活动性较强，以强烈的区域性伸展造山作用为主，区域构造线以北北东向、北西向与近东西向的张性-张扭性为主，北西向断裂的活动性较燕山期明显增强，其中很多为同沉积断裂，它们控制了新生代盆地中岩相与厚度的空间展布。

　　由于北东向断裂重新活动，辽西地区在晚燕山运动形成的盆地两侧隆起区继续隆起上升，遭受剥蚀成为构造剥蚀低山，而形成了相互平行的地堑-地垒，分别出现努鲁儿虎山地垒块隆、大凌河地堑地拗、松岭地垒块隆和女儿河地堑块拗。而盆地继续下降接受第四纪沉积，成为第四纪盆地，如阜新及赤峰等第四纪断陷盆地。再有，喜马拉雅运动期间，辽西地区处于一个较长时间的掀斜式缓慢隆升、剥蚀、夷平时期[10~13]，其沉积物自北西向南东地层层位逐渐变新、厚度增大，碎屑粒度逐渐变细，表明辽西地区一改前期南翼上升、北翼下降的状态，而是北翼上升、南翼下降的掀斜式上升隆起运动，从而造成了辽西地区自北西向南东呈阶梯状降低的块拗成谷、块隆成山的地质景观。

7.5　岩浆活动

　　燕辽造山带从渐新世开始，发生了规模宏大的碱性玄武岩或碱性系列与拉斑系列交互成层喷发，火山活动多在北西与东西、北东、北北东向等断裂的网状交叉部位，构成北西向的火山喷发带。至新近纪，沿张北高原、沽源、棋盘山、围场和赤峰等地出现广泛而又强烈的汉诺坝期玄武岩喷发活动，在河北与内蒙古、辽宁接壤地带形成一片广阔无垠的上万平方千米的玄武岩台地,其平均海拔1 500 m左右,构成了向北缓倾的大面积高原地貌景观。此后,火山活动逐渐减弱。早更新末期,火山活动继续沿着张家口、张北、沽源、围场、赤峰等地喷发,但规模较小。约30万年左右的中更新世与晚更新世之间,火山活动局限于围场一带,沿着北北西向的伊逊河断裂和尚义宣付窑、长条沟、乌良台、小蒜沟一带,出露大小不等的、呈近东西向或北西向的串珠状火山喷发山体,构成平顶山地形。从火山岩的分布由南向北厚度逐渐增大推测,秦皇岛一带还是处于相对上升状态,而冀北一带则处于相对下降状态,且其构造已影响到了深部地壳或上地幔,这才引起了强烈的玄武岩活动。

参 考 文 献

[1] 易明初,李晓.燕山地区喜马拉雅期地壳运动划分及表现特征.现代地质,1995, 9 (3):325-336.

[2] 康来讯.冀鲁平原区中新生代的构造应力场及其变化之探讨.中国活动断裂.北京:地震出版社,1982.

[3] 李四光.地质力学概论.北京:科学出版社,1993.

[4] 马寅生,吴满路,曾庆利.燕山及邻区中新生代挤压与伸展的转换和成矿作用.地球学报,2002, 23 (2):115-122.

[5] 易明初,李晓.燕山地区喜马拉雅运动及现地壳稳定性研究.北京:地震出版社,1991, 147-154.

[6] 葛肖虹.华北板内造山带的形成史.地质论评,1989, 35 (3):254-261.

[7] 易明初,李晓.太行—冀辽区NNW向构造体系—"华北系"的新厘定.地质论评, 1992,38 (6):546-555.

[8] 易明初.新生代构造体系—"华北系"的成生分析.地质力学学报,1995,(1).

[9] 易明初.新构造运动及渭延裂谷构造.北京:地震出版社,1993:153-170.

[10] 马寅生,崔盛芹,吴淦国,等.辽西北票地区南天门断裂的第四纪活动.地球学报, 1998,(3):238-242.

[11] 陈正乐,马寅生,王小凤,等.辽河盆地新生代构造演化模式.地质力学学报,1999, 5 (2):83-89.

[12] Cloetingh S, Sassi W. The origin of sedimentary basins: a status report from the task force of the International Lithosphere Program. Marine and Petroleum Geology, 1994, 11:659-683.

[13] Mckenzie D. Some remarks on the development of sedimentary basins. Earth planet Sci. lett, 1987, 40:25-32.